学数据，高效、不枯燥！

数据产品经理

高效学习手册

产品设计、技术常识与机器学习

张　威　编著

人民邮电出版社
北京

图书在版编目（C I P）数据

数据产品经理高效学习手册 ： 产品设计、技术常识与机器学习 / 张威编著. -- 北京 ： 人民邮电出版社, 2020.4
ISBN 978-7-115-52638-0

Ⅰ. ①数… Ⅱ. ①张… Ⅲ. ①数据处理－产品设计 Ⅳ. ①TP274

中国版本图书馆CIP数据核字(2019)第271739号

内 容 提 要

本书主要讲解了产品设计思维框架和具体操作流程，帮助读者快速了解产品设计的全过程；同时讲解了产品研发的技术常识，包括前端研发、后端研发、数据库设计等，帮助读者成为“懂技术”的产品经理；此外，还通俗易懂地讲解了机器学习原理，帮助读者成为一个掌握前沿知识的数据产品经理。

本书适合对数据产品感兴趣的读者，有志于从事数据产品经理职业的读者，希望了解产品研发技术常识、需要提升自我能力的产品经理，以及希望了解机器学习原理，想要转型为数据产品经理或人工智能产品经理的读者。

◆ 编　　著　张　威
　责任编辑　张丹阳
　责任印制　马振武
◆ 人民邮电出版社出版发行　　北京市丰台区成寿寺路 11 号
　邮编　100164　　电子邮件　315@ptpress.com.cn
　网址　http://www.ptpress.com.cn
　涿州市京南印刷厂印刷
◆ 开本：690×970　1/16
　印张：15
　字数：260 千字　　　　2020 年 4 月第 1 版
　印数：1 – 3 000 册　　　2020 年 4 月河北第 1 次印刷

定价：59.00 元

读者服务热线：(010)81055410　印装质量热线：(010)81055316
反盗版热线：(010)81055315
广告经营许可证：京东工商广登字 20170147 号

前言

本书旨在帮助对数据产品感兴趣或者有志于从事数据产品经理职业的广大读者，系统全面讲解了产品设计的思想与流程方法、产品研发的技术常识和机器学习原理的前沿知识，帮助读者快速补充数据产品的相关知识。

产品经理已经成为热门职业，未来还会有更好的发展，因为我们所处的时代主题仍然是信息化改造世界，从而提升各行各业效率。但是随着大数据和人工智能的发展，产品经理职业方向有了一些新的变化，那就是产品经理的数据化转型，也就是产品经理开始向数据产品经理转型。5G 时代来临后，物联网和数据通信会有更大的发展，数据量会呈现爆发式增长，利用好大量数据打磨出符合消费者、公司和客户需求的产品，是数据产品经理义不容辞的责任。

本书主要内容分为 4 个方面：（1）介绍产品设计思维框架和具体操作流程，读者朋友可以通过这部分快速了解产品设计的全过程和具体实施方法，包括产品设计环节、用户需求发掘、产品设计的信息路径规划、信息点功能设计、产品原型与需求文档编写等；（2）介绍产品研发的技术常识，包括数据库是什么，客户端技术如 HTML、CSS 和 JavaScript，服务端与客户端交互过程，数据接口类型，常见的编程语言，数据分析方法，数据可视化方法，常见后台模块等；（3）重点介绍了机器学习的原理方法，如机器学习的算法原理、调参优化的处理过程等，帮助读者了解最前沿的热点知识；（4）介绍了如何从“产品总监”或者产品创始人角度来看待产品，包括企业战略究竟是什么、企业运营效率分析框架，使产品经理能够站在更高、更广的角度和层面看待产品本身。

读者通过阅读本书，可以快速建立产品设计的整体思维框架，掌握数据产品设计的方法和流程；可以了解产品研发前后端的相关技术常识和机器学习原理和过程，有助于更好地利用新技术和新方法来设计创新的数据产品；有助于理解企业战略逻辑和产品战略规划，理解企业运营效率来源，培养“跳出产品看产品”的思维方式，具有“产品总监”的思考格局。

作者

2019 年 12 月

目录

第 1 章

产品经理必知的产品设计流程

1.1 产品设计环节有哪些........................8

1.2 用户需求如何发掘..........................8

1.2.1 用户需求调研........................8

1.2.2 用户需求梳理......................10

1.3 产品设计逻辑是什么......................16

1.3.1 信息路径设计......................16

1.3.2 信息点功能设计..................21

1.4 产品原型及需求文档......................22

1.4.1 产品原型............................22

1.4.2 需求文档............................23

第 2 章

产品经理必知的数据库知识

2.1 数据库是什么................................27

2.1.1 为什么应该了解数据库........27

2.1.2 应知的数据库基本常识........27

2.2 数据库应该怎么设计......................29

2.3 关系型数据库是什么......................31

2.3.1 数据库表和字段..................32

2.3.2 操作语言 SQL.....................34

2.4 非关系型数据库是什么..................38

2.4.1 NoSQL 数据库是什么..........38

2.4.2 数据库文件和键值对...........38

2.5 数据仓库又是什么........................40

2.5.1 数据仓库是什么..................40

2.5.2 数据库与数据仓库比较.......41

第 3 章

产品经理必知的客户端知识

3.1 Web 内容传输过程........................44

3.2 网站建设流程...............................46

3.2.1 创建 HTML 网页................46

3.2.2 发布到 Web 服务器.............47

3.3 简单介绍 Web 页面.......................48

3.3.1 HTML...............................49

3.3.2 CSS..................................52

3.3.3 JavaScript..........................53

3.4 简单介绍 Android 系统.................55

3.4.1 界面布局...........................55

3.4.2 点九图..............................57

3.5 简单介绍 iOS 系统........................58

第 4 章

产品经理必知的服务端知识

4.1 为什么需要了解服务端.................60

4.2 客户端和服务端的关系.................60

4.2.1 数据交互过程.....................60

4.2.2 客户端与服务端比较..........61

4.3 数据接口类型 62
4.3.1 XML 62
4.3.2 JSON 63
4.3.3 两种数据接口比较 64

第 5 章
产品经理必知的编程语言

5.1 编程语言的关系脉络 66
5.1.1 什么是机器码 66
5.1.2 什么是汇编语言 66
5.1.3 什么是高级语言 67
5.1.4 编程语言的区别和联系 68
5.2 入门语言 JavaScript 68
5.2.1 JavaScript 历史趣事 69
5.2.2 JavaScript 如何运行 69
5.2.3 JavaScript 基础知识 71
5.2.4 了解 JavaScript 的数组 75
5.2.5 了解 JavaScript 的函数 79
5.2.6 什么是面向对象编程 82
5.2.7 HTML 是很关键的知识 84
5.2.8 使用 DOM 做什么 89
5.2.9 使用 jQuery 做什么 92
5.2.10 使用 Node.js 做什么 95

第 6 章
产品经理必知的数据分析

6.1 数据从哪里来 97
6.1.1 外部数据从何来 98
6.1.2 内部数据从何来 100
6.2 数据指标体系如何搭建 103
6.2.1 关联指标法 105
6.2.2 AARRR 指标法 105
6.3 数据分析典型方法 107
6.3.1 数据分析的领域知识 107
6.3.2 常见的数据分析类型 108

第 7 章
产品经理必知的机器学习

7.1 通俗讲解机器学习是什么 112
7.1.1 究竟什么是机器学习 112
7.1.2 机器学习分为几类 114
7.2 跟着例子熟悉机器学习 116
7.2.1 一个回归预测的例子 116
7.2.2 一个分类预测的例子 120
7.3 准备数据包括什么 127
7.3.1 数据采集 127
7.3.2 数据清洗 128
7.3.3 数据采样 129
7.3.4 数据类型转换 129
7.3.5 数据标准化 130
7.3.6 特征工程 131
7.4 如何选择算法 133
7.4.1 单一算法模型 133
7.4.2 集成学习模型 133
7.4.3 算法选择路径 138
7.5 调参优化怎么处理 139
7.5.1 关于调参的几个常识 139
7.5.2 模型欠拟合与过拟合 140
7.5.3 常见算法调参的内容 141
7.5.4 算法调参的实践方法 141
7.6 如何进行性能评价 142
7.6.1 回归预测性能度量 142
7.6.2 分类任务性能度量 143
7.7 通俗讲解算法原理 144
7.7.1 线性回归 144

7.7.2 逻辑回归 149
7.7.3 决策树 153

第 8 章
产品经理必知的数据可视化

8.1 数据可视化原则 164
8.2 数据可视化流程 165
8.3 信息路径设计 166
8.3.1 信息接收规律 167
8.3.2 用户使用场景 168
8.3.3 常见信息路径 169
8.4 信息点可视化设计 170
8.4.1 信息点可视化流程 170
8.4.2 图表适用场景 173

第 9 章
产品经理必知的后台模块

9.1 常见后台产品模块 182
9.2 权限管理模块 183
9.2.1 权限设计内容 184
9.2.2 权限设计核心逻辑 185
9.2.3 权限设计子模块 187
9.3 订单管理模块 189
9.3.1 订单系统内容 189
9.3.2 订单流程引擎 192
9.4 消息管理模块 194
9.4.1 消息管理模块分类 194
9.4.2 消息管理模块设计 196
9.5 帮助中心模块 197
9.5.1 帮助中心模块组成 197
9.5.2 帮助中心模块设计 197

第 10 章
产品经理必知的战略知识

10.1 波特的战略观 200
10.1.1 运营效益不是战略 200
10.1.2 生产率边界的限制 200
10.1.3 战略是独特的配称 201
10.1.4 配称的数学原理 202
10.2 一种崭新的战略观：战略数学式 203
10.2.1 战略数学式逻辑起点 203
10.2.2 战略数学式的应用 205

第 11 章
产品经理必知的运营效率知识

11.1 企业效率分析框架 209
11.2 单点效率法则 209
11.2.1 单点效率来源 209
11.2.2 员工能动性激发 210
11.2.3 员工能力培养 213
11.3 协作效率法则 215
11.3.1 分工与协作 216
11.3.2 组织协调四群人 218
11.3.3 组织协调的四种方式 220
11.3.4 组织协调的修理工：流程优化 225
11.4 环境法则 232
11.4.1 组织文化环境 232
11.4.2 如何变革组织文化 232

第1章

产品经理必知的产品设计流程

产品设计环节有哪些
用户需求如何发掘
产品设计逻辑是什么
产品原型及需求文档

1.1 产品设计环节有哪些

产品经理的一项重要工作就是根据用户需求进行产品规划和设计，直接表现为根据用户需求输出产品原型图和产品需求文档。从某种程度上讲，产品经理的作用就是搭起一座“用户需求”和“产品设计”的桥梁，将“用户需求”转化为具体的“产品设计”。所以，产品设计逻辑和流程可以分为 3 个环节：用户需求调研梳理、产品设计流程和产品原型及需求文档，如图 1-1 所示。

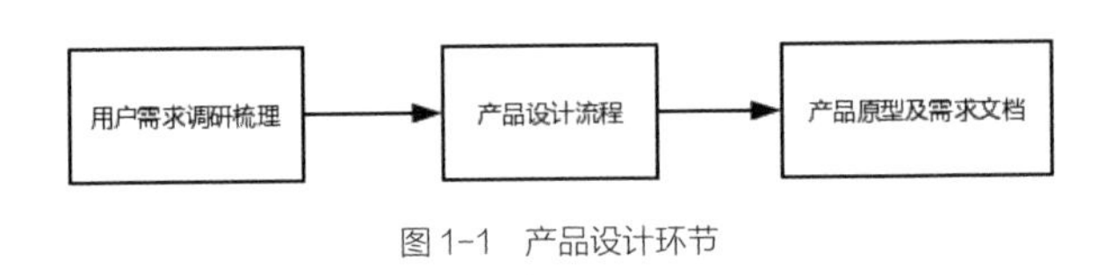

图 1-1　产品设计环节

一是用户需求。用户需求是产品规划与产品设计的逻辑起点和需求源头，产品其实就是用户需求的具体实现。

二是产品设计。产品经理在掌握了“用户需求”之后，需要按照一定的逻辑和流程来把“用户需求”转化为“产品功能”。这是产品设计的难点，也是很多讲解产品经理类内容的书籍容易忽略的地方。

三是产品原型。产品经理将“用户需求”转化为“产品功能”，其中最直观的“产品功能”载体就是产品原型和产品需求文档，这也是产品经理需要完成的主要工作任务。

下面将分别讲解这 3 部分内容，从而更好地帮助读者了解产品设计的整个流程和关键环节。

1.2 用户需求如何发掘

1.2.1 用户需求调研

数据产品的本质是更好地为用户提供信息服务。数据产品设计的关键点和起点在于深刻准确地把握用户需求，而用户需求的调研需要注意“两个重点，一个难点”，如图 1-2 所示。

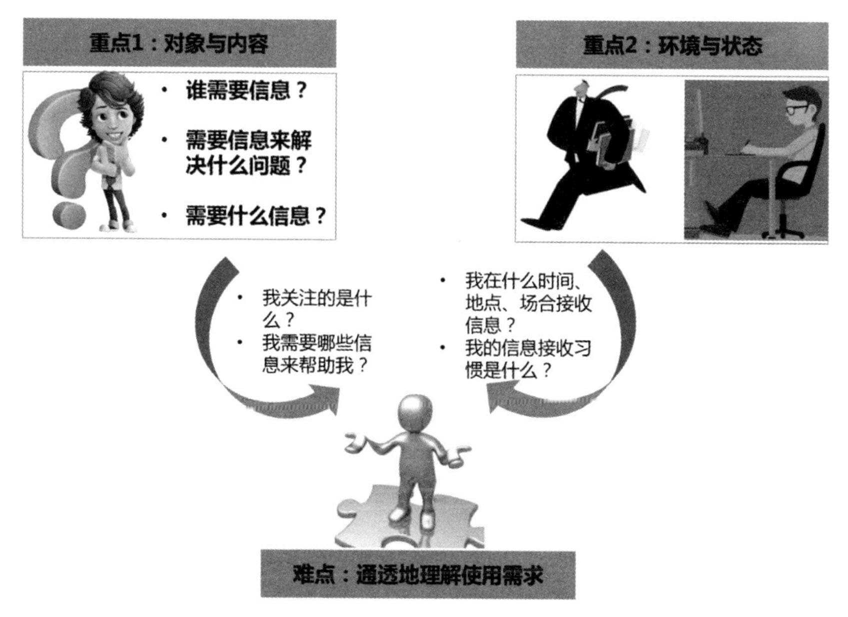

图 1-2　用户需求调研的重、难点

（1）重点①：对象与内容

产品提供给谁？提供什么信息？不同对象所做的决策不同，所需的“信息”内容也就不同。例如，公司副总更关注公司整体的经营情况，如现金流情况、资产周转率、客户需求变化等；而库管员工更关注库存商品存货量、每日进出库房货物数量等。因此，提供的信息内容必须“因人因事而异”。所以，用户需求调研首先应该明确产品使用对象和信息内容。

（2）重点②：环境与状态

用户需求调研，不仅需要明确产品使用对象是谁，用户需要哪些数据信息等，还要考虑用户接收信息的环境和状态。用户接收信息的环境状态不同，信息传递的效率和效果也就不同。产品经理想要达到好的信息传达效果，就必须有“跳出产品看产品”的思维，也就是考虑用户的使用场景。例如，销售人员经常在路途上奔波，那么产品经理在设计产品时就要考虑到销售人员接收信息的环境状态，尽量让手机界面只显示少数关键指标或者在关键指标预警时通过手机短信通知他们。

（3）难点：如何通透地理解需求

有时候即便产品经理就是用户本人，也不一定能够清晰完整地明确自己的产品需求，更何况大多数情况下产品经理并不是用户本人。所以，能否通透地理解用户需求是决定数据产品成败的关键，也是用户需求调研和产品设计的难点。不过，总结来说，下面几个常用的方法与技巧或许有助于产品经理更好地理解用户需求。

第一，沉浸。通过反复与用户沟通，把自己“沉浸”在用户角色之中，从而更好地体会用户需求。具体如何做到“沉浸”呢？首先，产品经理需要研究用户的岗位职责与工作内容。理解用户的需求概况，理解用户的决策事项，进而理解用户完成决策任务所需的信息要素构成情况。例如，究竟要解决哪些问题，针对这些问题做决策需要哪些信息，哪些信息是可以获得的，等等。其次，产品经理需要迅速把自己想象成“小白”，时刻体会自己第一次见到产品时所接收的信息和作出的反应。这也就是：1 秒把自己变成对产品毫无所知的“小白”用户，仔细体会自己初次接收信息时的反应。最后也是最重要的，就是反复和用户沟通确认。

第二，防止被误导。很多时候，用户一上来就告诉产品经理他需要某个详细的功能，这时注意千万不要被用户牵着鼻子走。产品经理必须问清楚几个问题：你为什么需要这个功能？你想用这个功能做什么？这个功能解决了你业务上的什么问题？有没有更好的方式或方法满足你的需求？

第三，明确主次。有些用户需求是重要的，而有些是次要的；有些功能要求是重要的，而有些是次要的。产品经理进行用户需求调研和数据产品设计时必须优先解决重要的、核心的需求，这样才能保证在有限的时间和精力下实现最优的效果。

1.2.2　用户需求梳理

产品经理进行用户需求调研、搜集用户需求之后，还需要对用户需求进行梳理，从而方便产品经理和研发人员更好地理解业务流程和用户需求点。下面介绍几种用户需求和业务流程梳理的工具。

1. 业务流程图

业务流程图是用来描述业务流程的一种图示方法，通过符号和连线来表示具体业务的实际处理步骤和过程，进而描述任务流程走向。典型的业务流程图如图 1-3 所示。

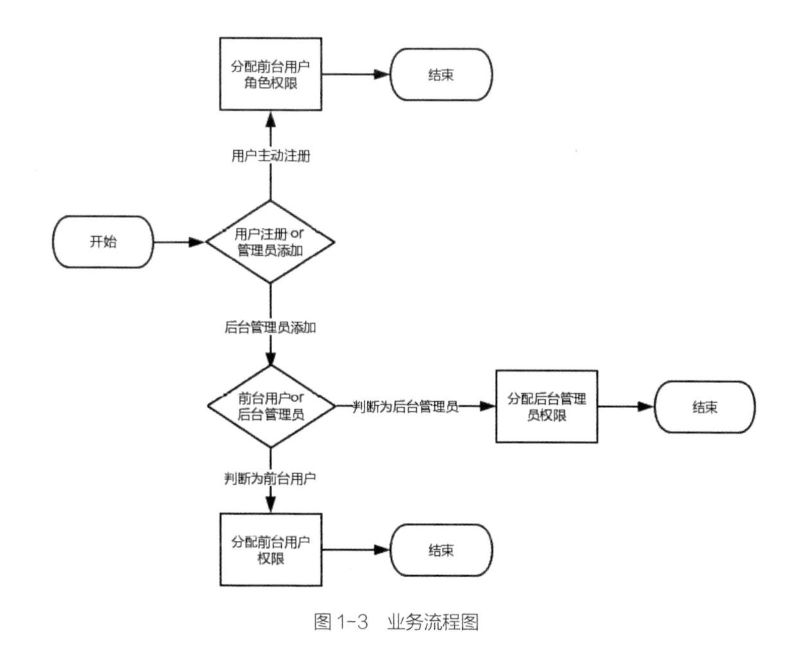

图 1-3　业务流程图

一般来说，业务流程图通过开始（结束）、判断、连接线等元素来表示业务过程，如表 1-1 所示。

表 1-1　业务流程图元素表

元　素	说　明
开始/结束	作为流程的起点或终点，表示流程的开始或结束。
活动	描述流程中对象的行为或操作，是业务流程的基本步骤
判断	流程中对象作出判断，不同判断导致后续不同的流程活动
连接线	连接线用箭头表示，描述流程中活动之间的承接关系

产品经理或需求研究人员在绘制业务流程图时，需要注意几个原则。

（1）先梳理战略，后梳理流程

不管是 ToC（To Consumer, 即面向消费者）产品还是 ToB（To Business，即面向商业组织）产品，首先都要明确产品的战略定位。因为只有产品的战略定位明确了，产品经理才知道哪些流程是重点和关键，哪些流程是次要和辅助，进而才能明确流程梳理过程的轻重缓急。

对于 ToB 产品而言，这条原则尤其重要。因为很多 ToB 产品都是服务于企业内部人员的。企业所有人员的活动都服务于企业战略目标和核心竞争力的培育，所以建议所有 ToB 产品经理要特别注意去理解企业或产品的战略定位，从而更好地梳理业务流程。

（2）先主干流程，后枝叶流程

业务流程按照不同的颗粒度可以划分为详细度不同的流程。这也就是说业务流程可简可繁，关键是产品经理对提取信息颗粒度的选择。那么如何选择合适的颗粒度呢？根据人的认知规律，短时记忆一般为 5~9 个事物，所以建议主干流程活动步骤为 5~9 个。更加详细的信息可以在二级或三级枝叶流程中再展示，如图 1-4 所示。

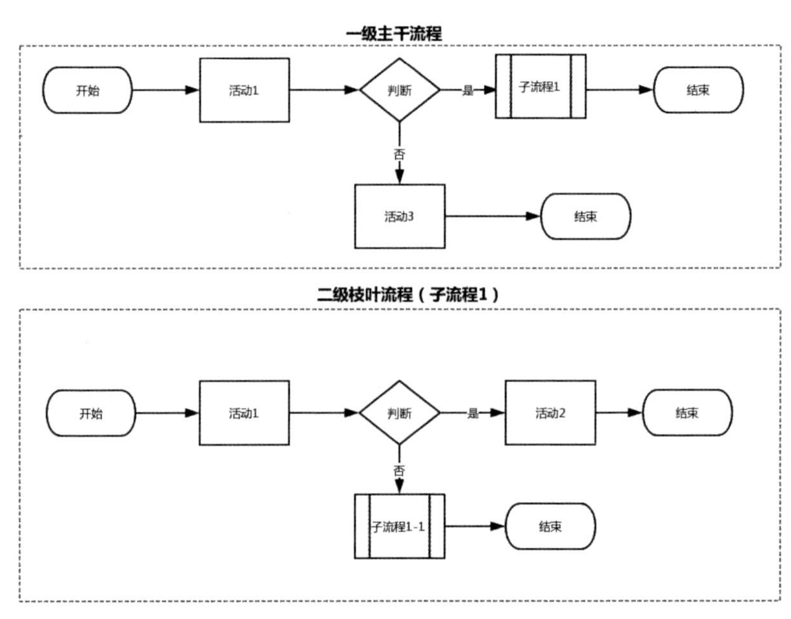

图 1-4　主干与枝叶流程分级展示

通过以上分级展示，既可以保证主干流程的清晰明了，又可以保证关键细节的梳理展示。这样，通过业务流程图绘制，产品经理和相关研发人员对于产品所描述的业务过程容易产生一个整体的认识。

2. 数据流程图

业务流程图虽然能够帮助产品经理和研发人员理解业务逻辑，但是研发人员更关注的是业务流程中数据的流转过程，所以需要进一步从数据角度来探讨整个业务流程，这就是数据流程图的作用。

数据流程图是全面描述系统数据流程的主要工具，它用一组符号来描述整个系统中信息的全貌，综合反映出信息在系统中的流动、处理和存储情况。数据流程图有两个特征：抽象性和概括性。抽象性指的是数据流程图把具体的组织机构、工作场所、物质流都去掉，只剩下信息和数据存储、流动、使用及加工情况。概括性则是指数据流程图把系统对各种业务的处理过程联系起来考虑，形成一个整体。数据流程图包含的基本元素如表 1-2 所示。

表 1-2　数据流程图基本元素及说明

元　素	说　明
外部实体	外部实体是整个数据流的起点或终点，一般表示系统之外的人或事务
处理过程	业务流程中，对象的数据操作行为，产生数据或接收数据
数据存储	业务流程中的数据存储的载体，经常以单据或表格形式存在
数据流	数据流模拟系统数据在系统中传递过程

典型的数据流程图如图 1-5 所示。

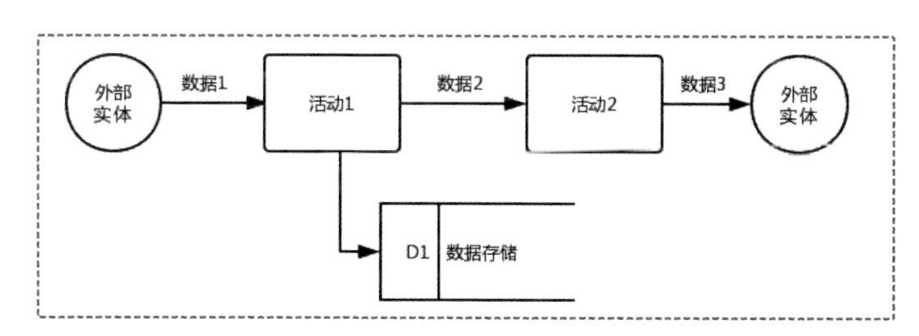

图 1-5　数据流程图示意

数据流程图绘制是从确定外部实体开始的，然后进行流程梳理，重点关注流程中数据的流转过程，包括多个步骤，如表 1-3 所示。

表 1-3　数据流程图绘制步骤

序　号	步　骤
（1）	将系统看作一个整体，明确信息的输入和输出端
（2）	确定系统外部实体，之后，系统与外部世界的界面就可确定。同时，系统数据流的起点和终点也就确定下来了

续表

序 号	步 骤
（3）	寻找外部实体的输入数据流和输出数据流
（4）	绘制外部实体，在数据流程图的边缘位置开始绘制系统外部实体
（5）	从外部实体的输入流开始，根据逻辑处理过程，展示出数据流转的整个过程
（6）	二次分解，将系统内部数据处理看作整体功能，再次分解为信息的处理、传递、存储过程
（7）	多层分解，直至达到所需的数据流转详细程度为止

3. 实体关系图

如果说数据流程图更多的是动态展示数据流转的过程，那么实体关系图则更多的是静态展示某个环节的逻辑对应关系。

实体关系图是由美籍华裔计算机科学家陈品山发明的，是概念数据模型的高层描述所使用的数据模型或模式图，主要是用于数据库和表结构的设计。典型的实体关系图包含 4 种元素，如表 1-4 所示。

表 1-4　实体关系图元素说明表

元 素	说 明
矩形框	表示实体，实体名写在框内
菱形框	表示关系，联系名写在框内
椭圆形框	表示实体或关系的属性，将属性名写入框中
连线	实体与属性之间、实体与关系之间、关系与属性之间用直线相连，并在直线上标注关系的类型

实体关系图能够帮助我们理解数据之间的关系，一般有 3 种关系。

（1）一对一关系

例如，淘宝用户账号与支付宝账号关联之后，进行免登录支付时，淘宝用户账号和支付宝账号就是一对一的关系。用实体关系图表示，如图 1-6 所示。

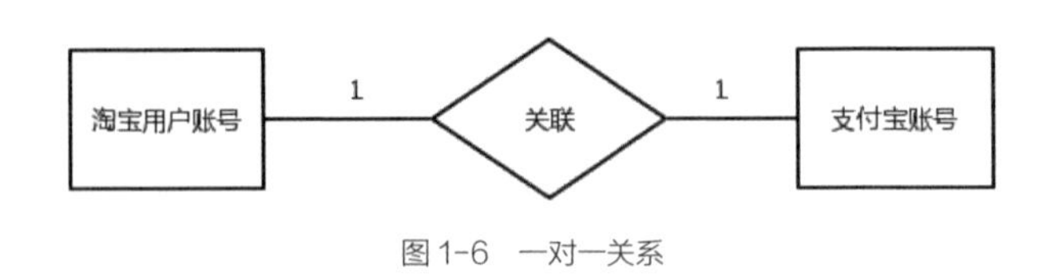

图 1-6　一对一关系

（2）一对多关系

例如，一个淘宝用户账号可以下达多个订单，这里的淘宝用户账号和订单之间就是一对多的关系，如图 1-7 所示。

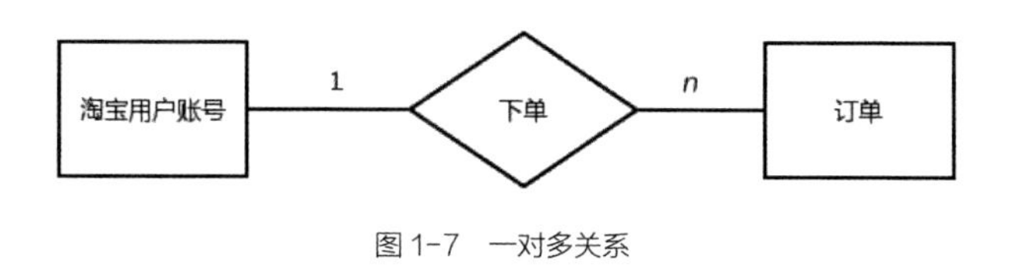

图 1-7　一对多关系

（3）多对多关系

例如，一个淘宝用户账号可以购买不同的商品，一个商品可以被不同的淘宝用户账号所购买，这里淘宝用户账号和商品之间就存在着多对多的关系，如图 1-8 所示。

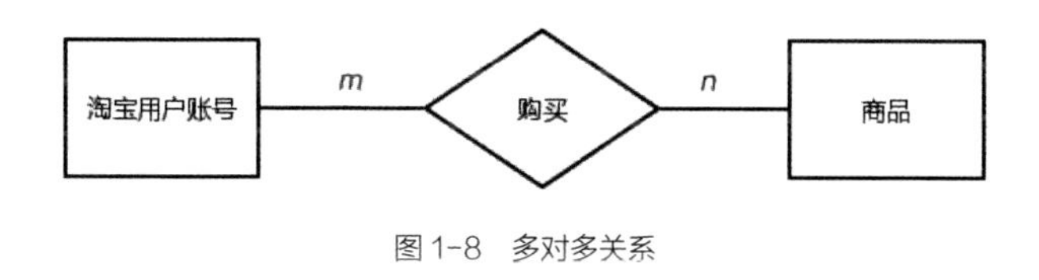

图 1-8　多对多关系

数据对象包含很多属性，而属性也是一类数据，所以绘制实体关系图时要注意区分实体和属性。在实践中，某个事物是作为实体还是属性并没有明确的界定，需要根据具体情况和需要而定，一般遵循如下准则。

①属性不可再分。属性不再具有需要描述的性质。

②属性不能与其他实体发生联系，关系只存在于实体与实体之间。

4. 各种图的联系和区别

上面分别讲述了需求梳理过程中常用的几种工具，如业务流程图、数据流程图、实体关系图，那么它们有什么联系和区别呢？

①流程图的作用是帮助我们理解业务过程，也就是搞清楚事情究竟是怎么流转的。但是流程图不够详细和细致，还不能直接提供给开发人员使用。这就需要产品经理站在开发人员的角度进一步细化流程，主要是从数据流转和各个对象逻辑关系角度去描述事情的过程，也就是需要用到实体关系图和数据流程图。

②实体关系图和数据流程图分别从逻辑关系角度和数据角度描述业务过程，这两者有什么区别呢？简单说来，实体关系图是静态描述，更像是“照片”；而数据流程图是动态描述，更像是“视频”。数据流程图从数据角度来梳理业务流程，明确数据的流入和流出过程；实体关系图主要关注某个数据流转环节中实体之间的逻辑关系。

1.3 产品设计逻辑是什么

“用户需求”实际上是一系列用户需求点的集合，可以简称为“用户需求集”。“产品原型”实际上是一系列产品信息点和功能点的集合。产品经理设计产品时一个很重要的工作就是将“用户需求”有序地组织和转化为“产品原型”，具体体现就是设计出合理有序的产品原型图。产品设计可以细分为“数据信息”和“展示交互”两个层面，其中数据信息是展示交互的前提和基础。数据信息层面既包括信息点之间的次序和路径，也就是信息路径设计，也包括单个信息点的设计；而展示交互层面主要体现为单个信息点的信息展示和交互操作。从这个意义上讲，数据产品设计的核心逻辑包括：信息路径设计和信息点功能设计。

1.3.1 信息路径设计

1. 什么是信息路径

很多人会直观地把产品经理的工作内容等同于“画原型”，毕竟产品经理最重要的交付物就是产品原型。实际上产品原型只是产品方案的一个直观体现，是一个阶段性的交付物。产品经理在开始动手画原型之前还有一个重要的工作要做，那就是设计信息路径。笔者认为，可以将产品设计从“数据信息”层面分为“信息点”与“信息点之间依存关系”两个部分，也就是说设计产品时不仅要考虑展示哪些信息点，还要考虑信息点展示之间的次序和关系。这里所说的“信息点之间的依存关系”就是“信息路径”。

当我们逛商场购买剃须刀时，我们会先看看商场的导视图，确认超市处于商城的哪一层；然后进入超市区域，再查看超市的导视图，找到日用品货架位置；走到日用品货架位置，最终找到自己需要的剃须刀。这里，我们通过导视图使用了“楼层－区域－货架－位置”这样的定位路径，很便捷地找到了自己所需要的剃须刀。其实，商场设计的“楼层－区域－货架－位置”信息展示路径，就是一个“信息路径”的案例。

回到数据产品中来，有些数据产品或某些网站信息层级清晰明了，这让用户使用或浏览起来非常便捷。而有的产品或网站信息杂乱无章，导致用户体验极差。这其中的差距大多由于两者信息路径设计水平的差别。信息路径设计完成之后的成果，有的书籍或文章也将其称为“信息架构”。这里需要补充说明的是，本书中提出的“信息路径”更侧重于从用户接收信息的全过程来思考产品设计，而“信息架构”侧重于从最后产品呈现的结果状况来描述产品设计，本质上都是表示“信息点之间的依存关系”。

2. 信息路径设计思想

信息路径设计能更加准确、快速、高效地传递信息要点，便于用户更高效、更舒适地接收和反馈信息。设计信息路径时主要考虑两方面因素：第一，人类固有的信息认知规律，例如，信息接收的层级与路径（如宏观－中观－微观）；第二，使用场景对于信息接收的影响，例如，滴滴司机在开车过程中接单，接收的订单信息必须简单明了。我们进行信息路径设计时必须依据上述两方面因素，如图 1-9 所示。

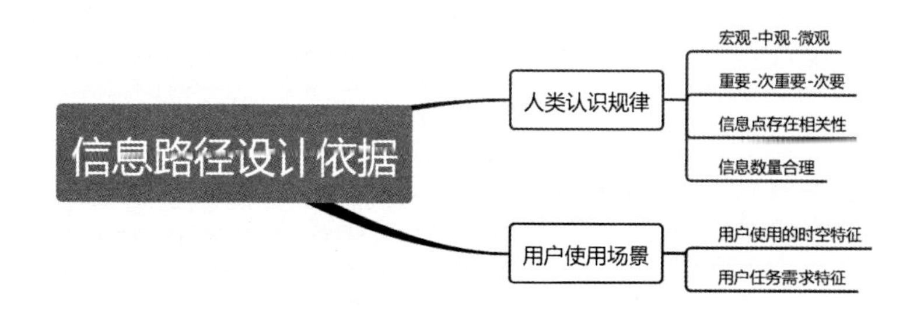

图 1-9　信息路径设计依据

3. 信息传递规律

数据产品的作用从某种意义上讲就是将数据中蕴含的信息点高效地传递给用户。用户接收产品信息的效率和效果会受到人类固有认知规律的约束，所以了解用户信息接收规律对于产品设计具有重要意义。产品经理需要了解一些基本的认知规律。

（1）短时信息容量

哈佛大学心理学家乔治·米勒发现，普通人的心智不能同时处理 7 个以上的单位。我们可以随机询问朋友使用的某款产品，询问他是否记得同类产品的其他品牌。大部分情况下，普通人只能记得 1~3 个竞争品牌的名字，极少数人能够记得超过 7 个品牌名称。这也佐证了人类大脑短时记忆的规律：不能超过 7 个信息点。

（2）大脑厌恶混乱的信息

心理学中有个著名的“格式塔效应”，揭示了我们大脑倾向于从混乱中寻找模式，极力从不同的信息点中寻找规律和联系，而厌恶混乱的信息。

（3）大脑认知抗拒改变

大脑认知还有一个特征就是一旦形成了固定认知，改变起来极其困难。例如，由于宝洁公司大量的广告轰炸，人们一想起“去屑”就会想到“海飞丝”；一想到“柔顺”就会想到“飘柔”。再如，虽然淘宝的物流速度大大提升了，但是一想起“送货快”，人们还是首先想起“京东”。市场营销中的“定位”学派，正是利用人类认知的这个特征，通过各种营销手段来抢夺用户的“心智”。

4. 用户使用场景

用户接收信息的效率和效果不仅受到人类固有认知规律的约束，也受到用户产品使用场景的影响。比如，滴滴司机开车过程中接单的页面，信息就必须简洁清晰，字体尽可能大，字尽可能少。

产品经理设计产品时需考虑用户产品使用场景，从信息角度来看，就是要考虑产品使用场景的时空因素对于用户接收信息的影响，这也是信息路径设计时需要重点关注的方面。

（1）使用场景的时间特征

关注产品使用场景的时间特征就是关注产品使用的时间长度和时间分布。产品经理需要明确用户主要在什么时间点使用、使用时长为多久，从而考虑信息点呈现的数量和次序。

（2）使用场景的空间特征

关注用户产品使用场景的空间特征就是关注用户产品使用的空间位置和特点。例如，用户是在户外使用还是办公室使用？用户是在静止环境下使用还是在移动环境下使用？

总的说来，用户使用场景也是影响用户信息接收的一个重要因素，不仅会影响信息路径的设计，也会影响单个信息点的呈现形式。

5. 常见的信息路径

产品经理进行信息路径设计时既要考虑用户的认知规律，也要考虑用户的使用场景，从而清晰地知道用户信息接收的具体特征，便于设计对应的信息路径。

人们认识事物总是首先关注宏观和整体概况，从而有个全面的图景和认识；然后关注细微层面的东西。例如，人们听到某个地址，习惯的思维是先了解这个地址是哪个国家、哪个省、哪个市、哪个区、哪个街道，呈现一种“宏观 - 中观 - 微观”的信息递进路径。

同样，设计产品时一种常见的信息路径设计思路就是：首先向用户传递宏观层面的信息，让用户有个整体的感知；然后传递中观层面的信息，让用户能够聚焦到某个行业或区域；最后递进到微观层面，让用户了解具体的详细信息。这样，用户就像是查看地图一样，从宏观层面到中观层面再到微观层面，根据自己的需求不断递进，不断细化信息颗粒度。从“宏观 - 中观 - 微观”角度层层递进展示信息，是一种常见且有效的信息路径。

不过，有时候用户会对某个或某些信息点特别关注，这就需要产品经理使用另外一种信息路径“重要 - 次重要 - 次要”。

另外，在一些情况下，信息点的时间维度特征非常明显，例如，设计一款监测系统，对于“事前”“事中”和“事后”的监测指标数值的展示，就要考虑从时间维度展开进行信息路径设计。

总的来说，信息路径设计并不是一成不变的，它更为重要的意义在于提醒产品经理重视信息点之间呈现的关系。常见的信息路径可以归纳为以下几种。

①按逻辑关系区分：宏观 - 中观 - 微观。

②按用户关注度区分：重要 - 次重要 - 次要。

③按时间维度区分：事前 - 事中 - 事后。

除了上面的信息路径设计思路，实践中也有一些常见的经验做法可供借鉴参考和补充。

（1）按照功能相似性进行信息分类

产品经理在设计信息路径时，经常把相似功能模块放置在一个大的模块下，作为大功能模块的一部分。例如，微信中的“消息”包含了好友消息、群消息、订阅号消息、文件助手消息、陌生人消息等。虽然各种消息在存在差别但是都属于消息大类，所以我们会发现这些消息子模块都在归集在“微信”功能模块下面。而探索性质的或者时效性要求不高的模块，则归集放置在“发现”功能模块下。例如，“朋友圈”“扫一扫”“摇一摇”“看一看”“搜一搜”“附近的人”“购物”“游戏”等子模块都归集在微信产品的“发现”功能模块下面，如图 1-10 所示。

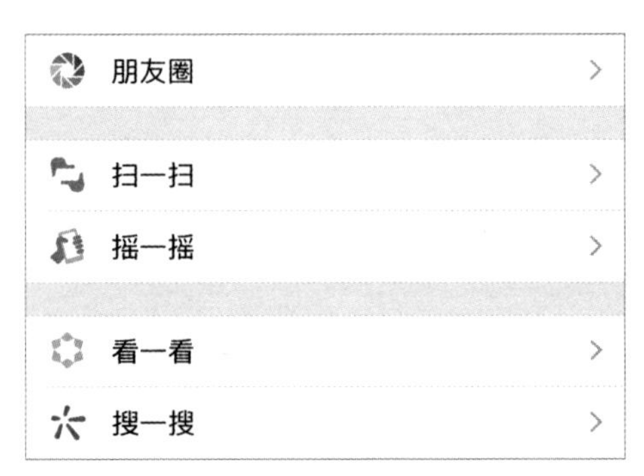

图 1-10　微信“发现”模块

（2）按照使用频率来设置展示位置

哪个功能使用频率高，就应该把哪个功能放在用户最容易浏览或者交互的地方。例如，支付宝的“收付”功能是使用频率最高的功能，所以“收钱”和“付钱”放在顶部位置。对于大众来说，“付钱”功能使用频率会比“收钱”功能更高，所以“付钱”功能排在“收钱”功能前面。而“付钱”功能中扫码付钱相对于被别人扫码付钱发生的频率更高，所以“扫一扫”功能又放在了“付钱”功能前面，如图 1-11 所示。

图 1-11　支付宝示例

（3）**按照功能之间的业务关系来规划层级关系**

功能与功能之间，一般有并列、递进、互斥等几种关系。功能之间如果是递进关系，设计信息路径时可以考虑纵向递进关系，例如，在京东商城购物时，“下单”和“支付”就是递进关系，用户需要先“下单”，之后才能够进行“支付”。

1.3.2　信息点功能设计

产品设计不仅要考虑“信息点之间的依存关系和次序”，也要考虑单个信息点的交互与展示，这就是信息点功能设计。信息点功能设计可以分为“交互”和“展示”。其中，交互主要是指信息的“增删改查”，展示则是指信息的“可视化展示”。

①**信息增添**：在进行信息点功能设计时，有时候需要用户通过交互按钮实现信息的录入或添加。例如，淘宝网购物时的“新增收货地址”等交互。

②**信息删除**：在进行信息点功能设计时，有时候需要用户通过交互按钮实现信息删除。例如，用户可以在电子商务平台删除过往的购物记录。

③**信息修改**：在进行信息点功能设计时，有时候需要用户通过交互按钮实现信息修改。例如，用户修改“收货地址”或“联系电话”等。

④**信息查询**：在进行信息点功能设计时，经常需要用户通过交互按钮实现信息查询。对于大部分数据产品而言，信息查询是用户使用频率非常高的功能，需要重点关注。例如，时间筛选、区域筛选、文字搜索、排序等都是信息查询常见的功能设计。

而信息点的“展示”主要体现为“可视化”设计，这部分内容将在数据可视化章节进行详细讲解。

1.4 产品原型及需求文档

产品经理从用户需求出发，依据产品设计逻辑和流程将用户需求转化为产品原型和需求文档后，研发人员才能够根据产品原型和需求文档开始研发工作。所以，产品原型和需求文档既是产品设计流程的结果，又是产品研发流程的开始。

1.4.1 产品原型

原型图,也被称为线框图,是产品经理将用户需求转化为产品解决方案的重要载体，是产品经理与研发人员进行沟通的重要工具。根据原型图与真实页面的仿真程度，可以把原型图分为高保真、低保真两类；根据原型组件交互描述的详细程度，可以把原型图分为高精度、中精度、低精度三类原型图。

（1）**两类保真度原型图**。

高保真原型图在布局和画面上尽可能还原了真实的页面状况，能够很好地体现出真实效果，用户体验较好，但是实现成本较高，需要花费大量的精力和时间处理，适用于产品方案已经确定的阶段。低保真原型图布局和画面的仿真程度较低，有时甚至使用笔来简单勾画出草图，方便讨论和修改，适用于产品方案构思的初期。

（2）**三类精度原型图**

除了按照原型图对真实页面的仿真程度进行分类，还可以按照原型图交互细节描述详细程度进行分类，分为高精度、中精度和低精度原型图。

高精度原型图：高精度原型图详细展示原型中各组件的操作细节和交互细节，往往使用大量图文说明来描述产品细节和设计意图。

低精度原型图：低精度原型图使用页面流程图等简易方式，快速展示主要操作逻辑和流程，集中力量展示关键组件的展示逻辑。

中精度原型图：中精度原型图介于高精度原型图和低精度原型图之间，各个组件的操作交互细节描述的详细程度也介于两者之间。一般而言，典型的中精度原型图包括页面布局、导航栏、关键组件、文案说明等内容。

（3）两种分类的区别和联系

高保真、低保真原型图和高、中、低精度原型图既有联系又有区别。高保真和低保真原型图是以原型图对真实页面的仿真程度进行划分的，高、中、低精度原型图是以原型图组件操作交互描述详细程度进行划分的，两者的划分标准不一致，这是两者的区别；但是实践中，一般高保真原型图对于组件操作交互的描述也会特别详细，而低保真原型图为了满足快速交流的需求，仿真程度较低，同时组件交互描述也往往较为粗略，所以高保真原型图往往也是高精度原型图。

1.4.2　需求文档

产品设计是一个将用户需求由抽象概念转化为具象化产品的过程，经常需要借助文字或图像进行展现，这就是产品需求文档（Product Requirement Document，PRD）。PRD 主要是给设计、研发等相关人员阅读的文档，目的是告诉这部分人员产品页面内容、交互规则和输出结果等详细信息，像是一份详细的产品功能需求说明书。

1. PRD 概述

PRD 是产品经理用来跟技术开发人员和其他相关人员进行沟通的辅助文本工具，由产品经理负责撰写。这里有两点需要注意。

第一，它是文本工具。这也就是说，相对于口头沟通，PDR 能够使沟通过程和沟通意见落在纸上，同时也为后期沟通提供了文字记录，便于查询。

第二，它是辅助沟通的工具。PRD 不是用来划分责任归属的，而是用来辅助沟通的。大量的沟通还是要通过产品经理和技术开发人员口头交流来完成，PRD 只是把沟通的关键性结果做一个留档和备份，便于后期随时查询使用。

一般说来，一份完整的 PRD 至少包括 3 个部分：需求描述、功能描述和变更记录。

2. 需求描述

需求描述是告诉技术开发人员和相关人员“为什么要设计开发这个功能”，是产品存在的基础和前提。很多产品会越设计越复杂、越设计越臃肿，就是因为产品经理设计添加产品功能时并没有严肃认真思考每个功能的需求情况，经常灵光一现随意增加产品功能。产品需求根据对象的侧重不同可以区分为：业务需求和用户需求。

业务需求：业务需要表达的是组织或客户高层次的目标。业务需求侧重描述组织为什么要开发该款产品或者希望通过这款产品达到什么目标，它通常表达的是项目投资者、产品购买客户等的需求。

用户需求：用户需求是指产品的功能满足了用户某个场景下的使用需求，解决了用户的某个问题。这主要是从用户角度来定义和阐述的需求，描述了用户能使用系统来做些什么。例如，用户需要对产品的全球销售情况有一个直观和宏观的印象，这就需要给用户提供一个可视化界面，直观地展示产品全球销售的关键信息点。

3. 功能描述

功能描述规定了开发人员需要在产品中实现的软件功能，用户可以使用这些功能来满足其业务需求。功能描述既可以从人和系统的旁观者角度来描述，也可以从产品角度来描述。前者叫用例描述，后者叫功能点描述。实践中，功能点描述多采用在Axure原型图旁边注释的方式，而用例描述更多采用PRD方式来详细论述。

无论是用例描述还是功能点描述，其最终目的都是希望研发人员能够快速清晰地理解产品功能需求。所以，一般包括以下内容。

交互规则：交互规则是指使得产品元素状态发生改变的规则和规范，既包括用户交互规则，也包括元素状态自动变化的规则。例如，用户操作产品页面上各种交互元素和组件（筛选按钮、滑动条）使得产品状态发生改变；或者系统自动设定了元素状态变化规则，如电商平台自动设定了打折时效期，一旦过了该段时间，商品价格自动复原等。

数据规则：数据规则主要是指数据产品展现层与数据库进行数据交互的规则。例如，用户通过注册页面输入信息并存储在数据库中，那么就需要指明注册页面包括的字段、每个字段的类型及长度等内容。

4. 变更日志

变更日志的编写并不复杂，但是一些产品经理常常因为怕麻烦而忽略了，这往往给产品研发带来不小的隐患。

产品需求变动其实是很正常的事情，但是如果需求变动没有及时记录，那么可能会出现这样的情况：产品经理想表达的是A，结果表达成了B，技术开发人员听到的是B，理解的内容却是 C，最后因为客观限制把产品做成了 D。如果及时把需求变动记录在 PRD 上，那么技术开发人员和产品经理沟通就不仅限于当时口头沟通的“一瞬间”，而是有了可以进一步细致讨论的基础和材料，使得双向细致的沟通成为可能。

另外，如果产品需求变动不及时记录，一段时间后可能会因为遗忘导致各种问题。现实中，很多时候产品需求发生了变化，产品经理即时与技术开发人员进行了沟通，但是忘记将变化结论记录在 PRD 中。一段时间后，产品经理或者技术开发人员可能就遗忘了这个变化，导致最后上线产品跟预期效果不一致。

最后，产品原型不可能一步到位。凡是有实践经验的人都应该深有体会，每次产品原型进行更改后，如果不及时记录更改的地方，技术开发人员肯定是“头大加火大”。因为他们完全不知道你修改了哪些地方。这些情况下，及时更新日志就显得很重要了。有了更新日志，大家一看日志就知道产品经理改了哪些地方，进而直接锁定修改目标，大大提升研发效率和开发进度。

因此，一个合格产品经理一定要养成及时记录变更日志的良好习惯，也要对变更日志给予足够的重视。

第2章

产品经理必知的数据库知识

- 数据库是什么
- 数据库应该怎么设计
- 关系型数据库是什么
- 非关系型数据库是什么
- 数据仓库又是什么

2

2.1 数据库是什么

2.1.1 为什么应该了解数据库

产品经理需要对产品有个全面的认识：所有产品的功能层面最终是要落实在数据层面的。例如，用户注册页面增加新的注册信息，相应的，就需要在数据库的用户信息表中新增几个字段来存储新的注册信息。

数据产品就是各个数据模型的集合，如典型的电商产品。用户在电商平台上看到各种商品，每天都有商品更新，这些商品的信息就存储在数据库商品信息表中；用户购买商品前需要进行用户注册，注册用户的姓名、联系方式、联系地址等信息都存储在数据库的用户信息表中；用户下单购买商品后，这条购买记录就被存储起来放在了数据库订单信息表中；用户有时会把有购买意向的商品暂时存放起来，这个存放的地方就是购物车信息表。

所以，我们可以发现，产品经理设计的各种产品功能最后都要在数据层面找到对应的数据模型。另外，产品经理进行产品功能更改时也会导致数据库中相关数据字段的修改或删除甚至是数据兼容性问题，这都要求产品经理尤其是数据产品经理要学习数据库的相关知识。如果产品经理懂得数据库的相关知识，就可以从数据层面来综合考虑产品的功能设计问题，更好地同技术人员进行沟通，从而更好地推进产品规划设计和研发工作。

2.1.2 应知的数据库基本常识

1. 数据库是如何产生的

数据库的产生是因为数据读 / 写的需要。应用程序运行过程中会产生大量数据，例如，需要保存用户的各种基础信息数据和用户行为数据，这些数据就需要存储在某个地方。当然，最原始的存储地址可能是存在某个 Word 文件或 CSV 文件中。

但随着应用程序的功能越来越复杂，存储的数据量也越来越大，如何管理这些数据就成了大问题。工作中不仅需要存储这些数据，还需要不断地对这些文件进行读 / 写操作。如果让每个应用程序都编写代码各自进行数据的读 / 写操作，一方面会导致效率低下且易出错；另一方面，各应用程序访问数据的接口不相同，也会导致数据难以复用。所以，实践的需求促进了数据库管理软件的诞生。

通过将应用程序与数据相互独立开来，由数据库提供统一的应用程序接口，应用程序不再直接管理数据，而是通过数据库软件提供的接口来读 / 写数据，数据库作为一种专门管理数据的软件就出现了。这样，应用程序改变或数据库改变时就互不影响了，如图 2-1 所示。

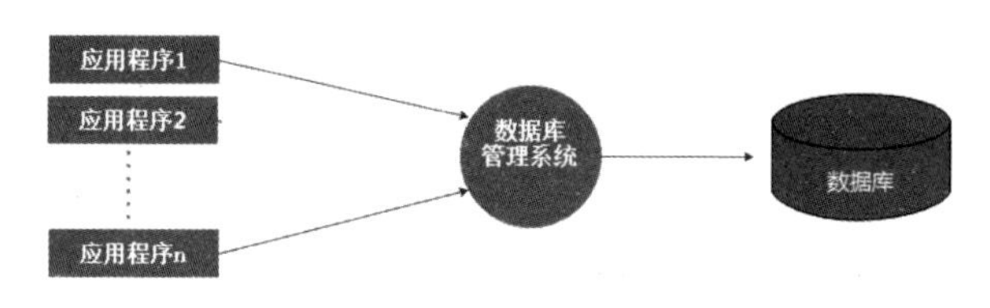

图 2-1 数据库管理系统与应用程序

如此，研发人员编写应用程序时，数据读 / 写的功能就被大大简化了，这样也降低了应用程序研发人员的负担。

2. 目前流行的数据库

数据库是信息的集合，是计算机数据存储的仓库或容器。数据库设计的目的是管理大量的信息，给用户提供数据的抽象视图，即系统隐藏有关数据存储和维护的某些细节。理解数据库最直观的方法就是把它看成是一个文件柜，数据就是放在这个柜子里面的文件。

数据库设计就是根据业务实际需求，结合选用的数据库管理系统，构造出符合业务系统的数据存储模型，进而建立好数据库中表结构、表与表之间关联关系的过程，实现数据的有效存储和高效访问。

数据库是一个逻辑上的概念，它本质上是一些互相关联的数据的集合。从物理层面来看，数据库就是一系列存储在磁盘上的数据表文件。数据库中的数据组成了“表”，有点类似 Excel 软件中的各个工作表，如图 2-2 所示。

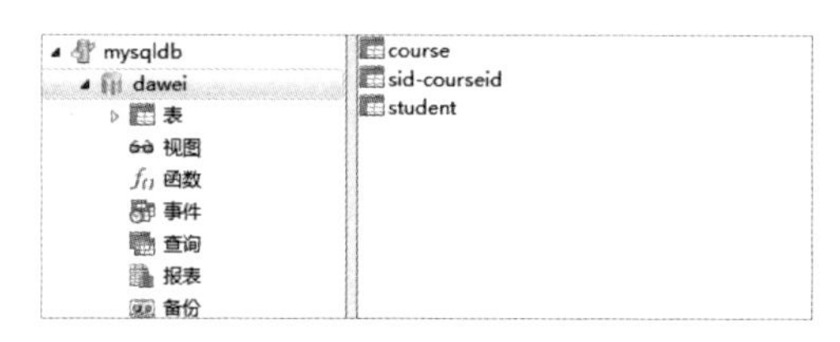

图 2-2 数据库示意

目前，应用广泛的数据库是 MySQL 数据库。MySQL 是一种典型的关系型数据库。除了 MySQL 这种关系型数据库，你可能还听说过非关系型（NoSQL）数据库，如 MongoDB、Cassandra、Dynamo 等，常被用来存储一些文本数据。

综合来看，各种应用程序的核心数据存储仍然使用 MySQL 数据库进行存储，而 NoSQL 数据库作为 MySQL 数据库的补充，经常存储一些非核心的文本类数据信息。本书将以 MySQL 为例来讲解有关数据库的知识。

2.2 数据库应该怎么设计

常见的数据库管理系统有 MySQL、Oracle、SQL Server、MongoDB、Redis 等。数据库设计就像是建造一座大厦。我们建造大厦之前，需要对大厦的整体结构进行设计，绘制施工图纸，然后工程人员和施工人员根据图纸进行具体施工。数据库设计也是一样的道理。一旦数据库投入使用，如果数据库设计不合理，导致数据查询缓慢，这时再进行数据库结构的修改必然会影响到用户的使用体验，这是任何公司都不希望出现的情况。

正因如此，刚开始就要考虑好如何设计数据结构。“好的”数据库设计与“差的”数据库设计有着明显的区别，如表 2-1 所示。

表 2-1　数据库设计优劣比较

好的设计	差的设计
冗余比较少	存在大量数据冗余
数据更新维护稳定便捷	数据插入、更新、删除容易发生异常
高效利用存储空间	存储空间浪费严重
访问快速稳定	数据访问低效

为了设计出满足用户需求和项目要求的数据库，一般需要经过需求分析、概念设计、逻辑设计、物理设计、维护优化几个阶段，如图 2-3 所示。

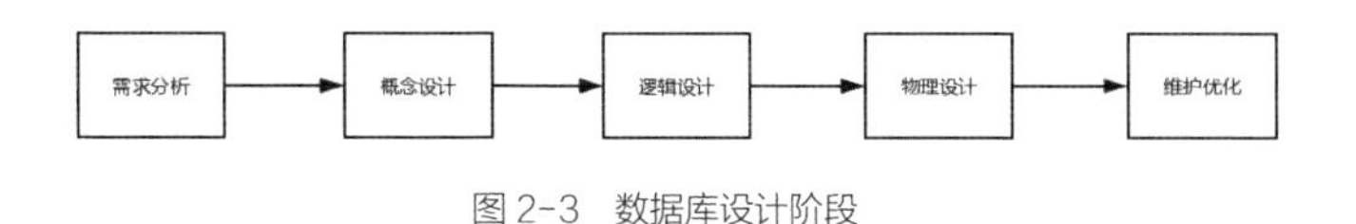

图 2-3　数据库设计阶段

（1）需求分析

数据库设计时必须首先准确了解和分析用户需求，因此需求分析是整个数据库设计过程的起点和基础。需求分析的目的是通过详细调查现实世界的对象，明确用户或利益相关方的各种需求，从而确定系统功能及其可扩展性。在数据库设计过程中，需求分析的重点是调查数据的处理，主要考虑的问题有：数据有哪些？数据有哪些属性？数据和属性各自的特点是什么？

数据库设计中的需求分析经常使用结构化分析方法，从顶层的系统组织结构入手，采用自顶向下、逐层分解的方式分析系统。前面章节中的数据流程图正好发挥作用。数据流程图从数据流的角度来展示业务过程，更好地帮助产品经理和数据库研发人员从数据视角理解用户需求。利用结构化分析方法来进行需求分析时，经常会逐层分解，形成若干层次的数据流程图。

（2）概念设计

概念结构设计，也就是把用户需求抽象成一个个独立于具体 DBMS（Database Management System，数据库管理系统）的概念模型，然后进行逻辑结构设计，将概念结构转换为某个 DBMS 所支持的数据模型并将其进行优化。概念结构设计，一般说来有 4 种方法，如表 2-2 所示。

表 2-2　概念设计的方法

方法	说明
自顶向下	先明确全局概念结构的框架，然后逐步细化
自底向上	先明确各局部应用的概念结构，然后集成起来即可得到全局概念结构
逐步扩张	先明确最重要的核心概念结构，然后不断扩张，逐步生成其他的概念结构直至全局概念结构
混合策略	自顶向下和自底向上相结合

实践中，概念结构设计过程会混合使用多种方法，很少单独使用一种方法就可以完成概念结构设计的全过程。

（3）逻辑设计

逻辑结构设计是在概念结构设计的基础上，将概念结构转换为某个 DBMS 所支持的数据模型并进行优化。这个阶段主要使用实体关系图对数据库进行逻辑建模。实体关系图向关系模型的转换，要解决的问题是如何将实体之间的关系转换为关系模式，如何确定这些关系模式的属性，尤其是主属性（码）。这个阶段之所以叫作逻辑设计，是因为这种模型不受具体的数据库管理系统影响，不管是使用关系型数据库如 MySQL，还是非关系型数据库如 MongoBD，都不会影响逻辑建模的过程。

（4）物理设计

物理设计是为逻辑数据结构模型选取一个适合应用环境的物理结构（包括存储结构和存取方法）。物理设计主要考虑的是如何结合具体的数据库管理系统的特点，如 MySQL、MongoBD 等的特点，来实现建模。这也就是说，研发人员需要结合所使用的数据库的自身特点，更好地把逻辑设计转化为物理设计。在物理设计阶段，首先需要对运行的事务进行详细分析，明确物理数据库设计所需参数；其次，需要充分了解所用的 DBMS 的内部特征，特别是系统提供的存取方法和存储结构；最后，数据库设计人员使用 DBMS 提供的数据库语言（如 SQL），根据逻辑设计和物理设计的结果建立数据库，编制和调试应用程序，组织数据入库并进行试运行。

（5）维护优化

维护优化阶段主要考虑的是，根据新的业务需求来进行建表工作，对索引进行优化进而提高查询速度，对大型表格进行拆分。一般来讲，数据库应用系统经过试运行后，即可投入正式运行，在数据库系统运行过程中必须不断地对其进行评估、调整和优化。

2.3 关系型数据库是什么

关系型数据库是建立在关系模型基础上的数据库，因为现实世界中实体之间的各种联系均可以用关系模型来表示，所以关系型数据库是应用非常广泛的一类数据库。

例如，人可以看作是一个实体，具有的属性包括姓名、性别、年龄、教育背景、职业、婚姻状况等，这些属性构成了人这个实体。这其实是一个很深刻的认识，例如，罗素就认为“对象”其实就是“属性”的集合。同理，一个“属性”也可以看作是一个实体，例如，“年龄”可以看作是一个单独的实体，它的属性可以用具体的数值来表示（如

20、21、22、88 等），也可以分为“未成年”“成年”，还可以分为“儿童”“青少年”“中年”“老年”等。

“人”作为实体和“年龄”作为实体，它们之间存在着一种对应的关系，也就是一个人要么属于“未成年”要么属于“成年”，而每个年龄段的人有很多，年龄与人之间是一对多的关系。“爱好”也可以作为多个实体，“爱好”的属性可以是：音乐、绘画、舞蹈、旅游、读书、棋牌等。而“人”作为实体和“爱好”作为实体，它们的关系是多对多的关系，一个人既可以爱好音乐，也可以同时爱好舞蹈，还可以同时爱好绘画，有这些爱好的人有很多。

再例如，一个淘宝用户可以多次购买商品，多次下订单，所以淘宝用户账号和订单号之间，也是一对多的关系，如图 2-4 所示。

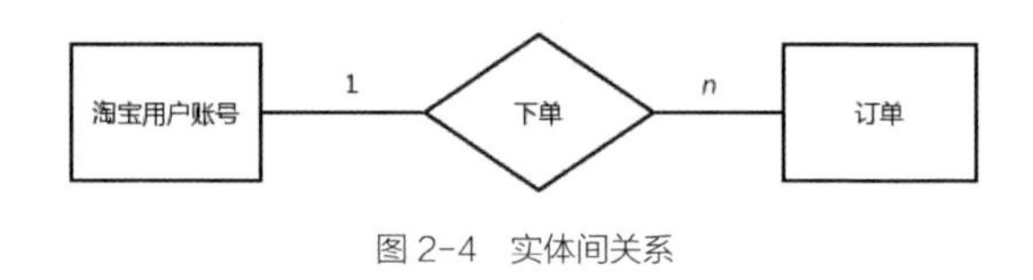

图 2-4　实体间关系

产品经理在设计产品角色和逻辑关系时，需要了解产品底层的数据库结构是如何设计的。例如，商品信息由一个数据实体来存储，订单信息也由一个数据实体来存储，这两个实体之间就存在某种关联关系：一个商品可以出现在不同的订单中，一个订单中可能包含不同的商品。这也就是说“商品”与“订单”之间存在多对多的关系，如图 2-5 所示。

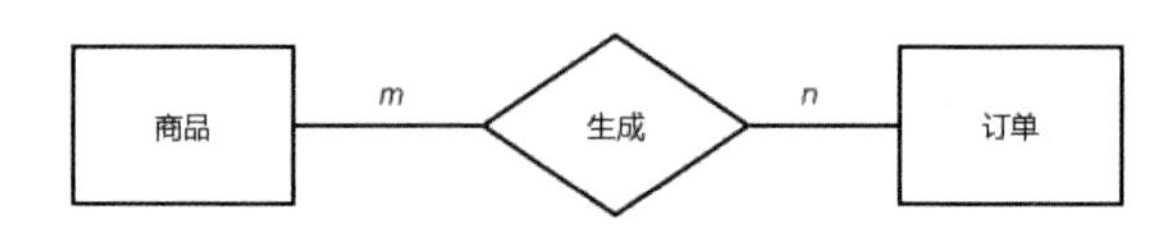

图 2-5　商品订单之间多对多关系

将这种现实世界中的实体之间关系通过关系模型进行表达并存储在数据库中，这种数据库就是关系型数据库。常见的关系型数据库有 MySQL、Oracle、DB2、SQLite 等，下面将以常用的 MySQL 数据库为例来讲解相关知识。

2.3.1　数据库表和字段

数据库的基本构成单位是数据库中的表，如图 2-6 所示。

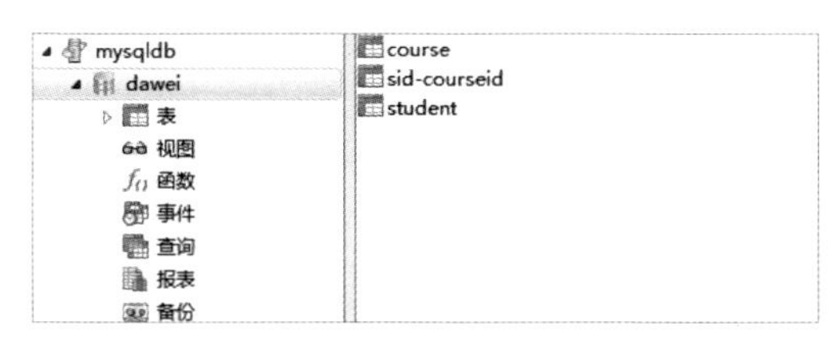

图 2-6　数据库中的表

数据库“dawei”里有几张数据表，如表 student、表 course 和表 sid-courseid，这些数据表是构成数据库的基本单位。

现实世界中实体之间的关系可以通过关系模式来表达，但是关系模型还是太抽象，于是可以通过二维表来形象地表示这种关联关系。例如，对于“学生”这个实体我们可以建立一个名为“student”的二维表，表中的字段就是“学生”的属性，如学号、姓名、年龄、性别等，如图 2-7 所示。

sid	name	age	gender
1001	张三	20	男
1002	张四	21	男
1003	韩梅梅	20	女
1004	李美丽	19	女

图 2-7　数据表student属性

而对于“课程”，我们又可以新建一个二维表“course”，表中的字段就是“课程”的属性，如课程 ID、课程名（高等数学、线性代数、微观经济学、管理学导论等），如图 2-8 所示。

courseid	courname
001	高等数学
002	线性代数
003	微观经济学
004	管理学导论

图 2-8　数据表course属性

实体“学生”与“课程”之间的关联关系就可以通过表“student”与”course”之间的关联关系来表达，这种关联关系也可以通过关系表（如数据表 sid-courseid）来展现，因此建立“学生 - 课程”表，如图 2-9 所示。

scid	sid	courseid
0001	1001	001
0002	1001	002
0003	1002	001
0004	1002	004

图 2-9　学生-课程表

如果把数据库看成是一个文件柜的话，那么文件柜中的每份文件就是数据表。表是一种结构化的文件，用来存储某些特定类型的数据，如用户信息、商品信息等。在关系型数据库 MySQL 中，我们可以把表看成是一张存储数据的二维表，类似于 Excel 表。

①**行**：表中的数据是按照“行”进行存储的，每一行也被称为“记录”。例如，上面表中的“行”或“记录”表示具体每个老师的编号、姓名和性别信息。

②**列**：表中的每一列称为字段，字段存储着表的某部分信息。数据库中的表是由一个或多个列所组成的，表中的每行记录都拥有相同的若干字段。字段定义了数据类型（整型、浮点型、字符串、日期等），以及是否允许为 NULL。

“student”表中“sid”是唯一标识，是该表的“主键”。主键可以在数据表中用来标识一条记录。在表“course”中，“courseid”是唯一标识，是该表的“主键”，唯一标识表中的一条记录。我们观察表“student”和“course”，它们可以通过表“sid-courseid”来进行关联。

在上面这个例子中，每一个字段都有字段类型，如整数、浮点数、字符型等。设计数据库表的时候不仅要指定数据表的“表名”“字段”，还要指定“字段”的类型。同时，我们向数据库表中插入和添加数据的时候也要符合字段类型的要求。例如，“sid”可以是整数型（1、2、3 等），也可以是字符型（1001、1002、1003 等）。

2.3.2 操作语言 SQL

随着人工智能的高速发展，互联网产品经理转型为数据产品经理或人工智能产品经理都是一个不错的职业选择。不管是数据产品经理还是人工智能产品经理，熟练掌握 SQL 都是一个基本要求。因为无论是进行产品设计中的数据分析还是机器学习，都需要处理大量数据，而最主要的数据来源就是公司的数据仓库。SQL 是操作数据仓库的重要语言，能够实现数据库表的增、删、改、查。

SQL（Structured Query Language，结构化查询语言）是一种用来与关系型数据库进行通信的语言，相比于其他语言（如 JavaScript、Java、Python 等），SQL 的语法和词语极其简单，可以很快捷地实现对关系型数据库的操作。SQL 定义了这么几种操作数据库的能力。

① DDL：Data Definition Language（数据定义语言），DDL 允许用户定义数据，

包括创建表、删除表、修改表结构等操作。一般来讲，DDL 由数据库管理员进行处理。

② DML：Data Manipulation Language（数据操纵语言），DML 允许用户添加、删除、更新数据，这些操作往往是应用程序对数据库的日常操作。

③ DQL：Data Query Language（数据查询语言），DQL 允许用户查询数据，这是使用非常频繁的数据库操作行为。

④ DCL：Data Control Language（数据库控制语言），DCL 用来设置或更改数据库用户或角色权限。普通用户一般很少会用到。

这里需要说明的是，虽然 SQL 是一种标准语言，但不同数据库对标准的 SQL 支持力度有所差别，很多数据库都在标准 SQL 基础上做了扩展。换句话说，如果我们只使用标准 SQL 的核心功能，所有数据库都是可以执行的，但是对于某个数据库中扩展的部分 SQL 功能，换到另外的数据库可能就失效了。打个比方，SQL 核心功能就像是普通话，扩展部分就像是方言。你说“普通话”，每个数据库都能够“听”懂。

本书将重点讲解 SQL 的“普通话”和基于 MySQL 数据库的部分“方言”。

（1）创建数据表

在关系型数据库中创建数据表常常可以使用 create 语句。例如，创建一个表名为“teacher”，字段为“teacherId”“tname”和“gender”的数据表，语句如下。

```
create table teacher(teacherId varchar(30) primary key, tname varchar(30), gender varchar(20) )
```

在 navicat 软件中运行此命令后，可以得到的效果如图 2-10 和图 2-11 所示。

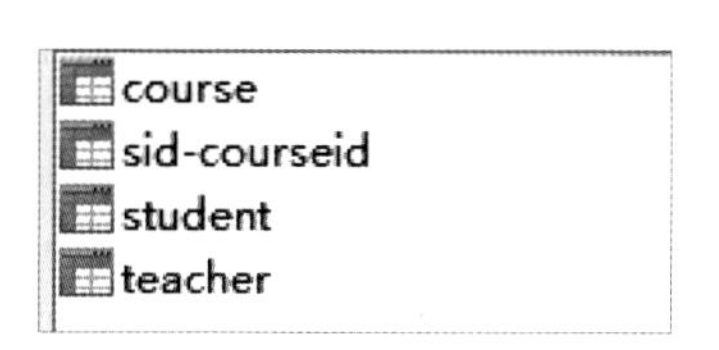

图 2-10　新增数据表teacher

teacherId	tname	gender
(Null)	(Null)	(Null)

图 2-11　新增表teacher的字段展示

（2）插入表中数据

我们创建了数据表 teacher 并且定义了各个字段的类型和属性。但是到目前为止还没有插入数据，所以上述表格还是一张空表。现在就可以采用 insert 语句往里面插入数据。例如，我们插入一条数据，数据信息是：教师编号为“101”、教师姓名为“大威”、性别为“男”。对应的 SQL 语句如下。

```
insert into teacher values('101','大威','男')
```

语句执行结果如图 2-12 所示。

teacherId	tname	gender
101	大威	男

图 2-12　插入数据记录

（3）修改表中数据

有时候数据表中的数据记录因为各种原因可能会发生错误或变动，这就需要对数据记录进行更改，数据更改可以使用 update 语句。例如，我们需要把上面记录中的姓名由“大威”改为“张威”。对应的 SQL 语句如下。

```
update teacher set tname='张威' where tname='大威'
```

语句执行效果如图 2-13 所示。

teacherId	tname	gender
101	张威	男

图 2-13　修改数据记录

（4）删除表中数据

某些情况下，可能需要删除数据表中某条或某些数据记录，这时候可以使用 delete 语句。例如，从 teacher 表中删除一条“李小小”老师的记录，如图 2-14 所示。

teacherId	tname	gender
101	张威	男
102	李小小	女

图 2-14　表teacher中数据记录

使用如下 SQL 语句。

```
delete from teacher where tname='李小小'
```

语句执行结果如图 2-15 所示。

teacherId	tname	gender
101	张威	男

图 2-15　删除数据记录后数据表

（5）查询表中数据

在数据表操作的“增、删、改、查”中，数据分析人员或产品经理最常用的技能是数据的查询。数据查询常用 select 语句。例如，从 teacher 表中查找性别为“男”的数据记录，如图 2-16 所示。

teacherId	tname	gender
101	张威	男
102	李小小	女
103	陈大伟	男

图 2-16　teacher表中数据

SQL 语句如下。

```
select * from teacher where gender='男'
```

语句执行结果如图 2-17 所示。

信息　结果1　概况　状态

teacherId	tname	gender
101	张威	男
103	陈大伟	男

图 2-17　数据查询结果

总的说来，SQL 技能是性价比最高的一项数据技能，产品经理要尽量掌握。之所以说 SQL 技能的性价比高，是因为它的用途广，同时学习成本较低。

2.4 非关系型数据库是什么

常见的数据库，除了关系型数据库外还有非关系型数据库，也被称为 NoSQL（Not Only SQL）数据库。

2.4.1 NoSQL 数据库是什么

随着数据量的增长，企业需要处理的数据变得越来越多，越来越复杂。这个时候出现了两个需要解决的问题：数据量的快速增长和数据类型的日趋复杂。

NoSQL 数据库就是为了应对这些问题而产生的。相对于关系型数据库都是结构化的表，NoSQL 数据库可以是列式存储、Key-Value 和文档存储，具有更加灵活的数据模型和存储结构。同时，NoSQL 数据库可以便捷地增加新的服务器来提高性能，也更易扩展。另外，传统关系型数据库受限于磁盘 I/O，在高并发情况下运行压力较大，而 NoSQL 数据库采用 Redis 等存储系统，内存数据库可以实现每秒 10 万次读 / 写，查询效率更高。当然，NoSQL 数据库并非完美，由于技术相对较新和不支持 SQL 标准，导致行业应用远远落后于关系型数据库。常见的非关系型数据库有 MongoDB 和 CouchDB。

2.4.2 数据库文件和键值对

关系型数据库表之间存在的逻辑关系在非关系型数据库文件中也存在。以 MongoDB 为例，MongoDB 中的存储文件之间也存在几种逻辑关系，如 1 ∶ 1（1 对 1）、1 ∶ N（1 对多）、N ∶ 1（多对 1）、M ∶ N（多对多）。MongoDB 典型数据库文件，如图 2-18 所示。

Key	Value	Type
(1) {_id : 397b0e4543404d67813fd74a535cff9a}	{ 36 fields }	Document
(2) {_id : a83daad89c02fb94cd0597a563bd7018}	{ 36 fields }	Document
(3) {_id : e4b54e0304778b62a6409830a2074562}	{ 36 fields }	Document
(4) {_id : 65108c581b2a4f80947671d2d2f2e51d}	{ 36 fields }	Document
(5) {_id : 61fb26faa00111ac50a7bceb4f71a0a6}	{ 36 fields }	Document
(6) {_id : b2e048ea6dd2ec35af23c01f15cd4be9}	{ 36 fields }	Document
(7) {_id : 1424d806cc0b61869bd0e4b8b1a6cb8f}	{ 36 fields }	Document
(8) {_id : 011b9b0e9d418ad4fe36c5c6df123f90}	{ 36 fields }	Document
(9) {_id : 6eecd868172401005a50c80aec82a614}	{ 36 fields }	Document
(10) {_id : 665936019c6650d4300da93dfb0aac76}	{ 36 fields }	Document
(11) {_id : 196c2498f3f5805752799d8779e18b47}	{ 36 fields }	Document
(12) {_id : ff9baa54593e5811e9dda9da80e84749}	{ 36 fields }	Document
(13) {_id : a536bd0170425b0550c09fadefdf27c1}	{ 36 fields }	Document

图 2-18 非关系型数据库文件

从图 2-18 中可以发现，每一条记录都是采用“键值对”的方式存储的，也就是图中的“Key”和“Value”组合形式。

在 MongoDB 中，数据文件中的每一条记录是使用 JSON 格式的“键值对”进行存储的，如图 2-19 所示。

Key	Value	Type
usedcar_vehicle_type	MODEL S 2014款 MODEL S 85	String
seed_data	{ 1 fields }	Object
mall_dealer		String
usedcar_purchase_date	2014-09	String
version	1	String
_job_id	17484	Int32
do_time	2017-11-21	String
param_list_date		String
usedcar_mileage	6.1万公里	String
uptime	1511250675	Int32

图 2-19　JSON格式存储数据

典型的 JSON 结构为：冒号左边是“Key”，冒号右边是“Value”。例如下面的代码。

```
{
"_id": "397b0e4543404d67813fd74a535cff9a",
"usedcar_vehicle_type" : "MODEL S 2014 款 MODEL S 85",
"usedcar_purchase_date": "2014−09"
}
```

比较来看，MongoDB 数据库没有预定模式，文档的键（Key）、值（Value）不是固定的类型与大小。而关系型数据库中每个表的字段都是一样的，灵活性比较差。MongoDB 数据结构由键值对组成，文档类似于 JSON 对象，字段值可以包含数组、其他文档。

非关系型数据库适用于一些高并发且数据存储要求高的场景，如网站访问数据的统计，但对于一些高度事物性的场景，如银行或会计系统，则不适合。

2.5 数据仓库又是什么

2.5.1 数据仓库是什么

数据产品经理有时候需要对业务情况进行分析，从而为设计或优化产品提供指导。例如，电商平台数据产品经理需要根据业务销售情况进行产品优化，首先要解决的问题就是数据获取。假如要分析“最近 3 个月平台销量最高的商品和销售额最高的商品具有什么特点”，就可以从数据仓库里面选择“时间”“销量”“销售额”等维度组合数据并导出查询结果。

20 世纪 80 年代中期，“数据仓库”的概念是由 Bill.Inmon（比尔·恩门）在《建立数据仓库》一书中正式提出的。一般认为，数据仓库（DW）是面向主题的、集成的、稳定的、不同时间的数据的集合，主要用于经营管理的决策支撑，具体介绍如下。

（1）DW 是面向主题的

传统数据库的应用系统是针对特定应用而设计的，如图书管理、考勤管理等。而 DW 是按照主题来组织数据的，是在一个更抽象、更高级的层次上来对数据进行处理的，如销售分析、成本分析等。

（2）DW 是集成的

进入 DW 的数据必须经过加工和集成，同时对不同来源的数据还需要进行数据结构的统一和编码，如同名异义、异名同义、数据单位、类型长度等。

（3）DW 是稳定的

DW 包含了大量的历史数据，由于数据主要用于查询和分析，数据进入 DW 之后很少进行更新，所以在一定时期内 DW 中的数据是稳定的。

（4）DW 数据量大

通常情况下，DW 的数据量都是 10GB 级别以上，约等于一般数据库（DB）的 100 倍。

某些大型的 DW 更是会到 TB 级别甚至更多。一般来说 DW 的数据中原始数据占比约为 1/3，索引和综合数据占比约为 2/3。

实际上，不管是数据分析师、数据工程师还是数据产品经理，进行数据分析时所用数据的来源大多是数据仓库而不是直接从数据库中获取的。

2.5.2 数据库与数据仓库比较

数据仓库和数据库虽然不是同一个事物，但两者有着极其紧密的关系。数据分析时提取的数据来源于数据仓库，但是数据仓库的数据又是从哪里来的呢？答案是数据库，典型的代表是业务型数据库。例如，平台商城把用户的各种交易数据（如购买商品信息、购买数量、购买金额等）和行为数据（商品页面点击的轨迹等）都实时地抓取和记录在了业务型数据库里，这些数据再定期从业务型数据库导入数据仓库里面。

有读者可能会好奇：为什么有了数据库，还要再建数据仓库呢？这有几方面的原因：数据库更多的是实时记录数据，数据仓库则记录了所有相关的历史数据；数据库是为了把“发生了什么”记录下来，数据仓库是为了解决“为什么会出现这样的情况”而重新把数据库中的原始数据按照一定的规则进行整理和归纳；数据库主要进行事务处理，例如，对一个或一组记录的查询和修改，用户更多的是关心事务处理的响应时间、数据安全和完整性，而“数据仓库”主要进行决策分析，如访问大量历史的、汇总的数据，从而计算分析得到决策参考信息。

银行拥有客户的储蓄、贷款和信用卡信息，这些数据存放在独立的不同数据库中。数据仓库则可以把这些独立的数据库中的数据进行整合和汇总，实现对客户的整体分析，从而决定是否继续对客户发放贷款或为其办理信用卡。数据库和数据仓库的详细比较如表 2-3 所示。

表 2-3　数据库与数据仓库比较

内容	数据库	数据仓库
数据内容	当前值	历史的、存档的、归纳的、计算的
数据目标	面向业务操作人员，重复处理	面向主题域，分析应用
数据特点	动态变化，按字段进行更新	静态，不能直接更新，只能定时添加和刷新

续表

内容	数据库	数据仓库
数据结构	高度结构化的、复杂的，适合操作计算	简单、适合分析
使用频率	高	中、低
数据访问	每个事务只访问少量记录	部分事务需要访问大量记录
响应时间的要求	以秒为单位	以秒、分钟甚至小时为单位

回到最开始的问题上，总结来说，数据存储技术从数据库转向数据仓库的主要原因有 3 个方面。

①**解决数据多、信息少的问题**。数据库技术的发展使得企业获取的数据量越来越大，但是真正能够直接用来辅助企业决策的信息却很少，也就是出现了数据多、信息少的问题。如何将数据转化为决策辅助信息成为研究的热点，这是数据库转向数据仓库的一个重要时代背景。

②**解决异构数据的共享问题**。数据库的数据来源多样化，导致异构环境数据增多。如何对异构数据进行转换从而保证数据的共享，实现数据的整合，是提升数据质量的重要课题。

③**解决事务处理的决策支持短板问题**。数据库往往用于事务处理，但是要实现辅助企业决策，则需要更多、更全面地利用历史数据来分析预测。正因如此，为了解决事务处理对于决策支持不足的问题，需要利用数据仓库技术来实现决策支撑。

不仅如此，数据库与数据仓库在数据量级上差别也是明显的。数据仓库的数据量往往是数据库的 100 倍甚至更多。数据仓库一部分是近期基本数据，是从各个数据库中按照决策主题进行组织集成而来，并且保留了大量的历史数据，用来进行分析预测。数据仓库为了满足不同管理者的决策需求，需要对近期基本数据进行轻度综合和高度综合，这些综合数据所占据的数据量也是庞大的。综上所述，近期基本数据、历史数据和综合数据三者相加，使得数据仓库的数据量远远大于数据库的数据量。数据库与数据仓库的关系如图 2-20 所示。

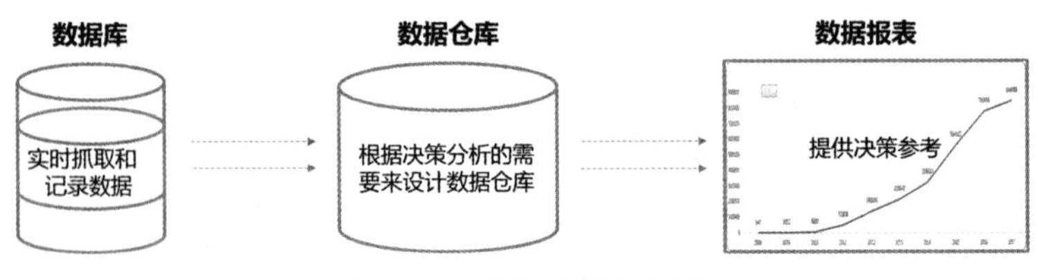

图 2-20 数据库与数据仓库关系

第3章 产品经理必知的客户端知识

Web 内容传输过程

网站建设流程

简单介绍 Web 页面

简单介绍 Android 系统

简单介绍 iOS 系统

客户端是指产品用户所使用的终端，如在计算机中通过浏览器访问的网页和在手机上安装的各类App。了解和掌握客户端技术不仅有利于产品经理更好地和研发人员沟通，而且有助于提升产品经理把控用户体验的能力。

（1）客户端技术更贴近用户体验视角

用户使用一款产品时，最先接触的就是产品的客户端，如用户界面、功能交互等。产品经理工作职责的很大一部分内容就是考虑如何通过产品前端的展示给予用户良好的体验。所以了解前端的实现原理有助于产品经理更好地提升用户体验。

（2）客户端技术学习有利于产品测试

产品测试中关于UI设计方面的测试调整，需要用到前端技术知识。例如，如果产品经理对于网页结构中的HTML、CSS和JavaScript比较了解，可以直接查看页面元素内容，进而更精确地告诉前端研发人员如何调整页面。

（3）客户端技术更容易入门

相当比例的产品经理并不是专业研发人员出身，对于技术学习怀有畏难情绪。客户端技术相对于服务端技术来说入门相对容易，同时由于客户端成果更容易显现，容易引起学习者的兴趣和建立学习信心。所以产品经理技术入门可以考虑从客户端技术入手。

在各种客户端中，网页是一种典型且极其重要的客户端，本书将以网页为例进行重点讲解。

3.1 Web内容传输过程

Web浏览器是一个典型的客户端，当我们在浏览器中输入某个网址并访问时，可以看到对应内容，这个过程非常简单迅速，但背后的逻辑和流程并不简单。整个过程牵涉到Web浏览器和Web服务器之间的交互过程，如图3-1所示。

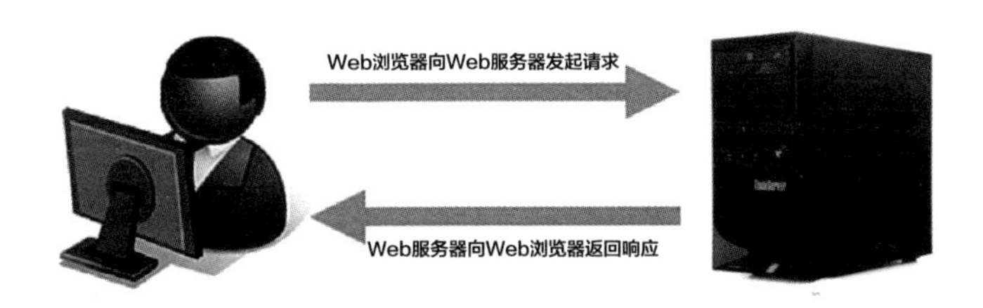

图 3-1　Web浏览器与服务器交互过程

下面将以谷歌浏览器打开百度搜索页面为例讲解该过程。在谷歌浏览器地址栏中输入百度网址后，便可显示百度网页，如图 3-2 所示。

图 3-2　百度搜索首页

仔细梳理上述过程，可以细分为以下步骤。

① Web 浏览器向 Web 服务器发送请求。Web 浏览器向 Web 服务器上百度网页地址对应的 index.html 文件发送请求。

② Web 服务器寻找文件。Web 服务器接收到浏览器的文件请求后，在目录内容中寻找特定文件并返回内容到 Web 浏览器。

③ Web 浏览器接收文件内容。Web 浏览器接收到 index.html 文件的内容并基于 HTML 代码呈现网页内容。例如，Web 服务器返回的 HTML 文件中有描述百度 logo 的代码信息，如图 3-3 所示。

```
<img hidefocus="true" class="index-logo-srcnew" src="//
www.[illegible].com/img/bd_logo1.png?qua=high" width="270" height=
"129" usemap="#mp">
```

图 3-3　logo代码

这里 HTML 标签返回了部分属性，如文件源地址（src）、宽度（width）和高度（height），浏览器根据这些信息来显示对应的图标。

④ Web 浏览器解读 HTML 文件代码。Web 浏览器查看 <img/> 标签中的 src 属性，查找源位置。例如，上述 HTML 代码中的 src 属性内容。将其中的地址输入浏览器，可以在 Web 地址（百度网址）的 images 目录中找到对应图像，如图 3-4 所示。

图 3-4　百度首页logo

⑤ Web 浏览器再次向 Web 服务器发出请求。浏览器识别到 <img/> 标签中的 src 属性的地址后会向服务器发出请求，要求返回 src 内容所对应地址上的图片文件。

⑥ Web 服务器返回文件内容。Web 服务器接收到 Web 浏览器发送的关于图片文件的请求后，将在对应地址寻找该图片文件，并返回该文件的内容给 Web 浏览器。

⑦ Web 浏览器显示文件。Web 浏览器接收到图片文件并予以显示。

上述内容便是 Web 浏览器和 Web 服务器之间的典型交互过程。

3.2 网站建设流程

上面讲述了 Web 浏览器是如何打开某个网站内容的，下面将讲述如何发布一个网站或网页数据产品。简单说来，网站创建大致可以分为两个步骤：第一，创建 HTML 文件；第二，发布到 Web 服务器上。

3.2.1 创建 HTML 网页

首先尝试使用文本编辑器来创建一个网页文件，例如，可以选用 Notepad++ 来编写 HTML。在 Notepad++ 编辑器中输入代码，并保存为 HTML 文件，即可创建一个简单的 HTML 网页，如图 3-5 所示。

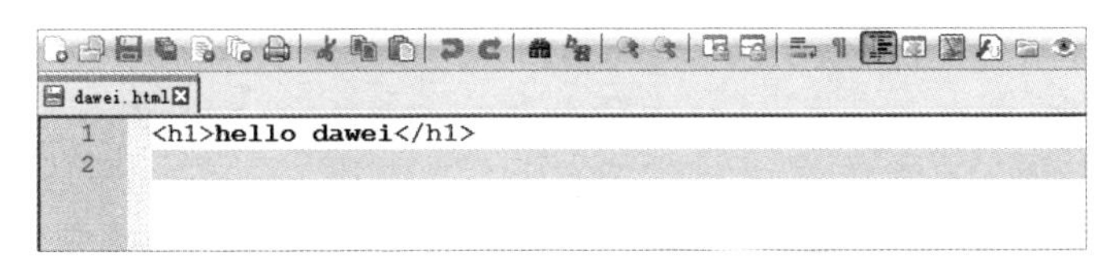

图 3-5　创建一个HTML文件

用浏览器打开文件名为“dawei”的 HTML 文件，就可以查看我们刚刚创建的内容，如图 3-6 所示。

图 3-6　创建的HTML网页内容

HTML 文档由元素组成，以开始标签 <h1> 开始，以结束标签 </h1> 结束。上述文档中只有一个元素：h1。开始标签 <h1> 和结束标签 </h1> 之间就是元素的内容“hello dawei”。

3.2.2　发布到 Web 服务器

我们已经创建了一个简单的 HTML 文件并且通过浏览器予以显示。但目前为止，这个 HTML 文件还只能被本机的浏览器访问。如果想要其他人也可以通过浏览器进行访问，那么必须把 Web 内容发布到 Web 服务器上。

将本地 HTML 网页内容上传到 Web 服务器的工作通常使用 FTP（File Transfer Protocol，文件传输协议）来完成。而要使用 FTP 来进行传输，需要一个 FTP 客户端把本地计算机上的文件传输到 Web 服务器上。这里有几点需要强调说明。

①**需要一个 Web 服务器**。目前市面上有很多提供 Web 服务器托管的商家，可以购买他们的 Web 服务器托管服务，这样就有自己的 Web 服务器。

②**需要 FTP 客户端**。大部分 FTP 客户端是可以免费获得的，用于从本机向 Web 服务器中上传文件或从中下载文件。

③ **FTP 客户端连接 Web 服务器**。一般来讲，FTP 客户端连接 Web 服务器的过程需要 3 个信息：待连接的主机名或地址、账户名和账户密码。以上 3 个信息在购买了 Web 服务器托管服务后，可以从服务商处获知。

我们从宏观层面了解了 Web 内容传输过程和网站发布过程之后，对于整个客户端内容是如何创建和呈现的有了一个整体的认知。下面进一步讲解常见的几种客户端：网页、Android 系统和 iOS 系统。

3.3 简单介绍Web页面

一个典型的 Web 网面实际上由 3 部分构成：HTML、CSS 和 JavaScript。如果把一个网页比作一栋楼，那么 HTML 就是楼房的空间结构，描述了网页可以分为几个部分及每个部分大致的作用；CSS 就像是楼房的装饰，实现对网页样式的控制；JavaScript 就像是楼房的水电气三通设施，用来给 HTML 网页进行数据传输和增加动态功能（如交互功能），如图 3-7 所示。

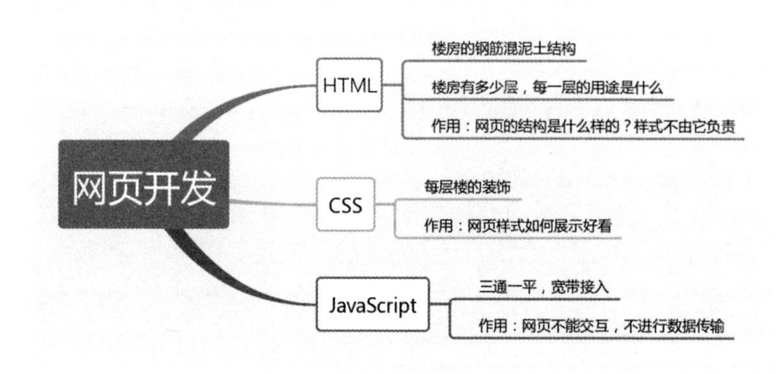

图 3-7　Web页面构成

从分类来讲，网页可以分为静态网页和动态网页，它们的区别就在于静态网页没有 JavaScript，无法进行数据的传输和交互。目前，我们接触的网页一般都是动态网页，也就是包含了 HTML、CSS 和 JavaScript 三者的网页。业界流传着这么一句话，比较形象地概括了三者的关系：HTML 是名词，CSS 是形容词，JavaScript 是动词，三者互相配合才是一个句子。

3.3.1　HTML

HTML（HyperText Markup Language，超文本标记语言）是一种常见的标记语言，HTML 中的“超文本”是指页面内不仅可以包含文本，还可以包含图片、链接、音乐等非文字元素。我们所用的网页，就是利用超文本标记语言并结合使用其他 Web 技术（脚本语言、公共网关接口、组件等）创造出来的。从某种程度上来说，超文本标记语言是万维网编程的基础，也就是说万维网是建立在超文本基础之上的。

HTML 的结构包括“头”部分（head）和“主体”部分（body），其中“头”部提供关于网页的信息，“主体”部分提供网页的具体内容。典型的结构如图 3-8 所示。

```
<!DOCTYPE html>
<html>
▶<head>…</head>
▼<body class="pc module" id="pc--body" data-name="北风行">
  ▶<div id="search-bar">…</div>
   <!-- 外层包裹 -->
  ▶<div id="body-wrapper">…</div>
  ▶<p id="copyright">…</p>
  ▶<div id="fmp_flash_div" style="display:none">…</div>
   <script src="/static/asset/dep/jquery/jquery-3.1.0.min.js"></script>
   <script src="/static/asset/dep/esl/esl.min.js"></script>
  ▶<script>…</script>
  ▶<script type="text/javascript">…</script>
  ▶<div class="tips bottom-center hide" style="width: auto; top: 356.39px; left: 222.5px;">…
  </div>
  </body>
</html>
```

图 3-8　网页HTML结构

如图 3-8 所示，在 HTML 文档起始位置往往有 <!DOCTYPE html>，它实际上是 HTML 5 标准网页声明，支持 HTML 5 标准的主流浏览器都能识别这个声明，它是用来告知浏览器文档使用哪种 HTML 或 XHTML 规范的。

另外，HTML 的结构都是用成对出现的标签来区分的，例如，顶层标签 <html> 和 </html> 覆盖了整个网页，<head> 和 </head> 覆盖了网页的头部区域，并用来存放一些基础网页信息，如网页标题和网页描述，如图 3-9 所示。

```
<html>
▼<head>
    <meta http-equiv="Content-Type" content="text/html; charset=utf-8">
    <meta http-equiv="X-UA-Compatible" content="IE=edge,chrome=1">
    <meta name="viewport" content="width=device-width, initial-scale=1">
    <link rel="shortcut icon" href="https://[illegible]/static/index/icon/w_icon2.png"
    type="image/x-icon">
    <meta name="keywords" content="百度汉语">
    <meta name="description" content="百度汉语">
    <title>北风行_诗词_百度汉语</title>
    <script src="//hm.[illegible]/hm.js?010e9ef…"></script>
  ▶<script>…</script>
    <link rel="stylesheet" href="/static/asset/css/main.css">
    <link rel="stylesheet" type="text/css" href="/static/asset/css/poem.css?
    v=201702241600">
    <script data-require-id="sug_pc" src="/static/asset/asset/sug_pc.js?v=201702241600"
    async></script>
    <script data-require-id="poem_detail_pc" src="/static/asset/asset/poem_detail_pc.js?
    v=201702241600" async></script>
    <script data-require-id="user" src="/static/asset/asset/user.js?v=201702241600" async>
    </script>
    <script data-require-id="ellipsis" src="/static/asset/asset/ellipsis.js?v=201702241600"
    async></script>
    <script data-require-id="pagination" src="/static/asset/asset/pagination.js?
    v=201702241600" async></script>
    <script data-require-id="etpl/main" src="/static/asset/dep/etpl/main.js?v=201702241600"
    async></script>
    <script data-require-id="etpl/tpl" src="/static/asset/dep/etpl/tpl.js?v=201702241600"
    async></script>
    <script data-require-id="tips" src="/static/asset/asset/tips.js?v=201702241600" async>
    </script>
  </head>
```

图 3-9 HTML头部标签内容

主体内容则放置在标签 <body> 和 </body> 之间，如图 3-10 所示。

```
<html>
▶<head>…</head>
▼<body class="pc module" id="pc--body" data-name="北风行">
  ▶<div id="search-bar">…</div>
    <!-- 外层包裹 -->
  ▶<div id="body-wrapper">…</div>
  ▶<p id="copyright">…</p>
  ▶<div id="fmp_flash_div" style="display:none">…</div>
    <script src="/static/asset/dep/jquery/jquery-3.1.0.min.js"></script>
    <script src="/static/asset/dep/esl/esl.min.js"></script>
  ▶<script>…</script>
  ▶<script type="text/javascript">…</script>
  ▶<div class="tips bottom-center hide" style="width: auto; top: 356.39px; left: 222.5px;">…
  </div>
  </body>
</html>
```

图 3-10 HTML主体标签内容

1. HTML 标签基础知识

HTML 是由标签组成的，这也是 HTML 被称为标记语言的原因。HTML 包含的标签超过 100 种，常用的有十几种，其中最基础的是 div 标签，如 <div> content </div>，我们在 content 部分写的文字就会出现在网页中。

HTML 就是通过一系列标签来区分页面中的文字、图片、链接、视频等内容的布局和结构，常见的标签如表 3-1 所示。

表 3-1　网页内容及对应的标签

网页内容	对应标签
标题	用 <h1> ~ <h6> 标签来表示
段落	用 <p> 标签来定义
表格	用<table> 标签来定义
链接	用 <a> 标签来定义
图像	用 <img> 标签来定义
样式	用<style>标签来定义

2. HTML 标签嵌套

前面已经讲解了 HTML 中“标签”的基础知识，但是对于“标签”如何构造成为一个网页却未提及。这就需要读者进一步了解标签的嵌套过程。标签嵌套就是在成对的标签内部再次嵌套成对或者不成对的标签。

```
<div>
<h1>
</h1>
</div>
```

外层元素包裹着内层元素，外层元素叫作内层元素的“父级关系”，内层元素叫作外层元素的“子级关系”。“标签”通过“嵌套”，就告诉了浏览器网页不同区域的作用是什么，如图 3-11 所示。

```
▼<div class="poem-tags-container"> == $0
  <div class="poem-tag-type">标签:</div>
 ▼<div class="poem-tags-content">
    <a href="/s?ptype=poem_tag&about=情感" class="poem-detail-tag">情感</a>
    <a href="/s?ptype=poem_tag&about=写风" class="poem-detail-tag">写风</a>
    <a href="/s?ptype=poem_tag&about=冬天" class="poem-detail-tag">冬天</a>
    <a href="/s?ptype=poem_tag&about=季节" class="poem-detail-tag">季节</a>
    <a href="/s?ptype=poem_tag&about=思念" class="poem-detail-tag">思念</a>
    <a href="/s?ptype=poem_tag&about=借景抒情" class="poem-detail-tag">借景抒情</a>
    <a href="/s?ptype=poem_tag&about=写雪" class="poem-detail-tag">写雪</a>
    <a href="/s?ptype=poem_tag&about=抒情" class="poem-detail-tag">抒情</a>
    <a href="/s?ptype=poem_tag&about=人物" class="poem-detail-tag">人物</a>
    <a href="/s?ptype=poem_tag&about=女子" class="poem-detail-tag">女子</a>
    <a href="/s?ptype=poem_tag&about=景色" class="poem-detail-tag">景色</a>
    <a href="/s?ptype=poem_tag&about=其他" class="poem-detail-tag">其他</a>
    <a href="/s?ptype=poem_tag&about=数字" class="poem-detail-tag">数字</a>
  </div>
</div>
```

图 3-11　标签嵌套

标签 <div class= "poem-tags-container"> 和 </div> 这层“父级”标签中包含了两个“子级”标签，分别是 <div class= "poem-tag-type">、</div> 和 <div class= "poem-tags-content”>、</div>。而其中的“子级”标签 <div class="poem-tags-content">、</div> 又包含了下一级的“子级”标签。网页的 HTML 结构就是通过这些标签的层层嵌套描述了不同区域的网页应该展示的内容。

3.3.2 CSS

学习了 HTML 的基础知识，读者知道了如何为 Web 内容建立一个骨架式 HTML 模板。接下来，我们将学习使用 CSS（Cascading Style Sheet，层叠样式表）来微调 Web 内容的显示效果。

CSS 也叫层叠样式表，是一种用来表现 HTML 文件样式的计算机语言。CSS 不仅可以静态地修饰网页，还可以配合各种脚本语言动态地对网页中各元素进行格式化。CSS 能够对网页中元素位置的排版进行像素级的精确控制，支持几乎所有的字体、字号、样式，拥有对网页对象和模型样式编辑的能力。

CSS 是如何产生的呢？我们知道，HTML 标签是用来定义文档内容的，例如，通过使用 <h1>、<p>、<table> 这样的标签，HTML 可以表达“标题”“段落”“表格”等信息。但是，随着两种主流浏览器（Netscape 、Internet Explorer）不断向 HTML 规范中添加新的 HTML 标签和属性（如字体标签和颜色属性），HTML 结构变得越来越复杂，信息越来越不好表达。为了解决这个问题，万维网联盟创造出了样式（Style）并把样式添加到 HTML 4.0 中，以解决内容与表现分离的问题。

CSS 通过建立一个样式表文档，对字体、颜色、间距和其他特征做出规范，描述了 Web 页面的外观特征。HTML 代码中通过引用这些 CSS，而不用在每个单独文档中重复指定样式。例如，当我们准备更改网页字体或配色方案时，只需更改样式表中的一两个条目，即可实现同时修改所有的 Web 页面字体或配色，而不需要在所有静态 Web 文件中一个一个地更改它们，实现同时控制多个 HTML 页面外观。

样式（Style）通常保存在外部的 .css 文件中，这样仅仅编辑一个简单的 CSS 文档，外部样式表可以同时改变站点中所有页面的布局和外观。通过改变 CSS 中“font-size”的数值，即可改变网页中文字的大小，如图 3-12 所示。

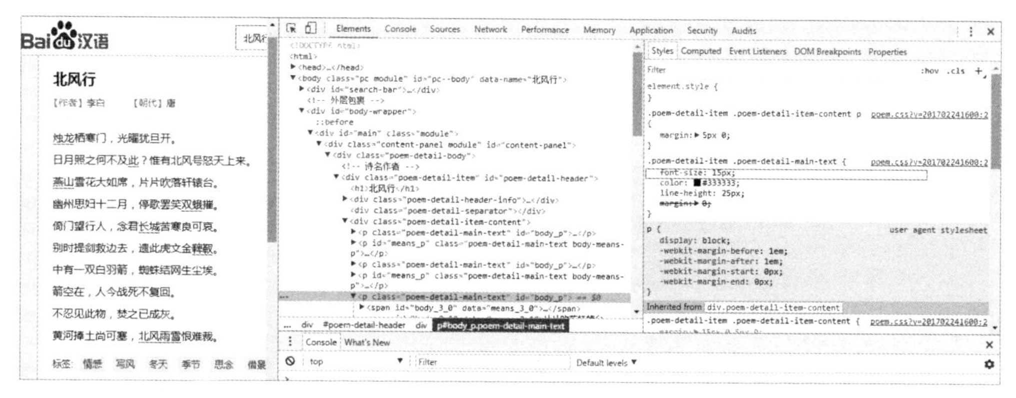

图 3-12　修改CSS代码前网页字体大小

通过将 CSS 中“font-size”数值由 15px（像素）修改为 35px 后，字体大小自动改变，如图 3-13 所示。

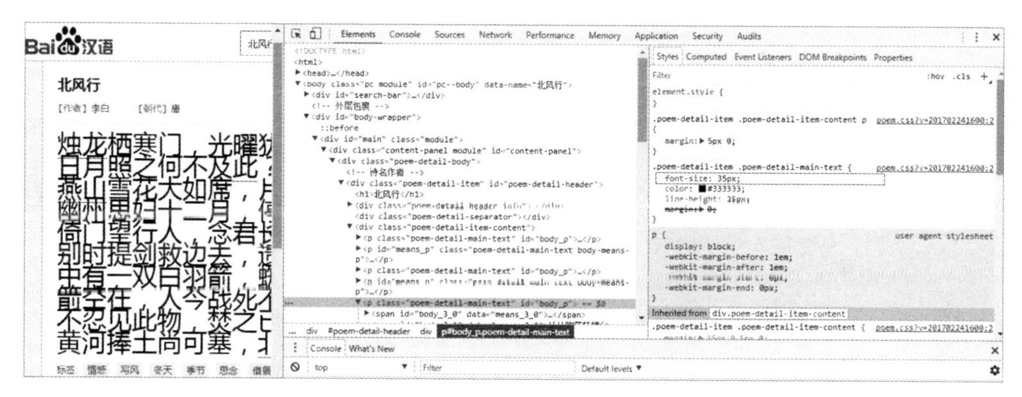

图 3-13　修改CSS代码后网页字体大小

3.3.3　JavaScript

通过前面的学习，我们已经对 HTML 有所了解。可以使用 HTML 标签来格式化文档，但由于 HTML 是一种简单的文本标记语言，它并不能够响应用户或者自动执行重复性任务等。而 JavaScript 正好能够与 HTML 结合起来实现 Web 页面的交互式效果。

JavaScript 是目前流行的脚本语言，我们在计算机、手机、平板电脑上浏览的网页或者基于 HTML 5 的手机 App，它们的交互逻辑都是由 JavaScript 来实现的。JavaScript 算是 Web 世界的宠儿，因为 JavaScript 能够跨平台、跨浏览器驱动网页。用一句话概括：JavaScript 是一种运行在浏览器中的解释型编程语言，浏览器中交互驱动也只能靠 JavaScript。

JavaScript 比较容易学习并且可以直接包含在 HTML 文档中，网页中常使用 JavaScript 来改进设计、验证表单、检测浏览器、创建 cookies 和其他交互应用。

在 HTML 页面中插入 JavaScript，一般使用 <script> 标签，<script> 和 </script> 说明了 JavaScript 的开始和结束位置，浏览器会自动解释并执行位于 <script> 和 </script> 之间的 JavaScript，如图 3-14 所示。

```
<script src="/static/asset/dep/jquery/jquery-3.1.0.min.js">
</script>
<script src="/static/asset/dep/esl/esl.min.js"></script>
▶<script>…</script>
▼<script type="text/javascript">
        var pageData = {
        };
        require(['poem_detail_pc'], function(main) {
            main.init();
        });

</script>
```

图 3-14　JavaScript代码

我们可以在 HTML 文档中不限数量地写入 JavaScript 脚本，但是这些脚本一般放置于 HTML 的 <body> 或 <head> 部分中，有时候也同时存在于两个部分中。当然，更常见的情况是将脚本放置于 <head> 部分中或 <body> 页面底部，这样不会干扰页面的内容，使结构更加清晰简洁，如图 3-15 所示。

```
<!DOCTYPE html>
<html>
▶<head>…</head>
▼<body class="pc module" id="pc--body" data-name="北风行">
  ▶<div id="search-bar">…</div>
   <!-- 外层包裹 -->
  ▶<div id="body-wrapper">…</div>
  ▶<p id="copyright">…</p>
  ▶<div id="fmp_flash_div" style="display:none">…</div>
   <script src="/static/asset/dep/jquery/jquery-3.1.0.min.js"></script>
   <script src="/static/asset/dep/esl/esl.min.js"></script>
  ▶<script>…</script>
  ▶<script type="text/javascript">…</script>
   <div class="tips hide"></div>
 </body>
</html>
```

图 3-15　JavaScript代码常放置于<head>或<body>中

除了可以将 JavaScript 脚本写入 HTML 中，也可以将脚本保存到外部文件中，这些外部文件可以被多网页复用。外部 JavaScript 文件的文件扩展名是 .js，HTML 结构中需要引用外部文件时会在 <script> 标签的“src”属性中设置该 .js 文件。通过设置 src="/static/asset/dep/esl.min.js" 就可以引用外部 JavaScript 文件，如图 3-16 所示。

```
<!DOCTYPE html>
<html>
 ▶<head>…</head>
 ▼<body class="pc module" id="pc--body" data-name="北风行">
   ▶<div id="search-bar">…</div>
    <!-- 外层包裹 -->
   ▶<div id="body-wrapper">…</div>
   ▶<p id="copyright">…</p>
   ▶<div id="fmp_flash_div" style="display:none">…</div>
    <script src="/static/asset/dep/jquery/jquery-3.1.0.min.js"></script>
    <script src="/static/asset/dep/esl/esl.min.js"></script>
   ▶<script>…</script>
   ▶<script type="text/javascript">…</script>
    <div class="tips hide"></div>
  </body>
</html>
```

图 3-16　引用外部JavaScript文件

3.4 简单介绍Android系统

提到 Android 系统，人们首先会想到 Android 手机和 Google 公司。其实，Android 操作系统最初是由 Andy Rubin（安迪·鲁宾）开发并主要支持手机，2005 年才由 Google 收购注资。2008 年 Google 发布了 1.0 版本的 Android 系统并宣布开源，至此，Android 系统在智能手机领域才开始大展宏图，成为主流的移动操作系统并被广泛运行在各种智能手机和平板电脑上面。

产品经理尤其是各种 App 的产品经理，由于产品需要运行在不同型号的 Android 手机上，所以手机适配是他们必须面对的一个重大问题。实际上，大部分手机屏幕适配问题可以通过两个方法来解决，那就是：采用相对布局和“点九图”。

3.4.1　界面布局

产品经理设计产品时必须要考虑工程实现的技术可行性，可以说产品经理就是用户需求、项目成本、研发技术之间的平衡者，所以了解 Android 系统中界面布局的原理，有利于产品经理更好地设计产品。其实，我们对于 Android 的界面布局并不陌生，经常可以在各种手机 App 产品中见到。Android 常见的布局类型有线性布局、相对布局、帧布局、表格布局、绝对布局几大类。

（1）线性布局

线性布局是一种让视图水平或垂直线性排列的布局，常使用 <LinearLayout> 标签进行配置，对应代码中的类是 android.widget.LinearLayout。线性布局可以细分为横向布局和纵向布局两种方向，如图 3-17 所示。

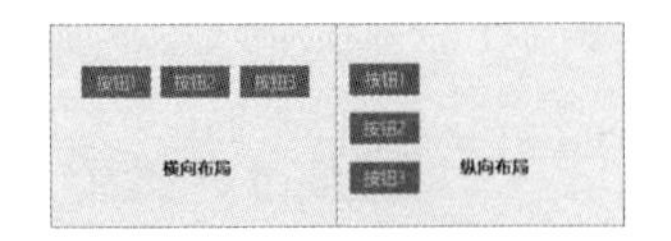

图 3-17　线性布局的类型

（2）**相对布局**

相对布局是一种通过设置相对位置进行的布局。布局中的视图排列就是以某一控件为参考基准来确定另一个控件的位置和对齐方式的。在相对布局中，最重要的是确定控件之间相对属性。常见的相对属性如表 3-2 所示。

表 3-2　相对布局的常见属性

属性	代码	说明
位置	android:layout_above	表示在目标组件之上
	android:layout_below	表示在目标组件之下
	android:layout_toLeftOf	表示在目标组件的左边
	android:layout_toRightOf	表示在目标组件的右边
对齐	android:alignBaseLine	表示与目标组件的基线对齐
	android:alignBottom	表示与目标组件的底边对齐
	android:alignTop	表示与目标组件的顶边对齐
	android:alignLeft	表示与目标组件的左边对齐
	android:alignRight	表示与目标组件的右边对齐
	android:layout_centerHorizontal	表示在相对布局容器内水平居中
	android:layout_centerVertical	表示在相对布局容器内垂直居中

（3）**帧布局**

帧布局是一种把视图层叠起来显示的布局，布局中的视图按照书写的先后顺序排列，先加入的显示在底层，最后加入的显示在顶层，每一个视图都可以针对布局容器设置摆放位置。

（4）**表格布局**

表格布局是一种行列方式排列视图的布局，常用属性包括：需要被隐藏的列序号、允许被收缩的列序号、被拉伸的列序号。

（5）绝对布局

绝对布局是通过设置子视图的 *x* 坐标、*y* 坐标、宽度和高度来实现的。不过，实践中基本上不会使用绝对布局，因为开发的应用需要适配于多个机型。如果使用绝对布局，产品可能在 7.6cm × 10.2cm（4 英寸）的手机屏幕上显示正常但换成 8.9cm × 12.7cm（5 英寸）的手机屏幕上面就出现偏移和变形了。

总的说来，Android 界面布局一般会采用线性布局和相对布局混合的模式。由于相对布局控件之间具有相对位置和相对对齐方式等属性，所以它更容易适配多个屏幕尺寸。采用相对布局方式，再配合“点九图”就可以解决大部分的适配问题了。

3.4.2　点九图

移动端产品的一大难题就是客户端设备屏幕尺寸和分辨率不同导致显示效果有差异。上述问题除了从界面布局角度来考虑解决办法外，Android 系统还提供了一种可拉伸图片作为界面素材的解决方案，这就是扩展名为“.9.png”的图片文件，也称为“点九图”。

智能手机一般都有自动横屏功能，当手机或平板电脑转动方向时，对应的方向传感器参数也会变化，这时候界面上的图形可能会因为长宽变化而产生拉伸，进而造成图形失真变形。另外，Android 移动端（如手机）有不同尺寸和分辨率的机型，很多控件的切图文件在被放大拉伸后，边角就会模糊失真。

而在 Aandroid 平台下使用点九 png 技术，能有效解决以上问题，将图片横向和纵向同时进行拉伸，可以保证在多分辨率下的显示效果，如图 3-18 所示。

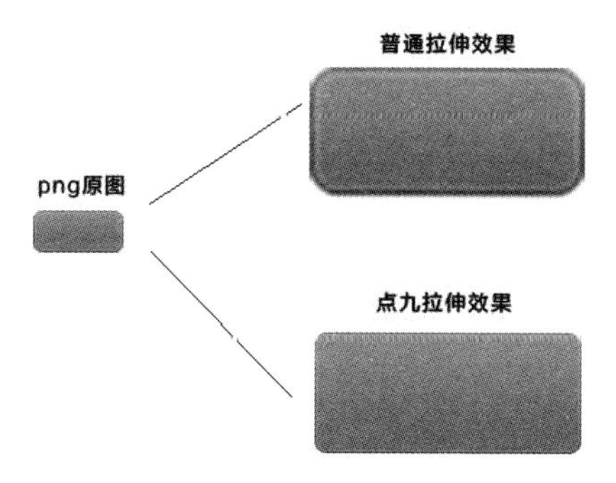

图 3-18　普通拉伸和点九拉伸效果对比图

如图 3-18 所示，普通拉伸后，图片边界部分出现“虚化”的变形，而使用点九拉伸后图片仍然保留圆角的精细度和清晰的渐变质感。

“点九图”之所以能够实现可拉伸，主要是因为它将一张 png 图划分为九个部分（类似九宫格），分别为四角、四边、一中心，如图 3-19 所示。

图 3-19　点九图的“九宫格”

其中，边缘的四个角不做拉伸，所以能保持圆角的清晰状态而不发生变形；上下左右的两条水平边和垂直边只做对应的横向和纵向拉伸，所以水平边和垂直边不会出现被拉粗的情形；而中间区域可以根据尺寸和分辨率情况做对应拉伸。这样，就保证了图片整体效果不会发生变形和扭曲。

3.5 简单介绍iOS系统

相比于 Android 系统的开源共享，iOS 系统则更加封闭。iOS 系统是美国苹果公司开发的一套移动操作系统，被广泛应用于苹果公司的 iPhone、iPad 等产品上。由于 iOS 系统只有苹果公司一家使用，保证了系统的统一性，避免了 Android 系统因开源而导致的系统碎片化问题。

iOS 系统由于移动设备比较单一，屏幕尺寸和分辨率相对固定，所以界面布局上采用的是绝对布局。从前面讲述内容可知，绝对布局是通过指定控件的绝对位置（如 60，60，100，100）来定位控件相对于坐标轴的具体位置。

总的说来，iOS 系统相对于 Android 系统，在多屏幕适配方面遇到的困难和工作量要小得多，这些都需要产品经理有所了解。

第4章

产品经理必知的服务端知识

为什么需要了解服务端

客户端和服务端的关系

数据接口类型

4.1 为什么需要了解服务端

产品经理设计产品时更多的是跟客户端相关，但是一款互联网产品的运行离不开服务器端，尤其是社交类产品。例如，用户 A 使用微信发送了一条祝福信息“祝你看完书，收获良多”给用户 B，整个过程大致为：信息从用户 A 的微信（客户端）发出，通过数据接口与服务器连接，服务器（服务端）处理调度后将信息传送给用户 B 的微信（客户端）。了解这些机制，对产品经理统筹全局是非常有帮助的，尤其是进行社交类产品的设计时，考虑大量活跃用户可能对服务器造成的数据压力，有助于产品经理未雨绸缪。

4.2 客户端和服务端的关系

4.2.1 数据交互过程

产品经理设计产品时更多的是站在用户使用角度或客户端角度来思考，例如，产品经理画的原型图更多是为了展示客户端的功能和交互体验。但是，一个典型的互联网产品是由客户端、网络、服务端构成的，如图 4-1 所示。

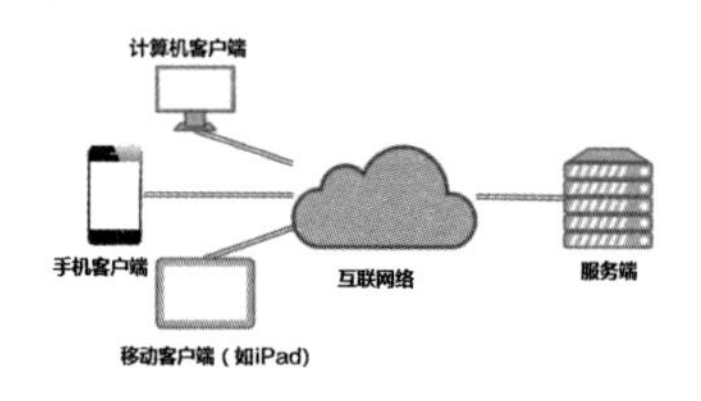

图 4-1 互联网产品构成

假如你使用微信给朋友发送了一条消息，这条消息会首先从你的手机客户端发出，以数据接口的方式通过互联网传达到微信服务器，服务器处理之后把该条消息再推送给你朋友的手机客户端。再例如，当你登录网站时，输入的用户名和密码会以数据接口的形式传输到服务端数据库进行比对，如果一致就返回成功登录的相关信息给你，如图 4-2 所示。

图 4-2　用户登录页面

用户输入“用户名”和“密码”进行登录的过程，可以分解为以下几个步骤：

①客户端将数据（用户名和密码）以数据接口的形式（{"username"："dawei"，"password"："123456"}）通过网络传递给服务端；

②服务端接收到数据接口，并将数据接口所携带的数据（用户名和密码）与数据库中的用户信息进行比对；

③如果比对一致，服务端返回一个数据接口给客户端，客户端根据数据接口返回的内容（如登录成功），展示登录成功后的页面给用户（如展示登录成功后的用户名、登录后首页、个人中心等信息）；

④如果比对不一致，服务端也返回一个数据接口给客户端，客户端根据数据接口返回的内容（如登录失败），展示登录失败的页面给用户（如展示用户名或密码错误页面）。

这个过程往往是通过采用 AJAX 技术完成的客户端和服务端数据交互过程，如图 4-3 所示。

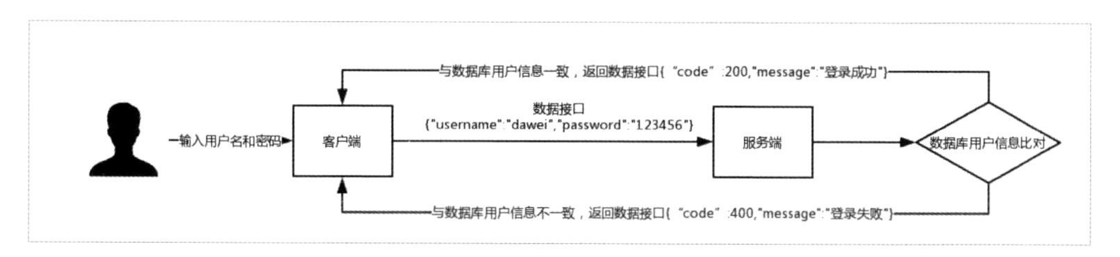

图 4-3　客户端和服务端数据交互过程

4.2.2　客户端与服务端比较

产品运行离不开客户端与服务端，下面以网站客户端和服务端为例来论述两者关系：客户端主要负责 Web 页面的展示，服务端主要负责业务逻辑的实现。

客户端也经常称为前端。Web 客户端就是在 Web 应用中用户可以看得见的网页，如 Web 的外观视觉表现、Web 页面结构和 Web 层面的交互实现等。Web 客户端主要是由 HTML、CSS 和 JavaScript 等网页语言编写而成的，Web 客户端工程师的工作内容就是根据 UI 人员设计的效果图来编写浏览器可以运行的网页，并和后端开发工程师配合做网页的数据显示和交互。客户端技术的成果（网页）是产品用户可以直接感知到的产品载体。

服务端也经常称为后端。服务端主要考虑如何实现数据库交互和处理相应业务逻辑，偏重于功能实现、数据存取、运行稳定性与性能等。服务端研发主要通过 JSP、JavaBean、Action 层和 Service 层的业务逻辑代码及数据库技术，实现对于业务逻辑的实现和数据存取功能。用户虽然不能直接感知到服务端，但是服务端却是产品实现的核心所在。

产品的客户端与服务端是互相关联的。例如，用户注册产品时，用户的注册信息通过客户端发送给服务端，服务端将其保存在数据库中。当用户登录产品的时候，服务端会判断通过前端传来的用户名和密码是否与数据库中已经存储的用户名和密码一致，从而判断本次用户登录是否成功，这种客户端与服务端的关联往往是通过“数据接口”来实现的。

4.3 数据接口类型

数据接口是一种数据交换标准，是客户端与服务端进行数据传输交换的数据协议。常见的数据接口包括 XML 和 JSON 两种。

4.3.1 XML

如果说 HTML 是 Web 的基石，那么 XML（Extensible Markup Language，可扩展标记语言）可以称为 Web 的重要支柱，它被广泛应用于各种应用程序中，是一种常见的数据交换格式。XML 是一种采用标签形式来存储和传输数据的标记语言。

很多人容易把 XML 与 HTML 混淆，其实它们是完全不同的两种语言。XML 是用来传输和存储数据的，关注的是数据内容；而 HTML 主要是用来显示数据的，关注数据的外观。换句话说，XML 是用来存储和传输信息的，而 HTML 是用来显示信息的。大多数 Web 应用使用 XML 来传输数据，而使用 HTML 来格式化并显示数据，XML 不是 HTML 的替代，而是有效的补充。

XML 的最大特征是采用“标签”作为基本元素形式，例如，dawei 给读者写了一封介绍 XML 的信件，如果用 XML 格式来表示，形式如下。

```
<?xml version="1.0" encoding="ISO-8859-1"?>
<letter>
<to>Readers</to>
<from>dawei</from>
<heading>The introduce of XML</heading>
<body> Extensible Markup Language… </body>
</letter>
```

XML 文档在形式上比较像树结构，它从“根部”开始扩展到“枝叶”。上面例子中，第 1 行是 XML 声明，它定义 XML 的版本（1.0）和所使用的编码（ISO-8859-1=Latin-1/西欧字符集）。第 2 行是文档的根元素，描述了文档的性质“letter”。再接下来的几行描述根的子元素，如 heading、body 等。

总的说来，XML 广泛地应用在 Web 开发的许多地方，大大简化了数据的存储和共享。

① XML 以纯文本格式进行数据存储，因此独立于软件和硬件，这种数据存储方法让不同应用程序之间共享数据变得更加容易。

②正是因为通过 XML 可以实现各种不兼容的应用程序间的数据共享，所以网络传输中不兼容的系统之间数据交换的问题也迎刃而解。

③ XML 轻松实现了不兼容程序的数据存储与传输，因此有效避免了系统升级（硬件或软件平台）中经常出现的不兼容数据丢失的情况。

4.3.2　JSON

JSON 是一种轻量级的数据交换格式。在 JSON 出现之前，由于 XML 是一种纯文本格式，比较适合在网络上交换数据，所以业界一般都采用 XML 来传递数据。但是 XML 有着比较复杂的规范（如 XPath、XSLT 等），导致研发人员学习成本较大。

2002 年，长期担任雅虎高级架构师的道格拉斯·克罗克福特（Douglas Crockford）针对 XML 的弊端，发明了 JSON 这种超轻量级的数据交换格式，易于阅读和编写，同时也易于机器解析和生成。一个典型的 JSON 格式如下。

```
{
"username": "dawei",
"password": "123456"
}
```

JSON 结构以“键值对”方式来展示数据项，例如，上面的“Key”是“username”和“password”，对应的“Value”分别是“dawei”和“123456”。JSON 结构语法规则较为简单，主要有以下几点：①数据在键值对中；②数据由逗号分隔；③方括号保存数组；④花括号保存对象。

4.3.3 两种数据接口比较

XML 和 JSON 是数据接口的两大类型，但是它们各有特点。

XML 具有格式统一、容易与其他系统进行数据共享的优点，但是文件格式较为复杂，文件较为庞大，传输中对带宽资源占用较多，且客户端不同浏览器解析 XML 的方式不一致，需要重复编写代码，这使服务器端和客户端解析 XML 花费的资源和时间较多。

JSON 具有数据格式简单、易于读 / 写和解析、占用带宽小等优点，但是由于推广的时间和力度不如 XML，通用性上相对于 XML 有所欠缺。

总的说来，目前数据接口使用 JSON 的比例要大于 XML。这有两方面原因：第一，JSON 的结构清晰、简洁，主要通过括号、中括号、冒号、引号来体现层级关系，XML 的结构则要复杂些；第二，表达同样的信息，JSON 文件占用带宽比 XML 文件小，具有轻便、小巧的特点。因此，在数据产品的设计开发中，经常使用 JSON 作为数据接口进行数据传输和交换。

第5章

产品经理必知的编程语言

编程语言的关系脉络

入门语言 JavaScript

5

5.1 编程语言的关系脉络

产品经理掌握一些编程知识不仅能够更好地与研发人员沟通从而提升产品研发的效率效果，而且对产品经理自身的职业发展也是有利的。尤其是对希望转型成为数据产品经理或人工智能产品经理的人来说，掌握一些编程语言知识更是十分有必要的。

5.1.1 什么是机器码

你可能听说过 C、C++ 或 Java 等编程语言，但计算机其实不能直接识别上述编程语言。它只能识别机器码，也就是用二进制代码（0 和 1）表示的一种机器指令系统的集合。计算机执行任务实际上是由计算机的 CPU（中央处理器）来完成的，而 CPU 只认识二进制的机器码（0 和 1）。简单来说，就是说 CPU 只认识 0 和 1 这样的数字。

计算机将机器码（0 和 1）转变为一列高低电平，计算机的电子器件受到驱动从而进行运算。计算机发明早期的所有程序设计都是使用机器码来实现的。程序员首先将由 0 和 1 数字组成的程序代码在纸带或卡片上进行打孔（1 为打孔、0 为不打孔），然后通过纸带机或卡片机把程序输入计算机，驱动计算机运算。

直接用机器码来编写程序是一件令人痛苦的事情。首先，编程人员要熟记计算机的全部指令代码和代码的含义；其次，程序员需要处理每条指令和每一个数据的存储分配和输入输出；最后，程序员需要记住编程过程中每步所使用的工作单元处在何种状态。这导致编写程序花费的时间往往是计算机实际运行时间的几十倍或几百倍。更严重的是，这样的机器码由纯粹的 0 和 1 构成，既不方便阅读和修改，也难于辨别和记忆，很容易产生错误。这给整个产业的发展带来了障碍，于是汇编语言应运而生。实际上，现在除了计算机生产厂家的专业人员外，其他人员都不学习机器码了。

5.1.2 什么是汇编语言

汇编语言是一种用于电子计算机、微处理器、微控制器或其他可编程器件的低级语言，也称为符号语言。汇编语言的主体是汇编指令，汇编指令和机器指令（机器码）的差别在于：汇编指令的表示方法比机器指令更便于记忆，如图 5-1 所示。

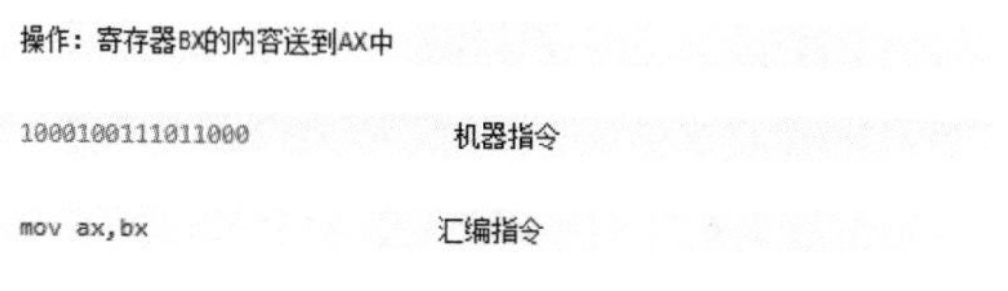

图 5-1　机器指令与汇编指令示例

虽然汇编语言相对于机器码来说更容易记忆，但由于计算机 CPU 只认识机器码，所以汇编语言在执行时还需要通过“汇编器”将汇编指令转换成为 CPU 能够识别的机器码（0 和 1），如图 5-2 所示。

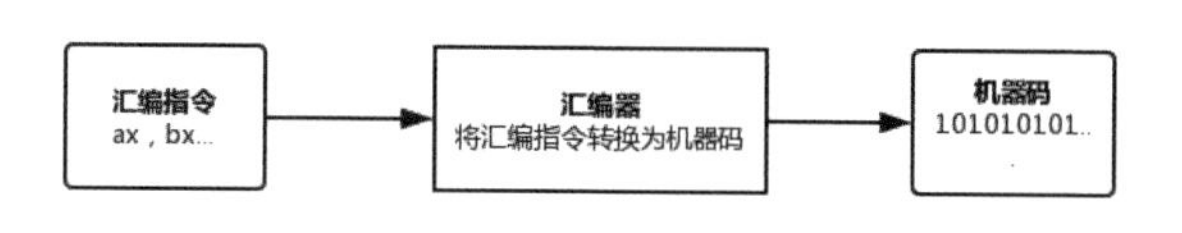

图 5-2　汇编指令转换为机器码

汇编语言实际上是机器码的一种更加便于识别和记忆的符号系统，不同类型的 CPU 对应的机器指令系统会有所差别，也就是说不同类型的 CPU 对应不同的汇编语言，这也是经常说汇编语言比较“低级”的原因。这里的“低级”是说比较接近硬件而不是指好坏。

由于汇编语言依赖于硬件体系且助记符量大又难记，于是人们又发明了更加易用的高级语言。

5.1.3　什么是高级语言

高级语言并不特指某一种具体的语言，而是包括了很多编程语言，如流行的 Java、C、C++、C#、Python 等。高级语言是高度封装了的编程语言，是相对于低级语言而言的。它以人类的日常语言为基础，使用一般人易于接受的文字来表示，从而使程序编写更容易且让程序有较高的可读性。高级语言的语法和结构类似汉字或普通英文且远离对硬件的直接操作，使一般人经过学习之后也可以编程。

有些高级语言需要一个编译器来完成高级语言到汇编语言的转换，然后汇编语言再通过汇编器将指令转化为机器码，另外一些高级语言则可以直接通过编译器将指令转换为机器码。

5.1.4 编程语言的区别和联系

通过上面对于编程语言发展历史的回顾，我们不难得知：越低级的编程语言越靠近硬件系统；越高级的编程语言越靠近人的思考方式。换句话说，编程语言从低级往高级发展的过程，就是一个编程语言不断抽象、不断靠近人类思考方式的演变过程。但是，不管哪个抽象层次的编程语言或哪种类型的编程语言，它最终实施还是需要转换成为计算机 CPU 能够识别的机器码。总结说来，上述 3 个层次的编程语言具有以下特点。

机器码：机器码的每一条机器指令都是二进制形式的指令代码，是计算机硬件可以直接识别和执行的语言。部分高级语言程序需要编译成汇编语言再进一步将指令转换成机器码，部分高级语言可以直接将指令编译成为机器码。

汇编语言：汇编语言是为了人们更好理解与记忆而将机器指令用助记符代替形成的一种语言。汇编语言的语句通常与机器指令对应，因此汇编语言与具体的计算机硬件有关，属于低级语言，它只是比机器码稍微直观和便于理解和记忆而已，但是实际上仍然复杂烦琐且难以理解和记忆。

高级语言：高级语言与机器码和汇编语言不同，它与具体的计算机硬件无关，其表达方式接近于所描述的问题，容易被人们接受和掌握。编程人员使用高级语言编写程序要比使用低级语言容易得多，大大简化了程序编制和调试的过程，使编程效率得到大幅度提高。

5.2 入门语言JavaScript

JavaScript 是世界流行的脚本语言之一，无论计算机、手机、平板电脑上运行的 Web 页面，还是基于 HTML5 的手机 App，它们的交互运行都是由 JavaScript 实现的。Web 页面只有一种交互运行的语言，那就是 JavaScript。JavaScript 广泛应用在各种浏览器上，如 Chrome、Firefox、Internet Explorer 等。

JavaScript 并不仅限于构建 Web 页面，也可以运行在 Web 服务器上来创建 Web 站点。另外，Web 工程师也可以通过 JavaScript 把 Web 页面从简单的文档变换为功能完备的交互式应用程序和游戏。

相对于其他编程语言，JavaScript 是很容易上手的一门语言。JavaScript 的语法简单，同时由于编写和运行 JavaScript 程序只需要用 Web 浏览器，操作门槛更低。实际上每个 Web 浏览器都自带一个 JavaScript 解释器，所以只需要安装 Internet Explorer 或 Google Chrome 等 Web 浏览器就可以开始 JavaScript 的编程之旅了。

总之，由于 JavaScript 代码简单、运行环境易得，相对于其他语言来说更容易上手学习，是很好的计算机编程入门语言。

5.2.1　JavaScript 历史趣事

我们平常所说的 JS、JavaScript 和 ECMAScript 其实指的都是同一门语言，那就是 JavaScript。JS 是 JavaScript 的简称，而 ECMAScript 一般指代的也是 JavaScript。

ECMAScript 其实是 ECMA（European Computer Manufacturers Association，欧洲计算机制造商协会）这个组织制定的 JavaScript 语言标准，但是由于 JavaScript 已经是网景公司的注册商标了，所以这个组织就给 JavaScript 的标准重新起了个名字叫做 ECMAScript。简单理解就是：ECMAScript 是一种语言标准，而 JavaScript 是网景公司对 ECMAScript 标准的一种实现。日常使用中，这两种指代同一个事物，那就是 JavaScript。

另外需要说明的是，JavaScript 是 1995 年由网景公司推出一种运行在浏览器上的编程语言，实际上跟 Java 关系不大。很多产品经理容易混淆 JavaScript 和 Java，甚至认为它们是同一门语言，这是一个错误的认识。这个错误其实应该归咎于网景公司。当初，网景公司之所以给它取名为 JavaScript 是因为当时 Java 语言非常流行，网景公司希望借助 Java 的名气来推广这个新的编程语言。实际上，JavaScript 除了在语法上跟 Java 有些类似外，其他方面基本不相关，是完全不同的两门编程语言。

5.2.2　JavaScript 如何运行

JavaScript 究竟是如何在浏览器中运行的呢？其实，JavaScript 在浏览器中主要有两种运行方式。

1. 两种运行方式

（1）代码直接嵌入网页

JavaScript 代码可以直接嵌入网页结构中运行。JavaScript 代码虽然理论上可以嵌入网页中的任何地方，不过大家通常会将 JavaScript 代码嵌入网页 HTML 结构的 <head> 中。具体来说，网页中被 <script>...</script> 所包含的代码就是 JavaScript，它可以直接被浏览器执行，如图 5-3 所示。

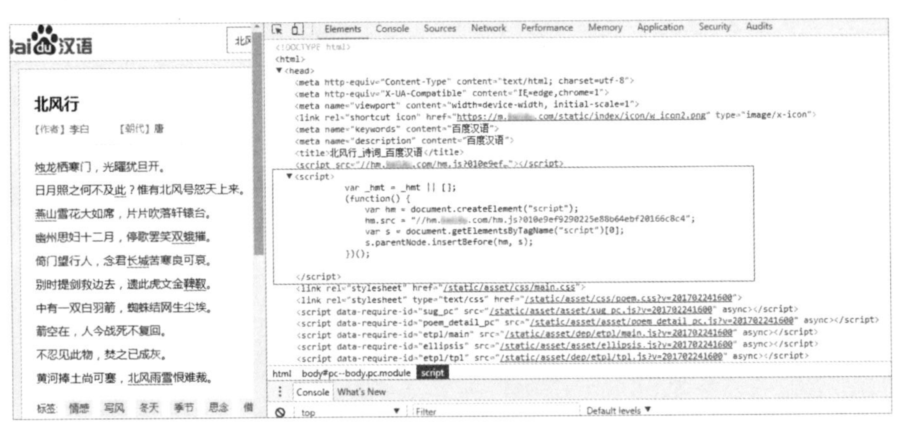

图 5-3　JavaScript代码直接嵌入网页

（2）引用外部 JavaScript 代码

除了将代码直接嵌入网页，也可以通过网页引用第三方 JavaScript 代码的方式来运行。这种方式就是将 JavaScript 代码放入一个单独的 .js 文件中，然后在网页的 HTML 中通过 <script src="..."></script> 引用这个单独的 .js 文件，从而运行外部 JavaScript 代码。这种引用外部单独 .js 文件的方法不仅可以实现多个页面同时引用一份 .js 文件以达到代码复用的目的，而且有利于 JavaScript 代码的维护，如图 5-4 所示。

图 5-4　网页中引用第三方JavaScript代码

2. 跟着调试一下

产品经理虽然不需要像前端工程师那样熟练掌握 JavaScript，但还是最好使用浏览器动手尝试一下，便于建立代码的熟悉感。请读者按照下列步骤操作一下吧。

首先需要安装 Google Chrome 浏览器。相对于其他浏览器而言，Google Chrome 浏览器更加方便我们调试 JavaScript 代码。

然后打开网页，右键单击“检查”（或者单击菜单“更多工具”→“开发者工具”）。浏览器窗口一分为二，下方就是开发者工具窗口。

最后单击控制台 (Console) 面板，直接输入 JavaScript 代码，按 Enter 键即可执行。

例如，我们在 Google Chrome 浏览器的控制台面板中，输入一段代码，按 Enter 键执行，结果如图 5-5 所示。

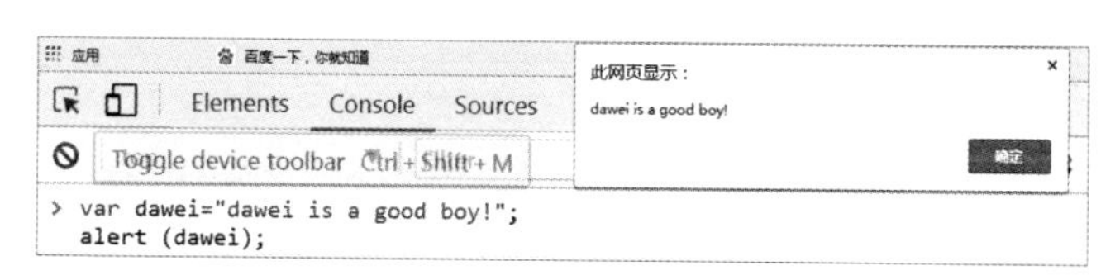

图 5-5　JavaScript代码调试

5.2.3　JavaScript 基础知识

在开始学习 JavaScript 前，我们需要知道一些 JavaScript 的语法知识，如括号、分号、花括号、特殊单词（如 var 和 console.log）的含义，以及如何将这些符号和单词组合起来从而创建可工作程序。

1.JavaScript 语法

（1）JavaScript 语句与语句块

JavaScript 语句以“;”表示结束，语句块则用“{...}”来表示，如图 5-6 所示。

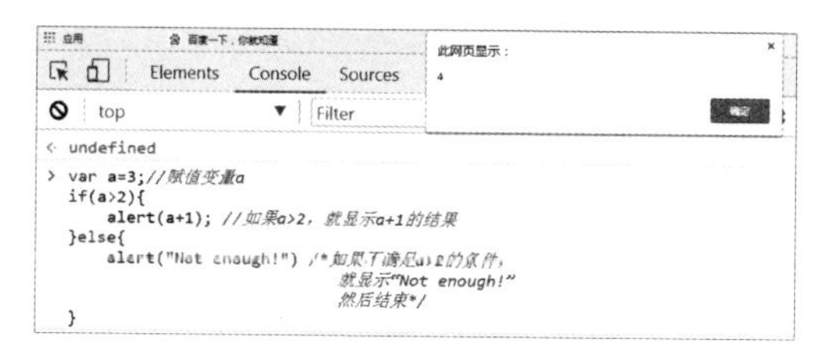

图 5-6　JavaScript语句与语句块

分号表示一条特定 JavaScript 命令或指令的结束，有点像句子末尾句号的作用。虽然 JavaScript 没有强制要求每个语句结尾必须加分号，但是浏览器中负责执行 JavaScript 代码的引擎会自动在每个语句的结尾处补上分号，因此，为了养成良好的编程习惯，建议编程时候都在语句结尾加上分号。

（2）JavaScript 注释

注释是供自己或其他程序员阅读和理解代码的文字说明，计算机程序执行时则会忽略掉注释内容。注释对于程序如何执行没有任何影响，它们只是提供对程序的说明。JavaScript 语句注释也分为行注释和块注释。其中，行注释是以“//”开头直到行末的字符作为行注释；块注释是以“//*”开始直到“*//”结束，其间内容都属于块注释，如图 5-7 所示。

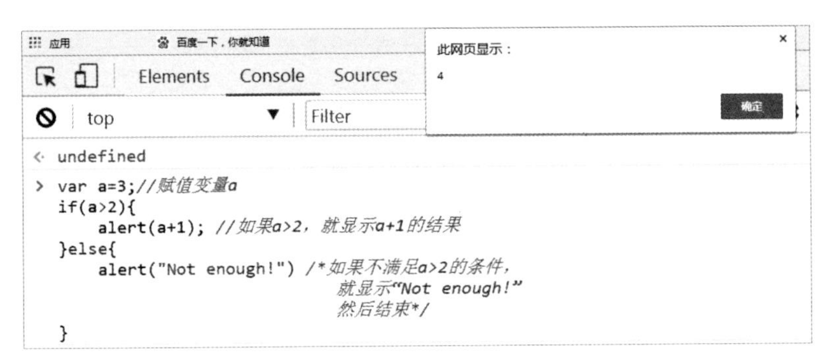

图 5-7　行注释和块注释

2. 数据类型与变量

（1）数据类型

编程就是操作数据，不仅 1、2、3 等数值是数据，文本、图形、音频、视频、网页都是数据，它们的区别仅在于数据类型不同。JavaScript 中有 3 种基本数据类型：Number（数值）、字符串和 Boolean（布尔值）。

① Number：Number 用来表示数值。JavaScript 不区分整数和浮点数，统一用 Number 表示。例如，年龄可以用 Number 表示，收入也可以用 Number 表示，常见的 Number 类型如图 5-8 所示。

```
> 123456; // 整数123456
  0.123; // 浮点数0.123
  1.23456e3; // 科学计数法表示1.23456x1000，等同于1234.56
  -10; // 负数
  NaN; // NaN即Not a Number，当无法计算结果时可以用NaN来表示
  Infinity; /*Infinity即无限大，数值超过JavaScript所能表示的最大值时，就用
  Infinity来表示 */
```

图 5-8　常见的Number类型

②字符串：字符串用来表示文本，常以单引号（‘’）或双引号（“”）包裹文本内容，例如，'abc' 或 "xyz" 等。字符串的拼接可以通过加号（+）来连接，一些情况下，如果多个变量需要拼接，使用加号（+）会比较麻烦，也可以采用模板字符串来实现（目前只支持 ES6 版本），如图 5-9 所示。

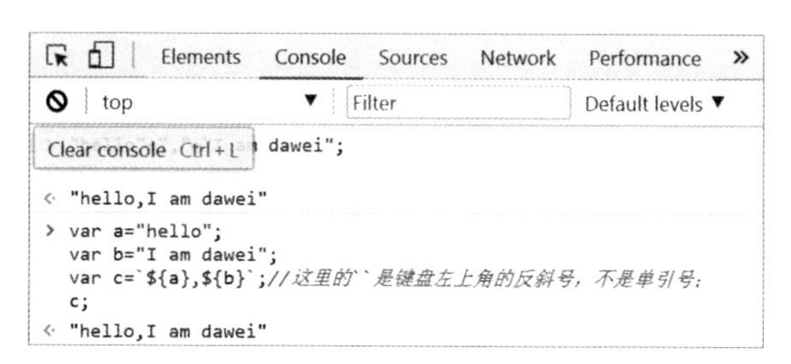

图 5-9　字符串拼接

③布尔值：Boolean（布尔值）只有 true 和 false 两种值，要么是 truc，要么是 false。例如，可以用一个 Boolean 来表示你是否吃了早饭，吃了就是 true，没吃就是 false。布尔值和布尔代数的表示完全一致，服从布尔运算规则，如图 5-10 所示。

```
> true; // 这是一个true值
< true
> false; // 这是一个false值
< false
> 5 > 4; // 这是一个true值
< true
> 4 >=5; // 这是一个false值
< false
```

图 5-10　布尔值示例

布尔值的运算有 3 种：或、与、非。JavaScript 中用“||”表示“或运算”，只要参与运算的其中一个布尔值是 truc，最后运算结果就是 truc，如图 5-11 所示。

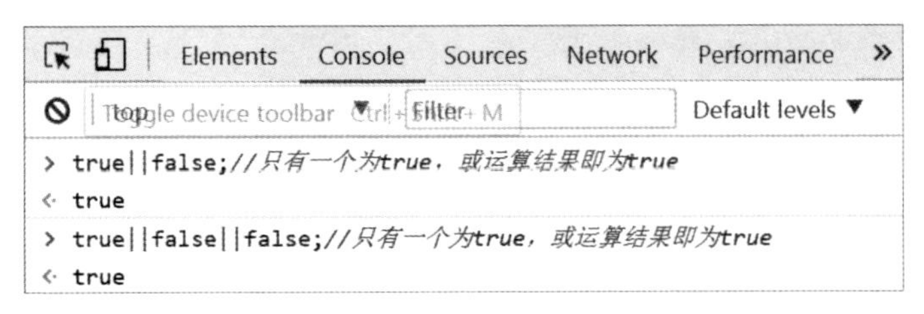

图 5-11　或运算

JavaScript 中用“&&”表示“与运算”，只有参与运算的布尔值全部是 true，最后运算结果才是 true，只要有一个是 false，最后运算结果就是 false，如图 5-12 所示。

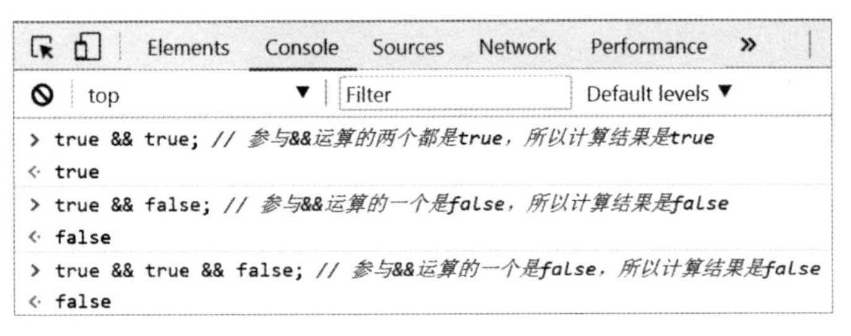

图 5-12　与运算

JavaScript 中用“!”表示“非运算”，它是单目运算符，可以把 true 变为 false，把 false 变为 true，如图 5-13 所示。

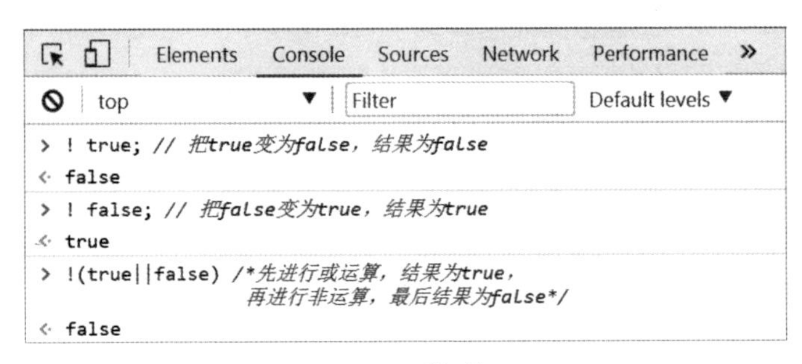

图 5-13　非运算

JavaScript 中每种数据类型的使用方式不同。例如，我们可以把数值进行加、减、乘、除；可以对布尔值进行或、与、非运算；可以对字符串进行拼接和截取某段字符等操作。JavaScript 中所有数据都是这些数据类型的某种组合。

（2）变量

JavaScript 中的变量可以是任意数据类型，我们可以把变量想象成一个盒子，需要的时候就把一个东西放进去；但如果要放其他东西，就要把之前的东西取出来，再放入新东西。

JavaScript 使用关键字 var 来创建变量，var 后面跟着变量的名称，变量名可以是大小写英文、数字、$ 和 _ 的组合，但是不能用数字开头，也不能用 JavaScript 的关键字（如 var、if、while）等。例如，定义一个名为 dawei 的变量，如图 5-14 所示。

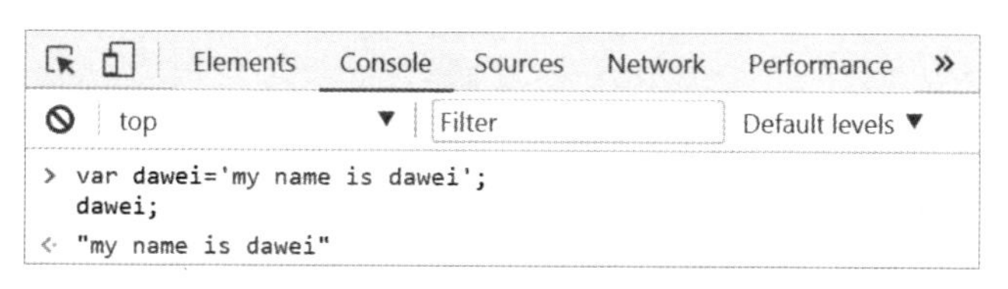

图 5-14　定义变量及赋值

在上面的例子中，我们使用关键字 var 定义了一个变量名为 dawei 的变量，并把字符串“my name is dawei”赋值给该变量。在 JavaScript 中，同一个变量可以被反复赋值，甚至可以是不同类型的变量，如图 5-15 所示。

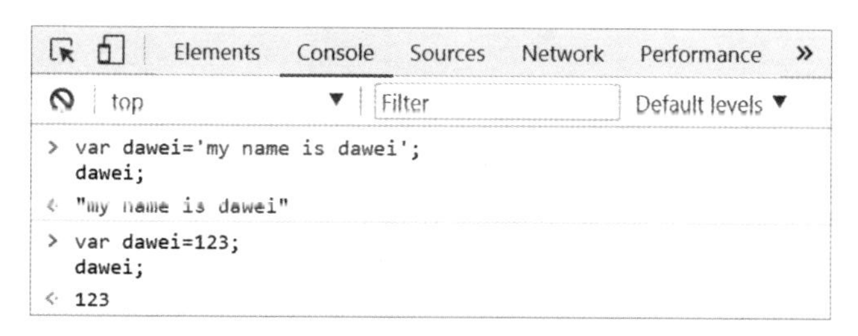

图 5-15　定义变量及赋值

5.2.4　了解 JavaScript 的数组

截至目前，我们已经学习了数值、字符串、布尔值等各种数据类型。现实中，常碰到描述多个同类型事物的情况，例如，我们需要描述一个班级学生的姓名。当然我们可以给每个学生姓名创建一个变量，但那样一来，就需要创建大量的变量，十分烦琐。这个时候，数组就派上了用场，数组就像购物清单一样，上面罗列了需要购买的每件物品名称，你可以不断往清单上添加或删除物品。

1. 数组的创建和访问

创建数组时，只需要使用 [] 并在方框号中输入用逗号隔开的值即可。例如，创建名为 student 的数组，里面包含了部分学生的姓名，如图 5-16 所示。

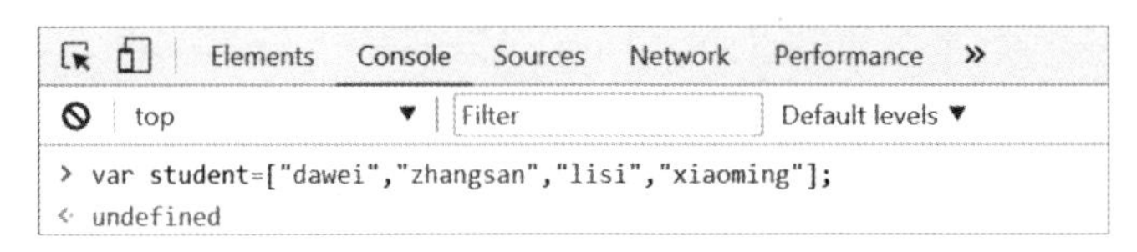

图 5-16　名为student的数组

创建完数组后，我们就可以使用“[]”加上元素索引号的方式来访问数组中的元素，如图 5-17 所示。

图 5-17　访问数组元素

在上面的代码中，我们使用 student[0] 这种“数组 [索引号]”的方式来访问数组中的元素。需要说明的是，索引号和数组中保存的值的位置相对应，数组中第一个元素的索引号是 0，第二个元素的索引号是 1，以此类推。

2. 元素新增和修改

假如班级新来了一名学生，需要把新学生姓名 daliu 添加进数组中。这时，可以采取如图 5-18 所示的方式。

图 5-18　添加数组元素

从上面的代码中我们发现，数组 student 最后一个元素 xiaoming 的索引号是 3，所以新增的元素 daliu 的索引号应该是 4。于是使用 student[4]='daliu' 的方式给数组添加了元素。

如果使用 student[100]='daliu' 来添加新元素，会出现什么结果呢，如图 5-19 所示。

```
Elements  Console  Sources  Network  Performance  »
top  ▼  Filter  Default levels ▼
> var student=["dawei","zhangsan","lisi","xiaoming"];
  student[100]='daliu';
<· "daliu"
> student;
<· ▶(101) ["dawei", "zhangsan", "lisi", "xiaoming", empty × 96, "daliu"]
```

图 5-19　添加数组新元素

由上可知，如果新增元素的索引号没有依次排列，中间会新增部分空值元素。

如果使用 student[3]='daliu' 来添加元素，会出现什么结果呢，如图 5-20 所示。

图 5-20　修改数组元素

由上图可知，数组 student 原来最后一项元素 xiaoming 的索引号是 3，新增元素也使用了索引号 3，即 student[3]='daliu'，这样就相当于对原有数组的元素进行了修改。所以，数组中元素修改的方式就是重新给对应索引号的元素赋值。

这里需要说明的是，数组并没有要求元素必须是相同数据类型，甚至数组中的某个元素本身也可以是数组。但是，数组的操作方法并不会因此而改变。

3. 属性与方法

在处理数组相关问题时，如果善于使用相关属性和方法，可以便捷地帮助我们使用数组。在上面的例子中，我们向数组 student 中插入一个新的元素 daliu 时，为了防止对原有元素的修改，需要指定新增元素的索引号为 4，即 student[4]='daliu'。但是，如何能够知道新增元素的索引号呢？难道每次都要人工去数究竟有多少个元素吗？其实，这个时候就可以使用数组的属性来帮我们找到新增元素应该对应的索引号，如图 5-21 所示。

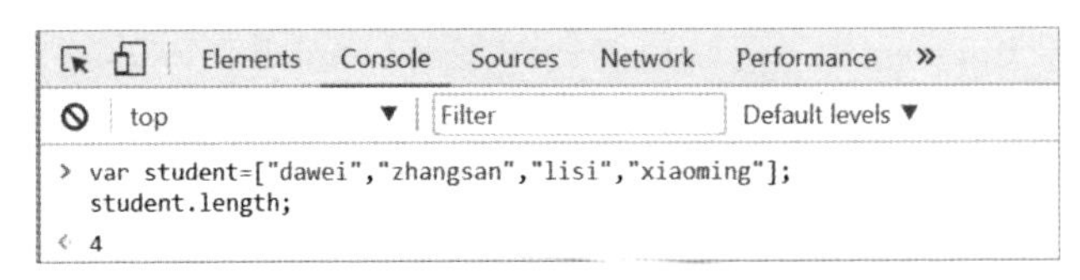

图 5-21　数组元素个数

数组 student 的 length 会返回数组中的元素个数，所以我们采用“数组 .length”即可返回该数组的元素个数。在上面的例子中，元素个数是 4，索引号从 0 开始编号，所以最后一个元素 xiaoming 的索引号是 3，新增元素的索引号恰好就是 4 了。

（1）使用 .push 方法添加新元素

除了上面使用“属性”返回索引号外，还可以直接使用数组的各种“方法”来实现添加新元素的目的。例如，可以使用 .push 方法，即在数组名称后边加上 .push 添加新元素，如图 5-22 所示。

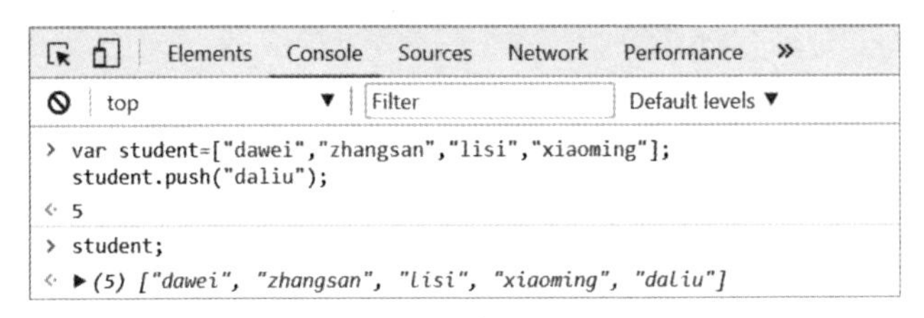

图 5-22　使用.push方法添加新元素

我们也可以使用 .unshift() 将元素添加到数组的起始位置，如图 5-23 所示。

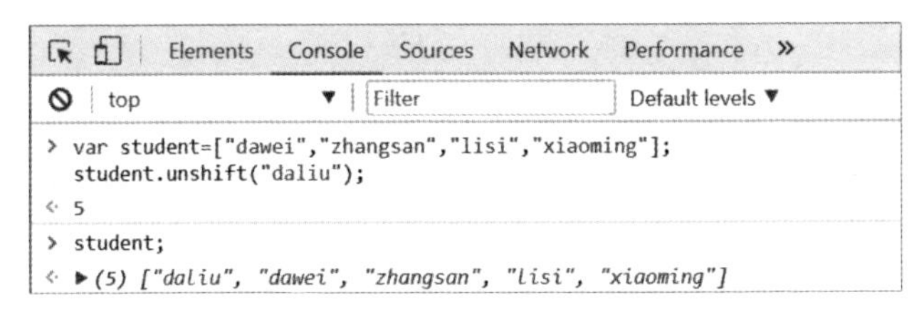

图 5-23　使用.unshift()添加新元素

（2）使用 .pop() 方法删除元素

我们不仅可以给数组中添加新元素，也可以从数组中删除元素。可以使用“数组 .pop()”从数组中删除末尾元素，如图 5-24 所示。

图 5-24　使用.pop()方法删除元素

在使用 .pop() 方法的过程中，计算机会在删除最后一个元素的同时将其作为返回值返回。

（3）使用 .join() 方法连接元素

数组中还提供一种 .join() 的方法来实现对数组元素的拼接。例如，我们把 student 数组中的元素通过“、”连接起来，如图 5-25 所示。

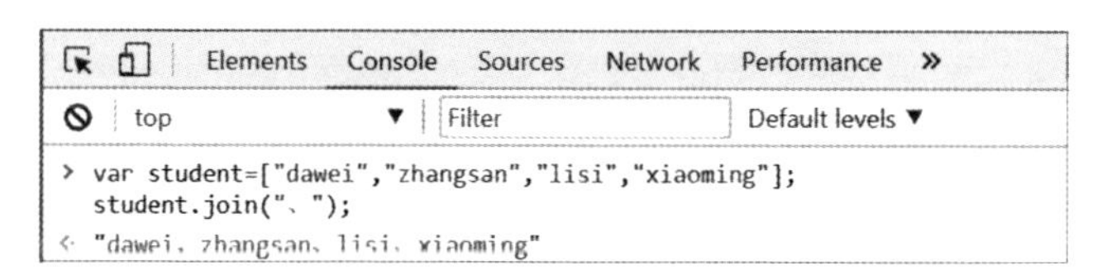

图 5-25　使用.join()方法连接元素

在上面的例子中，使用 .join() 把数组中所有的元素连接到一起，形成一个大字符串。

5.2.5　了解 JavaScript 的函数

函数的出现主要是为了解决代码复用的问题，它允许在程序的多个不同位置运行相同的代码段，而不需要重复地进行代码的复制和粘贴操作。另外，我们可以把大段代码包裹在函数中，从而使注意力放在更宏大的层面来思考和构建程序，而不必花费大量精力在代码的细节之中。

1. 函数的创建

创建一个简单的函数，让它打印出“hello,dawei！”。在浏览器的控制台中输入下面的代码（注意：同时按住 Shift 键和 Enter 键来可以实现换行，单独按下 Enter 键会立即执行语句），如图 5-26 所示。

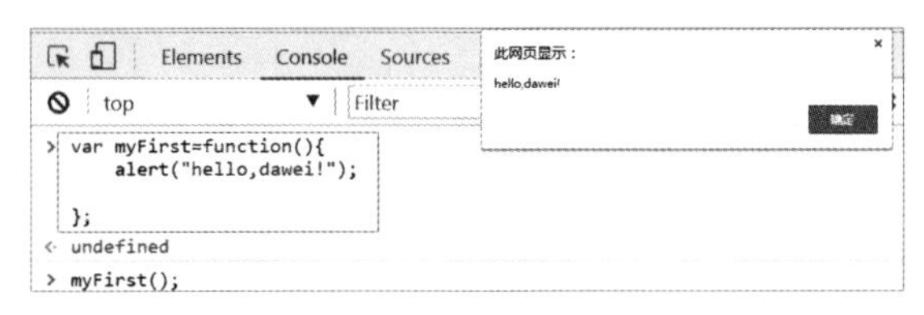

图 5-26　创建一个函数

其中，function() { ... } 没有函数名，是一个匿名函数。这个匿名函数赋值给了变量 myFirst。需要注意的是，在通过变量 myFirst 调用函数时，记得加上括号，myFirst() 才能调用函数。除了上述函数定义方法外，还可以通过指定函数名的方式定义函数，如图 5-27 所示。

```
Elements  Console  Sources  Network  Performance  »
top  ▼  Filter  Default levels ▼
> function foo(bar) {
      if (bar > 0) {
          return bar*100;
      } else {
          return -bar*100;
      }
  }
<· undefined
> foo(5);
<· 500
> foo(-5);
<· 500
```

图 5-27　指定函数名

从上面的例子中，可以发现上述 foo() 函数的定义如下：

① foo 是函数的名称；

② (bar) 括号内是函数 foo 的参数；

③ { ... } 内部的代码是函数体。

2. 函数的调用

运行函数中的代码，就需要调用函数，在调用函数时按顺序传入参数即可，如图 5-28 所示。

```
Elements  Console  Sources  Network  Performance  »
top  ▼  Filter  Default levels ▼
> function foo(bar) {
      if (bar > 0) {
          return bar*100;
      } else {
          return -bar*100;
      }
  }
<· undefined
> foo(5);
<· 500
> foo(-5);
<· 500
```

图 5-28　函数调用

3. 函数返回值

我们先来看如图 5-29 所示的代码运行结果。

图 5-29　函数返回值

我们看到上面的函数 foo() 虽然能够在页面上显示“hello，dawei！”，但是 foo() 并没有输出结果，因此其他程序代码不能直接调用它的结果。如果希望其他代码能够直接调用 foo() 函数的结果，就需要函数 foo() 有输出结果。

函数的输出叫作返回值（return Value）。当调用带返回值的函数时，就可以在代码中的其他地方使用该值，如图 5-30 所示。

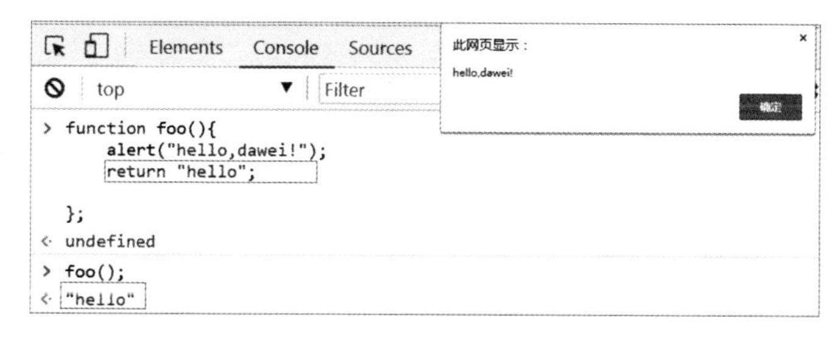

图 5-30　带返回值的函数

5.2.6 什么是面向对象编程

我们已经学习了数组的相关知识，JavaScript 中的对象跟数组有一定的相似性。数组常用来表示多个事物的列表（如 [a,b,c,d,e] 表示 5 种事物），而对象常用来表示单个事物的多个特征或属性。二者之间的主要区别是，对象使用字符串来访问元素，而数组使用数字来访问元素；数组是有序的，而对象是无序的。当然，最直观的区别在于对象是使用键值对方式来表示的。

对象的创建

对象可以看成是由不同属性构成的、形式上表现为键值对的集合。例如，创建一个对象 dawei 并描述出 dawei 的年龄、性别、评价等属性，如图 5-31 所示。

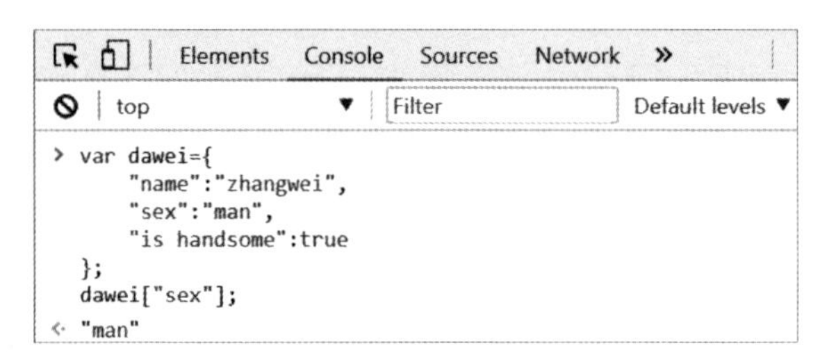

图 5-31 创建对象方法一

我们创建了一个名为 dawei 的对象并且把带有 3 个键值对的对象赋值给它。这里使用“{ }”并输入键值对（name："zhangwei" 等）构成了 dawei 这个对象。

此外，还可以用简化方法来创建对象。具体来说，由于 JavaScript 默认键值对中的“键”是字符串格式，所以“键”可以不带引号，如图 5-32 所示。

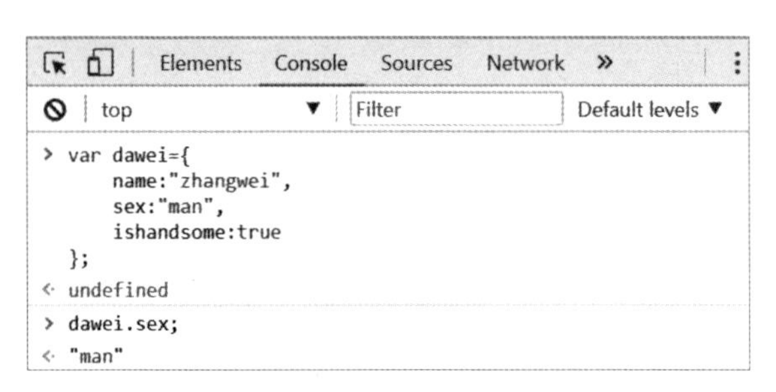

图 5-32 创建对象方法二

通过这种简化方法，我们也可以创建一个名为 dawei 的对象，它的属性包括

name、sex、ishandsome 等，对应的属性值是 "zhangwei"、"man" 和 true。同时，我们也发现使用“对象 . 属性”的方法就可以访问其属性值，例如，通过 dawei.sex 方法返回对应的属性值“man”。

上述两种方法的区别主要有以下两点。

①**是否使用空格**：使用引号方法时，“键”可以有空格（如 is handsome:true）；而使用简化方法时，“键”不允许有空格（如 ishandsome:true）。

②**引用属性方式**：使用引号方法时，通过数组方式来引用属性（如 dawei[“sex”]）；而使用简化方法时，通过点符号来引用属性（如 dawei.sex）。

当然，也可以利用“对象 [‘属性’]”或“对象 . 属性”的方法给对象添加新的属性，例如，使用 dawei["hobby"]= "reading" 和 dawei.age=33 方法，就成功给 dawei 增加了新的属性，如图 5-33 所示。

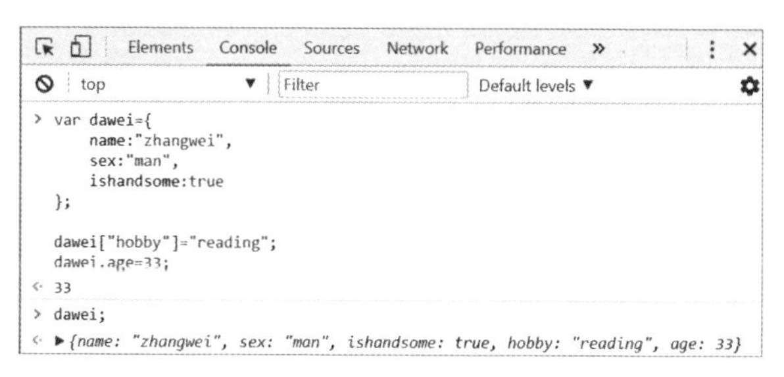

图 5-33　添加对象属性

对象 dawei 的属性，除了可以是字符串（"zhangwei"、"man"）、数字（33）和布尔值（true）外，也可以是函数。如果函数作为对象中的一个属性，那么这个属性也称为方法（method）。例如，我们可以给 dawei 对象添加一个名为 greeting 的方法，如图 5-34 所示。

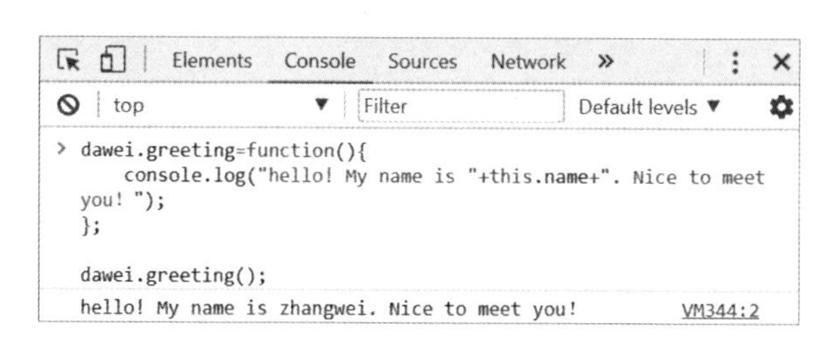

图 5-34　为对象添加方法

给对象 dawei 新增一个名为 greeting 的属性，并且给它定义了一个函数来显示“hello！ My name is zhangwei. Nice to meet you!”这句问候语。值得说明的是，函数中利用 this.name 来访问对象 dawei 的 name 属性值。

5.2.7 HTML 是很关键的知识

上述内容都是在浏览器的 JavaScript 控制台运行代码，这有利于我们熟悉 JavaScript 语法特点。但是，学习 JavaScript 的目的是了解前端工程师如何操作 Web 页面，所以接下来先学习 HTML Web 页面的知识，然后学习如何使用 JavaScript 操作 HTML。

1. 创建一个 Web 页面

首先尝试使用文本编辑器来创建一个 Web 页面，实际应用时可以选用 Notepad++（Microsoft Windows 操作系统）或 Sublime Text（支持 Windows、Mac OS 和 Linux）来编写 HTML。本书中用 Notepad++ 来编写 HTML。

在 Notepad++ 编辑器中，输入如下代码并保存为 HTML 文件即可创建一个简单的 HTML 网页，如图 5-35 所示。

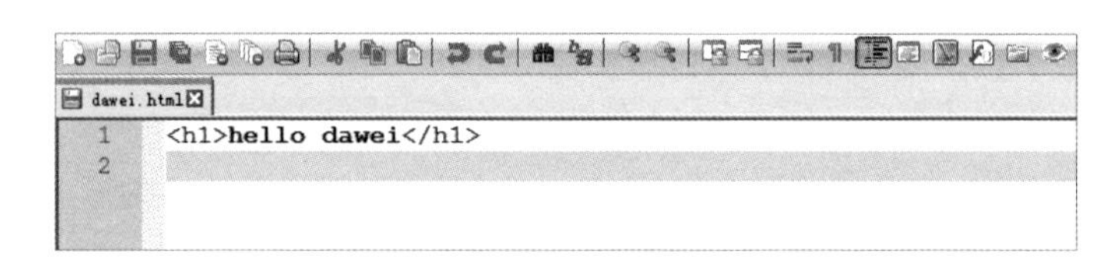

图 5-35　创建一个HTML文件

用浏览器打开文件名为“dawei”的 HTML 文件，可以查看我们刚刚创建的内容，如图 5-36 所示。

图 5-36　创建的HTML网页内容

HTML 文档由元素组成，以开始标签 <h1> 开始，以结束标签 </h1> 结束，上面文档中只有一个元素：h1。开始标签 <h1> 和结束标签 </h1> 之间就是元素的内容“hello dawei”。

2.HTML 元素

HTML 页面中包含标题、段落、块级、内联等多种元素，它们共同构成了 HTML 的基本结构。

（1）标题元素

标题元素作为网页的标题使用，HTML 中有 6 种标题元素，分别是 h1、h2、h3、h4、h5 和 h6。例如，编辑器中分别写出 6 种标题内容，如图 5-37 所示。

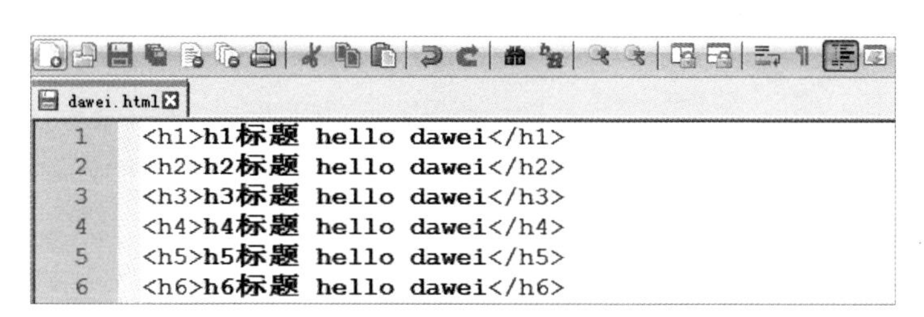

图 5-37　6种标题元素

保存为 HTML 文件后，用浏览器打开，结果如图 5-38 所示。

图 5-38　6种标题元素显示效果

可以发现，不同标题元素对应显示的字号大小和字体粗细不同。

（2）段落元素

段落元素用 <p> 和 </p> 来表示，<p> 标签之间的文本内容会显示在独立段落之中，并且用空格作为段落的上下间隔。Notepad++ 编辑内容如图 5-39 所示。

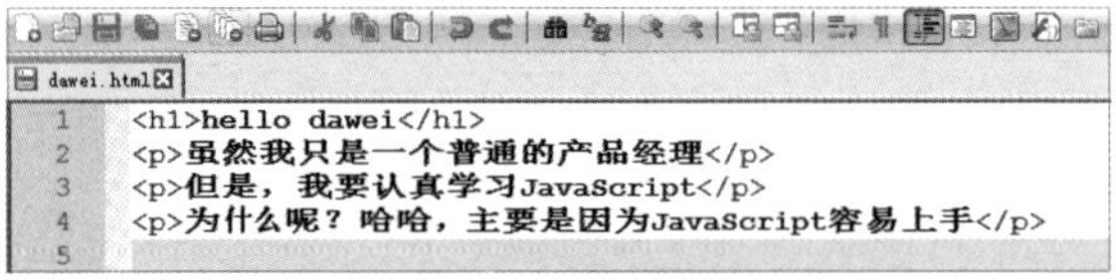

```
1  <h1>hello dawei</h1>
2  <p>虽然我只是一个普通的产品经理</p>
3  <p>但是，我要认真学习JavaScript</p>
4  <p>为什么呢？哈哈，主要是因为JavaScript容易上手</p>
5
```

图 5-39　段落元素编辑

用浏览器打开对应的文件，显示如图 5-40 所示。

图 5-40　段落元素显示

实际上，标题元素（h）和段落元素（p）又被称为块级元素，这是因为 <h1></h1> 和 <p></p> 使得标签之间的内容独立成块显示。

（3）内联元素

内联元素（inline element）也被称为内联元素或内嵌元素，下面写几个内联元素（u、big、strong）来帮助读者理解，如图 5-41 所示。

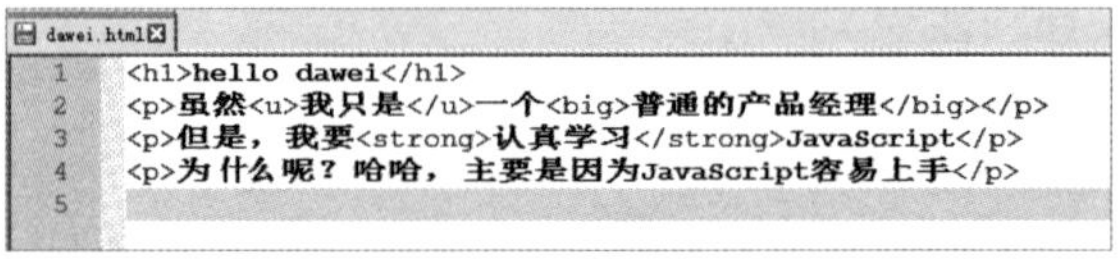

```
1  <h1>hello dawei</h1>
2  <p>虽然<u>我只是</u>一个<big>普通的产品经理</big></p>
3  <p>但是，我要<strong>认真学习</strong>JavaScript</p>
4  <p>为什么呢？哈哈，主要是因为JavaScript容易上手</p>
5
```

图 5-41　内联元素示例

保存文件，用浏览器打开对应文件后，显示内容如图 5-42 所示。

图 5-42　内联元素显示

u 元素为标签之间内容添加下画线，big 元素可以使标签之间内容字体变大，strong 元素可以使标签之间内容成为粗体。

3.HTML 层级关系

在上面的例子中分别讲述了 HTML 文档中的各种元素，下面将编辑一个完整的 HTML 页面，如图 5-43 所示。

```
web_dawei.html
1  <!DOCTYPE html>
2  <html>
3  <head>
4      <title>大威创建的一个页面</title>
5  </head>
6
7  <body>
8      <h1>hello dawei</h1>
9      <p>虽然<u>我只是</u>一个<big>普通的产品经理</big></p>
10     <p>但是，我要<strong>认真学习</strong>JavaScript</p>
11     <p>为什么呢？哈哈，主要是因为JavaScript容易上手</p>
12 </body>
13 </html>
```

图 5-43　典型HTML页面

保存并使用浏览器打开，如图 5-44 所示。

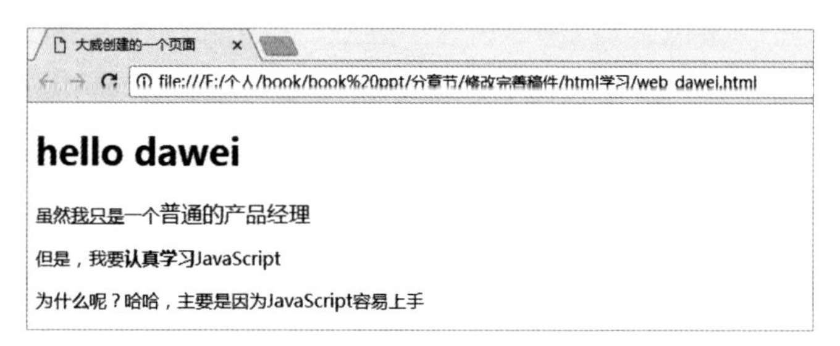

图 5-44　HTML 显示效果

在“web_dawei”这个 HTML 文件中，<！ DOCTYPE html> 标签是一个声明，表明自己“是一个 HTML 文档”。<html> 和 </html> 标签是 HTML 文档的固有格式，所有 HTML 文件都必须有一个 HTML 元素作为最外层元素。HTML 元素内部嵌套了两个元素，分别是 head 和 body。

head 元素包含 HTML 文档的一些重要信息，如文档标题等。例如，在 head 元素的子级标签 <title></title> 中输入了“大威创建的一个页面”，最终可以在浏览器标签页的对应标题中找到。

body 元素表示网页的主体部分，也就是用户可以看到的内容，可以包含文本、图片、音频、视频等各种内容。例如，在 body 元素的子级标签 <p></p> 中输入内容“虽然 <u> 我只是 </u> 一个 <big> 普通的产品经理”，最终可以在浏览器内容页面中对应找到。

一个典型 HTML 文件包括 <html> </html>、 <head> </head>、 <body> </body> 等层级关系，如图 5-45 所示。

```
<html>
<head>
    <title>      </title>
</head>

<body>
    <h1>         </h1>
    <p>          </p>

</body>
</html>
```

图 5-45　HTML层级关系

在上述层级关系中，不仅可以添加文字内容，还可以增加链接实现网页之间的跳转。利用定位元素 a 就可以创建一个链接元素，例如，我们修改上面例子的代码，链接到百度查询窗口，如图 5-46 所示。

```
<!DOCTYPE html>
<html>
<head>
    <title>大威创建的一个页面</title>
</head>

<body>
    <h1>hello dawei</h1>
    <p>虽然<u>我只是</u>一个<big>普通的产品经理</big></p>
    <p>但是，我要<strong>认真学习</strong>JavaScript</p>
    <p>为什么呢？哈哈，主要是因为JavaScript容易上手</p>
    <p>如果不信，可以<a href="[illegible]">单击这里</a>查询百度呀</p>
</body>
</html>
```

图 5-46　链接元素

创建 HTML 链接的过程中，我们使用了定位元素 a 并且给出了 a 元素的链接属性 href，属性值是百度网址。浏览器打开上述文件后，展示效果如图 5-47 所示。

图 5-47　链接展示效果

5.2.8　使用 DOM 做什么

到目前为止，我们可以创建简单网页并且使用 JavaScript 完成了一些相对简单的内容，如显示一个 alert 对话框或 prompt 对话框。但 JavaScript 对于 Web 页面 HTML 的操控并非仅限于此，还可以使用 DOM 来编辑现有的 DOM 元素和创建新 DOM 元素，从而实现 JavaScript 对 Web 页面内容的控制。本节将重点讲述 DOM 的相关知识。

DOM 被称为文档对象模型。网页中，组织页面（或文档）的对象被组织在一个树形结构中，用来表示文档中对象的标准模型就是 DOM。我们要利用 JavaScript 改变页面，就需要获得 HTML 文档中所有元素进行访问的入口，而这个入口的获得，以及实现对 HTML 元素的添加、移动、改变或移除等，都是通过 DOM 来获得的。

1.DOM 树结构

HTML 文档被浏览器解析后的结果就是一棵 DOM 树，要改变 HTML 的结构就需要通过 JavaScript 来操作 DOM，DOM 的树形结构如图 5-48 所示。

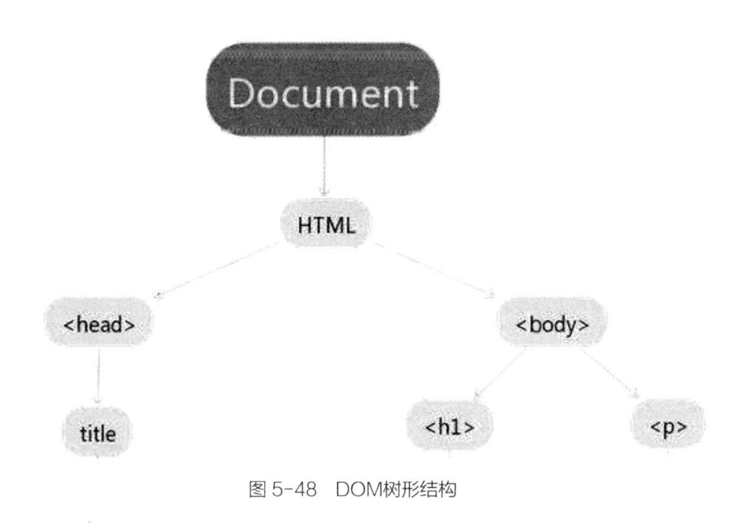

图 5-48　DOM树形结构

JavaScript 操作 DOM 是通过操作 DOM 的节点来实现的。总体来说，大致有以下几种操作，如表 5-1 所示。

表 5-1 操作 DOM 节点类型

操作	说明
更新	更新DOM节点内容，对应更新该DOM节点的HTML内容
遍历	遍历DOM节点下所有子节点
添加	在DOM节点下新增一个子节点，对应动态增加了一个HTML节点
删除	从HTML中将该DOM节点删除，对应删掉了该DOM节点及子节点的内容

2. 定位 DOM 节点

在操作一个 DOM 节点前，首先需要定位到这个 DOM 节点，常用的方法是通过 document.getElementById() 来获得某个 DOM 节点。因为 id 在 HTML 文档具有唯一性，所以采用这种方法就可以直接定位唯一的一个 DOM 节点。

例如，给前面例子中的“hello dawei”增加一个 id 属性，如图 5-49 所示。

```
<!DOCTYPE html>
<html>
<head>
    <title>大威创建的一个页面</title>
</head>

<body>
    <h1 id="first heading">hello dawei</h1>
    <p>虽然<u>我只是</u>一个<big>普通的产品经理</big></p>
    <p>但是，我要<strong>认真学习</strong>JavaScript</p>
    <p>为什么呢？哈哈，主要是因为JavaScript容易上手</p>
    <p>如果不信，可以<a href="[illegible]" title='百度查询窗口在此！'>单击这里</a>查询百度呀</p>

</body>
</html>
```

图 5-49 id属性示例

调用 document.getElementById ("first-heading")，就能让浏览器查找到 id 为 "first-heading" 的元素。这样，我们就可以进一步操作与该 id 对应的 DOM 对象了。

3. 操作 DOM 改变 HTML 内容

下面讲解如何通过操作 DOM 来替换标题，从而展示 JavaScript 是如何通过操作 DOM 对 HTML 页面实施影响的。继续在上面例子中增加几行代码，在 JavaScript 的 prompt 对话框中输入内容，来替换 HTML 文档中的标题，如图 5-50 所示。

```
<!DOCTYPE html>
<html>
<head>
    <title>大威创建的一个页面</title>
</head>

<body>
    <h1 id="first_heading">hello dawei</h1>
    <p>虽然<u>我只是</u>一个<big>普通的产品经理</big></p>
    <p>但是，我要<strong>认真学习</strong>JavaScript</p>
    <p>为什么呢？哈哈，主要是因为JavaScript容易上手</p>
    <p>如果不信，可以<a href="http://www.[illegible].com" title='百度查询窗口在此！'>单击这里</a>查询百度呀</p>
    <script>
    var headingElement=document.getElementById('first_heading');/*找到id为first_heading的DOM节点，
                                                                将其内容赋值给变量headingElement*/
    var newHeading=prompt("请输入新的标题！");//prompt对话框输入内容保存到变量newHeading中
    headingElement.innerHTML=newHeading;      //将headingElement的innerHTML属性设置为newHeading中保存的文本
    </script>

</body>
</html>
```

图 5-50　操作DOM替换标题代码

上面代码中，我们首先找到 id 为 first_heading 的 DOM 节点，将其内容赋值给变量 headingElement；然后使用 prompt 对话框让用户输入新标题并把用户输入的文本保存到变量 newHeading 中；最后，将 headingElement 的 innerHTML 属性设置为 newHeading 中保存的文本。用浏览器运行，跳出一个输入框，如图 5-51 所示。

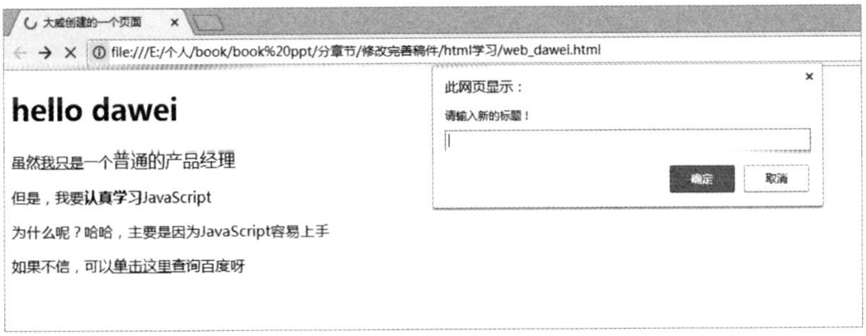

图 5-51　跳出输入框

我们在输入框输入文本“hello everyone”，如图 5-52 所示。

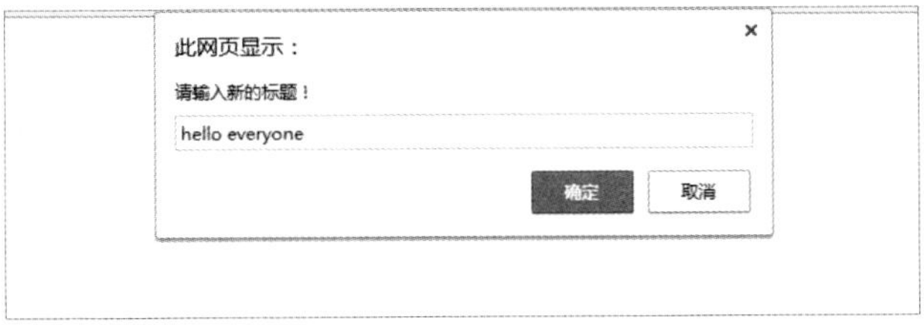

图 5-52　输入文本内容

可以发现浏览器网页中标题内容发生了改变，从原来的“hello dawei”变为“hello everyone”了，如图 5-53 所示。

图 5-53　更换标题后的页面

5.2.9　使用 jQuery 做什么

DOM 方法虽然强大，但是不易使用。因此，研发人员开发了一种叫 jQuery 的工具来访问和操纵 DOM 树。jQuery 是 JavaScript 中使用最广泛的一个库，目前约有 80% 甚至 90% 以上的网站都会直接或间接地使用 jQuery。jQuery 之所以广受欢迎，主要是以下几个原因。

首先，jQuery 可以跨浏览器使用。使用 jQuery 后，可以采用统一的方法来操作浏览器，不需要针对不同浏览器编写不同代码来绑定事件、编写 AJAX 等代码。

其次，jQuery 简化了 DOM 操作方法。jQuery 中使用 $('#test') 等来替代内建 DOM 中使用的 document.getElementById('test') 等，语言更加简洁方便。

最后，jQuery 可以轻松实现动画和修改 CSS 等各项操作。

1. 加载 jQuery

使用 jQuery，只需要浏览器加载如下 HTML 代码。

```
<html>
<head>
    <script src="  "></script>
    ...
</head>
<body>
    ...
</body>
</html>
```

需要说明的是，这里的 <script> 只有一个 src 属性而没有内容。通过对应的 URL，引入 jQuery（1.10.2 版本）到本页面。

2. 使用 jQuery 改变 HTML 内容

我们学习了使用内建 DOM 的方法来替换标题。由于使用内建 DOM 方法比较烦琐，这里将使用 jQuery 来替换标题文本，代码如图 5-54 所示。

```
<!DOCTYPE html>
<html>
<head>
    <title>大威创建的一个页面</title>
</head>

<body>
    <h1 id="first heading">hello dawei</h1>
    <p>虽然<u>我只是</u>一个<big>普通的产品经理</big></p>
    <p>但是，我要<strong>认真学习</strong>JavaScript</p>
    <p>为什么呢？哈哈，主要是因为JavaScript容易上手</p>
    <p>如果不信，可以<a href="http://www.[illegible].com" title='百度查询窗口在此！'>单击这里</a>查询百度呀</p>


    <script src="https://http://www.[illegible].com/jquery-1.10.2.js"></script>
    <script>
    var newHeading=prompt("请输入新的标题！");//prompt对话框输入内容保存到变量newHeading中
    $("#first_heading").text(newHeading);    //newHeading中保存的文本传递到id为first_heading的标题中去
    </script>

</body>
</html>
```

图 5-54　使用jQuery替换标题

观察上述代码和使用内建 DOM 方法代码，如图 5-55 和图 5-56 所示。

```
<script>
var headingElement=document.getElementById('first_heading');/*找到id为first_heading的DOM节点，
                                                   将其内容赋值给变量headingElement*/
var newHeading=prompt("请输入新的标题！");//prompt对话框输入内容保存到变量newHeading中
headingElement.innerHTML=newHeading;     //将headingElement的innerHTML属性设置为newHeading中保存的文本
</script>
```

图 5-55　内建DOM代码

```
<script src="http://www.[illegible].com/jquery-1.10.2.js"></script>
<script>
var newHeading=prompt("请输入新的标题！");//prompt对话框输入内容保存到变量newHeading中
$("#first_heading").text(newHeading);    //newHeading中保存的文本传递到id为first_heading的标题中去
</script>
```

图 5-56　jQuery代码

可以发现以下几点不同。

（1）新增了 <script> 标签来加载 jQuery。<script src=""></script> 指明了引用的 jQuery 地址和版本号。

（2）使用 jQuery 的 $ 函数来选取 HTML 元素。$ 是常用的 jQuery 符号，接收一个叫作选择器字符串的参数，该参数告诉 jQuery 要从 DOM 树中选择哪一个或哪些元素。上例中，输入 "#first_heading" 作为参数。其中，# 字符表示“id”，选择器字符串 "#first_heading" 表示 id 为 first_heading 的元素，也就是代码中的“hello dawei”部分。

3. 使用 jQuery 产生动画效果

在数据产品设计中为了达到理想的可视化效果也经常使用动画。用 JavaScript 实现动画效果的原理很简单：每隔固定的时间，就把 DOM 元素的 CSS 样式修改一点（例如，高度和宽度同时增加 5%），这样就能够呈现出动画效果了。而使用 jQuery 来实现动画效果，就更加简单，往往只需要一行代码即可。

例如，要淡出一个元素，可以使用 jQuery 中的 fadeOut 方法，如图 5-57 所示。

```
<!DOCTYPE html>
<html>
<head>
    <title>大威创建的一个页面</title>
</head>

<body>
    <h1 id="first_heading">hello dawei</h1>
    <p>虽然<u>我只是</u>一个<big>普通的产品经理</big></p>
    <p>但是，我要<strong>认真学习</strong>JavaScript</p>
    <p>为什么呢？哈哈，主要是因为JavaScript容易上手</p>
    <p>如果不信，可以<a href="htt[illegible]com" title='百度查询窗口在此！'>单击这里</a>查询百度呀</p>


    <script src="https://[illegible]n/jquery-1.10.2.js"></script>
    <script>
    $('h1').fadeOut(5000);//每个5000毫秒（即5秒）实现标题h1的逐渐淡出
    </script>

</body>
</html>
```

图 5-57　jQuery中的fadeOut方法

首先，通过 $ 函数 $('h1') 选中 h1 元素，这样标题“hello dawei”就成了一个被选中的 jQuery 对象。然后，调用 .fadeOut（5000），表示该标题（“hello dawei”）将会在 5 秒（5000 毫秒）之内逐渐淡出直到消失。效果如图 5-58 所示。

图 5-58　标题逐渐淡出

5.2.10　使用 Node.js 做什么

所有的 Web 页面都存在于 Web 服务器上，包括了 Web 页面所需的全部 HTML、CSS 和 JavaScript。用户可以通过浏览器访问 Web 服务器上的各个 Web 页面，用户访问网站或数据产品的过程，就是他们的浏览器通过互联网跟 Web 页面的服务器不断交互的过程。所以，需要经常对服务器进行操作，针对服务器编写程序（叫作服务器端代码）。例如，我们希望 Web 服务器能找到某个“大 V”的微博，生成包含了这个“大 V”微博的一个 HTML 文件，并且将文件发送给浏览器，这就需要对 Web 服务器进行编程。

Node.js 允许我们使用 JavaScript 编写服务器端代码，是目前非常热门的技术。2009 年，Ryan（里安）推出了基于 JavaScript 语言和 V8 引擎的开源 Web 服务器项目 Node.js。从此，JavaScript 第一次用于后端服务器开发，以前必须使用 PHP/Java/C#/Python/Ruby 等语言来开发服务器端程序，现在也可以使用 Node.js 开发了。同时，由于众多 JavaScript 开发人员的支持，Node 很快就火了起来。相比于其他后端开发语言，在 Node 上运行的 JavaScript 有以下特点。

（1）易于编写高性能 Web 服务

Node.js 由于 JavaScript 的事件驱动机制和 V8 高性能引擎，这使得 Node.js 编写高性能 Web 服务相对于其他后端开发语言来说更加容易。

（2）模块化代码和函数式编程

在 Node 环境下，JavaScript 代码实现了模块化编程和函数式编程，并且由于不用顾虑浏览器的兼容性问题，使用最新的 ECMAScript6 标准等原因，使得 JavaScript 完全满足工程开发要求。

（3）避免了前后端语言转换

前端开发人员必须使用 JavaScript，因为这几乎是浏览器中运行的唯一语言。而 Node.js 把 JavaScript 引入服务端（后端）开发后，这样掌握 JavaScript 开发语言的人可以同时完成前后端的开发工作。

总之，JavaScript 使用了 Node.js 后，施展才能的空间就从客户端延伸到了服务端。

第6章

产品经理必知的数据分析

数据从哪里来

数据指标体系如何搭建

数据分析典型方法

6

数据产品经理的门槛较高，而这个门槛就在于数据。常见的数据产品如BI(Business Intelligence，商业智能）产品就是通过大量业务数据的挖掘分析来对企业决策提供支持的。除此之外，其他的一些数据产品如 AI（Artificial Intelligence，人工智能）产品更是数据驱动的产物，个性化推荐系统就是一种典型的通过数据来驱动的产品。它通过采集用户行为数据来训练推荐算法模型，然后根据结果推荐信息或产品给用户，再将用户的使用数据反馈到模型中来改进算法模型，提高算法模型的预测能力，如此循环。总之，不管是 BI 还是 AI 产品，都是基于数据且善于使用数据，所以，合格的数据产品经理需要全面地了解数据。

数据产品经理需要具备一定的数据分析能力，需要详细了解各种数据来源，理解数据清洗、转换、分析、挖掘的整个过程，熟悉常见的数据分析方法和算法模型。同时，产品经理还要能够很好地结合公司业务目标，进行数据产品的规划，掌握常见的数据分析挖掘工具（如 Excel、Python、R 等）和一些常见的数据挖掘算法模型。

从数据的角度来看，一个典型的数据产品流程首先是解决数据来源问题，然后对数据进行预处理，预处理后就可以进行数据分析，数据分析结果通过数据可视化处理予以展示，最后通过数据产品呈现给用户，如图 6-1 所示。

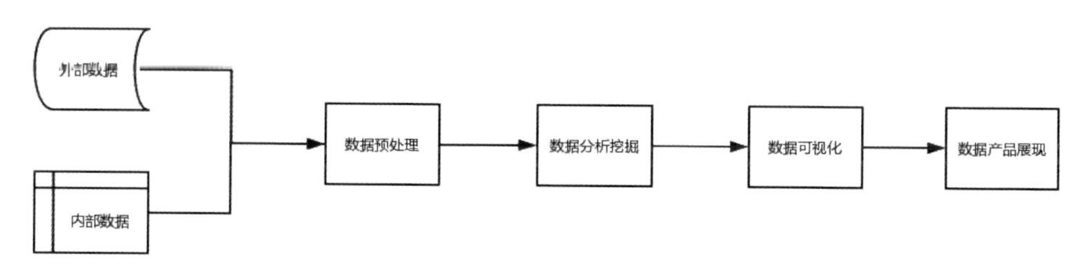

图 6-1　数据产品全流程

在整个流程中，数据来源渠道、数据指标体系搭建、数据分析技术是重点和关键环节，下面将分别进行介绍。

6.1 数据从哪里来

我们正面临一个全新的时代，自动化、定量化和个性化成为时代主流，遍布世界各地的智能终端不断进行着数据采集和生成工作。数据经过网络传输到计算端，然后通过数据挖掘分析和机器学习进行分析和预测，大大提高了传统行业的生产服务效率，同时也为消费者提供了更加个性化的产品和服务。

当我们在购物软件购买商品时，购物信息就被记录下来了；当我们使用打车软件的时候，行程信息就被记录下来了；当我们使用外卖软件的时候，饮食信息就被记录下来了。不知不觉间很多信息就被记录下来，例如，浏览网页时，浏览器插件和Cookie就会记录下访问信息；随身携带的手机不断向基站发送信令数据，运营商就会记录下用户行动轨迹信息；智能电视会记录下点播的记录和观影的信息。

虽然数据发挥着非常重大的作用，但不管是进行数据分析还是数据挖掘，首先需要解决的问题就是：数据来源。根据数据来源渠道的不同，可以分为外部数据获取和内部数据获取。

6.1.1 外部数据从何来

外部数据主要是指非公司或项目内部所拥有的，需要从外部渠道获取的数据。外部数据既包括数据接口接入的外部数据，也包括爬虫爬取的外部数据。

1. 数据接口接入

数据接口不仅用于产品客户端与服务端的数据传输过程，也用于从外部数据库或数据仓库接入数据的过程。常用的数据接口方式包括JSON和XML。其中，JSON是最常用的数据接口形式，是一种轻量级的数据交换格式，采用“键值对”方式来存储和传递数据。XML也是一种常见的数据接口形式，可以用来进行简单的结构化文本数据存储，采用“标签”方式来存储和传递数据，如图6-2所示。

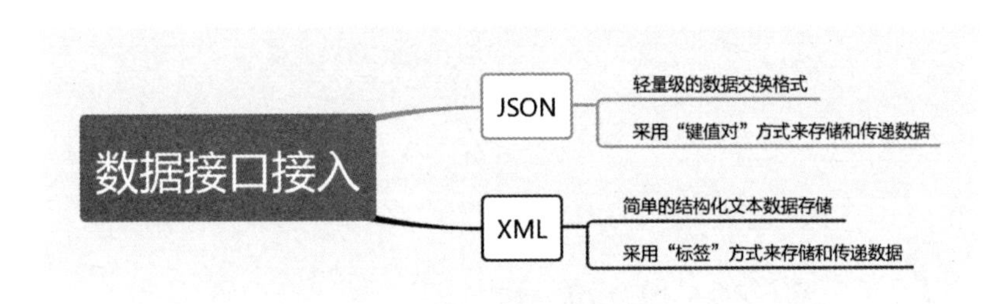

图6-2 常见数据接口类型

在使用数据接口进行数据传输的过程中，一般会给出“接口地址”“支持格式”“请求方式”“明文方式请求参数”“密文方式请求参数”“返回字段”等信息，如图6-3所示。

接口地址： http://apis.haoservice.com/efficient/vinservice

支持格式： JSON/XML

请求方式： GET/POST

明文方式请求参数：

名称	类型	必填	说明
key	string	是	API KEY
vin	String	是	17位车辆识别码

密文方式请求参数：

名称	类型	必填	说明
IsEncrypt	bool	是	是否密文传输方式
key	string	是	API KEY
params	string	是	3des ECB模式 PKCS7填充模式 加密 3des("vin=LSGPC52U6AF102554","openId前24位")

图 6-3　数据接口信息示例

2. 爬虫接入

如果外部数据源公开，我们可以通过接口方式进行数据接入从而获得数据。但有时候外部数据源没有数据接口或者人工采集数据太费时费力，那么就可以在合法合规的前提下尝试通过爬虫进行数据获取。

爬虫技术是一种广泛使用的获取外部公开数据的方法。如果把互联网看成是一个蜘蛛网，那么网络爬虫（Web Spider）就是在互联网上爬来爬去的蜘蛛。爬虫的实现原理是通过网页的链接地址来寻找网页并爬取数据。爬虫从网站的某个网页开始，读取网页内容并找到其他链接地址，然后根据这些链接地址搜寻下一个网页并继续读取下一个网页内容，如此循环，直到爬虫将所有相关网页内容都爬取完成为止。

当我们在浏览器地址栏中输入某个网址后，如百度网址，就可以看到百度首页的图标和栏目文字等信息。这个过程的实质是：我们输入网址后，经过 DNS 连接到服务器，并向服务器发出一个请求，服务器解析之后发送给用户浏览器百度首页的 HTML、JS、CSS 等文件，用户浏览器解析百度首页的相关文件后，用户就可以在浏览器上看到百度首页的图标和栏目文字等信息。总结来说，浏览器获取网络数据的过程为：浏览器提交请求→下载网页代码→解析成页面。网络爬虫过程就是模拟浏览器的行为，也就是模拟浏览器发送请求（获取网页代码）→解析提取数据→将数据存放数据库中的过程，如图 6-4 所示。

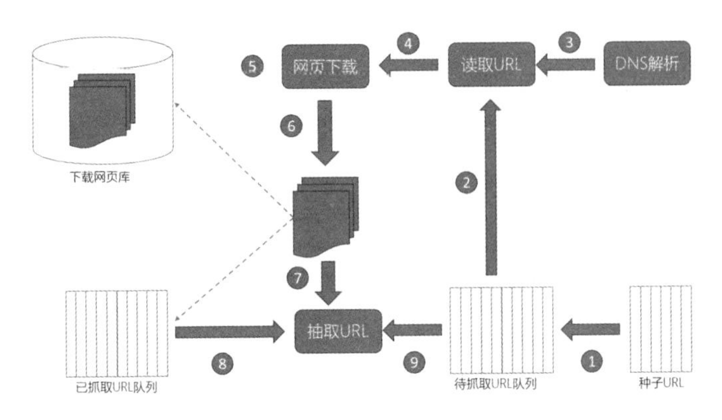

图 6-4　网络爬虫的实现过程

从网络爬虫工作全过程来看，可以分为如下几个步骤。

①**发起请求**。网络爬虫使用 HTTP 库向目标网址发起请求，即发送一个 Request，其中 Request 包含：请求头、请求体等。

②**获取响应内容**。服务器正常响应的情况下，发起请求的网络爬虫会得到一个 Response，Response 中包含 HTML，JSON，图片等信息。

③**解析内容**。通过使用正则表达式或者第三方解析库（Beautifulsoup、Pyquery 等），解析返回的 HTML 数据。

④**保存数据**。将爬取并解析之后得到的数据信息存储在数据库中，例如，关系数据库 MySQL 中或者非关系数据库 MongoDB 中。

虽然网络爬虫是获取海量数据的一种重要手段，但网络爬虫并非万能，也面临着一些问题，如数据源多、数据量大、数据结构复杂、数据质量要求高、数据采集稳定性要求和爬虫维护频率高等。网络爬虫要实现海量数据的成功采集，需要重视两个方面：数据的高效采集和不同页面结构的快速解析。同时，由于多源数据导致的后续问题，如目标数据源改版、关闭维护等，都需要予以重视。

6.1.2　内部数据从何来

内部数据是指来源于公司或内部项目的数据，包括公司的业务数据库、数据仓库、服务器日志或埋点数据等。

1. 数据采集对象

内部数据来源按照采集对象进行区分，可以分为前端数据（客户端数据）、后端数据（服务器日志）和业务数据库。

（1）前端数据

前端数据常常是通过数据“埋点”获取的。所谓“埋点”，就是在正常的业务逻辑中嵌入数据采集代码从而进行数据采集的过程。数据埋点一般采用第三方技术，通过嵌入 App SDK 或者 JS SDK 来采集用户数据。数据埋点的大致过程是，利用第三方公司（如 Growing IO、Talkingdata）的 SDK 在 App 或者网页中嵌入一段 SDK 代码，并设定触发条件，记录日志将发送到第三方公司服务器上进行解析及可视化呈现。例如，购买 Growing IO 公司的账号对自己网站进行数据埋点后，就可以登录该账号查看自己网站每日的用户访问情况了，如图 6-5 所示。

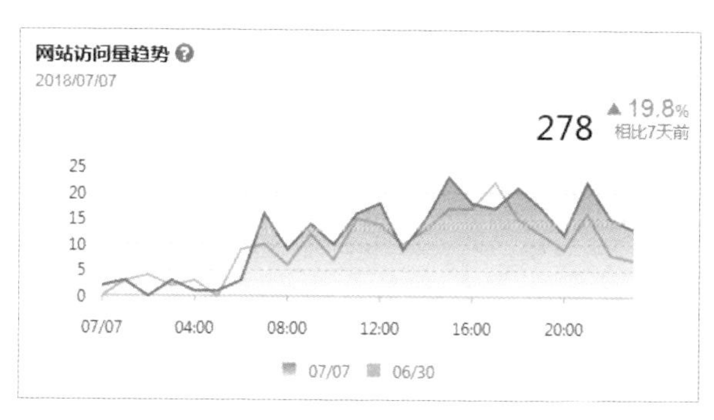

图 6-5　数据埋点结果示意

数据埋点的好处是能简单便捷地获取用户行为数据，但这种数据采集方式也有一些缺点：第一，数据采集“不深入”，SDK 只能采集一部分粗颗粒度的用户行为数据，而无法采集颗粒度精细的数据，导致数据采集较浅，有时可能无法满足深度分析的需求；第二，数据采集“不准确”，由于统计口径不一致或者前端采集数据缺陷等原因，埋点数据和业务数据库存在数据不一致的现象，无法保证数据采集的准确性；第三，数据采集“不安全”，由于采用第三方技术的云端模式，埋点数据首先会传输到第三方云端平台，这导致潜在的数据安全风险。

（2）后端数据

常见的后端数据为 Web 日志统计，由 Web 服务器产生。用户访问时服务器端会打印一条记录，如网站每类页面的 PV 值、独立 IP 数或用户所检索的关键词排行榜、用户停留时间最高的页面等。一般中型的网站每天会产生 1GB 以上的 Web 日志文件，而大型或超大型网站则可能每天产生上百吉字节的数据量。这种方式的好处是数据量大且详细，但存在数据缺失和处理复杂等缺点。

（3）业务数据库

业务数据采集是通过业务数据库来进行数据采集和存储数据的，如用户注册信息、订单信息等数据。这种方式的好处是数据准确且安全，但也存在一些缺点，其中最主要的缺点就是数据字段缺失。业务数据库需要提前规划好数据库表的字段，而有时候数据分析所需字段无法从业务数据库获取，必须采取数据埋点的方式予以补充。

数据采集对象分类的归纳如图 6-6 所示。

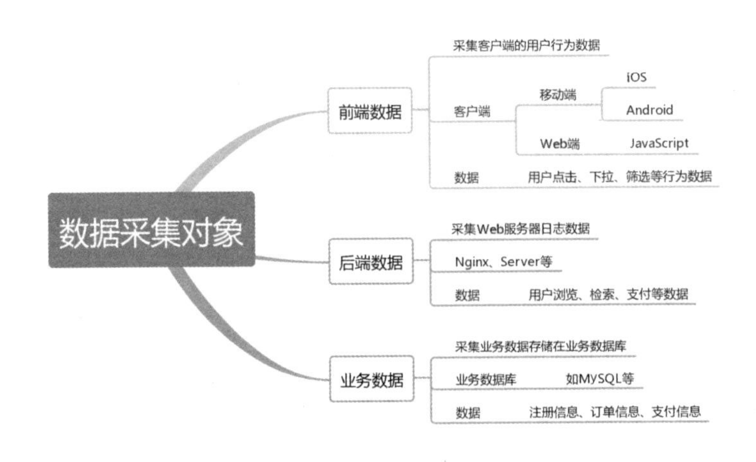

图 6-6　数据采集对象分类

需要说明的是，数据埋点除了上述分类外，还可以按照是否需要自定义事件分为“简单埋点”和“自定义埋点”。

简单埋点：直接使用第三方公司提供的常规埋点方案，如用户访问量、新增用户数量等常规数据的采集。

自定义埋点：对于第三方埋点公司来说，不同的企业客户需要监测的数据是有差别的，例如，有的需要监测某个按钮的点击次数，有的需要监测某个页面的浏览时长和打开次数。因此，有必要提供一套“自定义事件”给企业客户，使其根据自己的需求来定义需要采集数据的事件项，这就是“自定义埋点”。

2. 数据采集标准

数据采集过程中必须遵循一定的数据采集标准，既要充分利用各种数据采集端的数据，也要注意关键维度信息的详细记录和采集，同时还要考虑数据获取的及时性和经济性。一般来说，数据采集的标准为全面、细致、及时、经济。

（1）全面

数据源是数据分析挖掘、算法训练的基础材料，数据源越丰富越能挖掘出高价值的信息，所以数据采集要尽可能“全面”，不仅要采集客户端（包括移动端和 Web 端）数据，也要采集服务器日志统计数据和业务数据库存储的业务数据，甚至通过爬虫爬取或数据接口接入外部数据，尽可能做到数据来源的多元化和丰富化。

（2）细致

不仅数据源越多元越好，数据采集的字段和维度也是越丰富越好。为了完整刻画用户行为，需要尽可能采集行为事件发生的时间、地点、人物、事件内容等信息，从而较为完整地反映事件原貌。

（3）及时

数据采集的及时性也非常重要，数据采集越及时，数据的时效性越好，数据决策越能够及时响应业务需求。不过，海量数据的实时采集和计算处理对于系统性能要求更高，实施成本也会更高，需要综合考虑性能与成本问题。

（4）经济

数据来源越多元，数据字段越丰富，数据采集越及时，对于数据分析挖掘和算法模型学习的帮助就越大。但是，数据采集必须要考虑经济性的问题。因此，数据采集是一个考虑业务需求、技术规范和成本效益的综合结果，经济性是必须予以考虑和重视的一项因素。

6.2 数据指标体系如何搭建

数据产品需要解决如何向用户高效地传递关键信息的问题。为了达成这一目标，首先需要做的就是设计科学合理的数据指标体系，然后将关键信息点以数据指标的方式进行展示，有时还需要配合可视化方法予以呈现。例如，数据产品通过设计仪表盘指标来展示总体运营情况，一旦监测到异常运营状况，即可进一步定位问题所在并分析原因。市面上流行的数据产品如 Google Analytics、友盟，往往都会默认配置一些指标，如 PV 值、UV 值等。

其实，对于不同的产品、不同的场景，用户关注的数据指标是千差万别的，因此需要根据用户的不同需求来规划设计数据指标体系。在数据指标体系设计时，需要注意以下几个问题。

（1）数据指标作用

要深刻理解指标体系的作用，就需要跳出指标体系来看待指标体系。从更高层面来讲，指标体系的设计从属于 PDCA 循环中的“检查（check）”环节，是对“计划”执行结果的反馈。从更广泛的视角来看，数据指标体系结果的呈现就是控制论里面的“反馈”环节。数据指标体系的结果可能是反馈给“人”使用，帮助用户科学决策；也可能是反馈给“机器”使用，帮助机器自我迭代。不管反馈的对象是人还是机器，本质上都是为了方便反馈对象在接收到数据信息后进行结果改进。

数据指标体系容易设计，但是清晰梳理数据指标体系背后的设计思想却不容易。梳理这种设计思想首先应该梳理指标体系的设计目的，也就是要明确指标体系设计是为了什么。

（2）数据可获得性

数据可获得性是指数体系设计的基础，也是限制指标体系设计的重要因素。实践中，明白什么数据是能够获得的、能够以多大成本获得，是一个很关键的问题。

（3）数据多维度比较

单独的数据只是一个数值，而关键信息往往要通过数据比较才能够体现出来。数据比较可以从“点”“线”“面”3 个层面来分析。一个单独的数据，就是一个“点”。例如，某连锁便利店实现了 70% 的销售目标。那么，这个表现究竟如何呢？是表现优秀、良好、一般还是落后呢？实际上我们很难单凭一个“点”的数据来做出判断，往往需要结合更多的数据，也就是“线”和“面”的数据。“线”可以理解为和自己历史情况比较，是从时间维度来描述；“面”可以理解为和其他个体比较，是从空间维度来描述。

数据指标体系设计的过程实际上就是结合用户场景和用户需求，综合考虑指标设计目的、数据的可获得性，利用数据多维度比较来展示关键信息的过程。常见的数据指标体系有两种：关联指标法和 AARRR 指标法。

6.2.1　关联指标法

关联指标法是指通过建立一套相互关联的指标体系，有阶段、有层次、有逻辑地全面展示数据所蕴含的关键信息点。关联指标法有两个鲜明的特点，即次序性和层次性。

（1）次序性

海量的数据能够产生海量的指标，如果不对数据指标的重要性进行排序，建立指标之间的优先级和次序性，那么用户无非是从数据的海洋跳到了指标的海洋之中，这将导致信息要点不明确和不突出。因此，指标体系搭建的第一个关键，就是梳理数据指标的重要性排序。对数据指标进行重要性排序一般来说需要考虑如下几个方面。

第一，业务阶段性重心。当产品上线后处于快速增长期时，这个阶段重要性较高的指标是留存指标和推荐指标。留存指标可以反映产品对于用户的价值，帮助产品经理优化产品。如果留存指标比较令人满意，也就是用户使用产品之后大多数都成为忠诚用户，那么就可以考虑大规模推广。接下来，就可以用推荐指标来衡量产品推荐使用的扩张程度。当产品处于成熟期后，这个阶段关心的重点就变成了营收指标，于是“销售额”“客单价”“转化率”等指标就是产品经理或运营人员关心的重点。

第二，指标可操作性。数据指标的可操作性是指企业或产品运营人员可以通过某些行为或措施来改进某个指标的程度。设计数据指标体系的根本目的是监督和改善，所以指标可操作性也是非常重要的一个方面。

（2）层次性

数据指标体系并不是一堆杂乱数据指标的简单汇总，而是具有内在逻辑关联的一系列指标的有机集合。数据指标之间应该具有某种逻辑相关性，指标体系要能够体现出层次性。这种层次性可以体现为总指标与分指标的“总分关系”，也可以体现为前置指标与后续指标之间的“递进关系”等。指标体系的这种逻辑性和层次性，有助于用户便捷高效地接收信息要点，了解指标所反映事件的前因后果。

6.2.2　AARRR 指标法

如果说关联指标法关注的是指标之间的逻辑顺序，那么 AARRR 指标法则重点关注产品生命周期的时间顺序。AARRR是由500 Startups创业孵化器的创始合伙人戴夫麦克卢尔于2007年针对创业公司提出的指标体系，指的分别是：拉新（Acquisition）、激活（Activation）、留存（Retention）、创收（Revenue）和自传播（Refer），分别对应用户生命周期中的5个重要环节。

（1）拉新

产品运营的第一步是获取用户，也就是拉新。这个阶段数据指标体系设计主要是服务于优化注册流程，从而提高用户转化率。另外，通过监控用户转化指标进而优化市场投放策略也是该阶段的重要任务。监测用户转化率指标，可以发现产品页面上亟须改善优化的细节，例如，页面文字提示尽量标识清楚或者尽可能减少用户注册跳转页数等。

（2）激活

有时候注册用户并非主动注册而是通过终端预置、广告诱导等方式被动注册，此类用户注册之后就保持“沉寂”，不再关注和使用产品。如何把这些用户转化为活跃用户从而提升产品的用户价值，是产品经理和运营者面临的另一个重要问题。

监测用户活跃度指标进而可以针对用户特点进行“刺激”，让没有发生购买行为的用户购买。例如，某个用户把商品放入购物车但就是迟迟不购买，这说明用户可能是在等待商品降价。这个时候，我们可以给他发一些优惠券来刺激他进行购买。

（3）留存

用户到产品平台上注册并且也比较活跃，但如果“用户来得快，走得也快”的话，说明这款产品缺乏用户黏性。然而，获取一个新用户的成本要远远高于保留一个老用户的成本，所以，如果老用户的留存情况很糟糕，那么即便产品积极拉新也会得不偿失。对于用户留存情况，我们通常使用用户留存率指标来进行监测。用户留存率就是指用户进入产品一定周期后仍然留存的用户比率。例如，以某一天来计算，当天注册产品的新用户数是1000个，一天后这批用户中还有800个继续使用产品，那么一天后的用户留存率就是80%；两天后这批用户中还有500个继续使用产品，那么两天后的用户留存率就是50%；三天后这批用户中还有300个继续使用产品，那么三天后的用户留存率就是30%，以此类推。

产品经理通过监测用户留存率这个指标，可以对产品进行改进和优化。留存率过低说明产品的用户黏性不够，需要通过功能改进、新增功能或者删减不必要功能等手段来满足用户核心需求，从而提高产品用户的留存率。

（4）创收

获取收入其实是开发产品或者产品运营中的核心环节，前面所述的提升转化率、活跃度、留存率等指标最终也是为了提高营收指标。GMV（Gross Merchandise Volume，商品交易总额）是一个常见的营收指标，能反映平台产品交易总量情况。需要说明的是，GMV 是商品交易总额而不是成交总额，也就是说用户下单之后即便没有支付，这个商品交易额度也计入了 GMV 数据中。所以 GMV 指标只能在一定程度上反映平台类产品的创收情况和交易活跃情况，更全面的数据还要参考总成交量、总营收等指标。

（5）自传播

随着社交网络的兴起，产品经理在产品运营和产品设计时需要关注的一个问题就是如何利用社交网络进行“病毒式”传播，实现低成本获取用户。产品经理在设计产品时也需要结合自传播的特点进行功能设计，例如，产品经理可以在设计用户注册登录或者跳转环节时，结合目前常见的分享场景（微信、QQ 和微博）设计分享功能，从而实现产品自传播功能。美团外卖的红包分享功能设计就是一个自传播的典型例子。

6.3 数据分析典型方法

6.3.1 数据分析的领域知识

真正有效的数据分析，一定是基于行业背景和领域知识的。

数据分析和挖掘工作的成败，除了与数据源质量、数据分析和挖掘技术工具等因素有关之外，更为重要的是产品经理是否对于行业背景和具体问题情境等领域知识有深刻理解。如果产品经理能够有效地结合问题的场景和数据分析技术，往往能从一堆数据中挖掘出很多背后的“真相”。

例如，数据分析专家通过对各家企业招聘数据的分析和挖掘，发现某家金融企业在三大招聘网站共招聘 4399 人次，其中博士学历的 0 人次，硕士学历的 42 人次，本科学历的 1130 人次，本科以下学历的 3227 人次。如果缺乏足够的行业背景知识，很难发现其中有什么问题。但如果知道金融行业普遍的人员构成是以高学历从业人员为主时，那么就能够很快发现问题：这家公司低学历人员占比达 73.2%，这说明这家企业是一家以销售为主导的公司。通过对比这家企业和行业内知名稳健企业的招聘人员学历结构，就会发现它们的不同。

再如，一堆的病历数据放在我们面前，如果缺乏生活常识和医学知识，这些数据只是冰冷的数字而已。可是，一旦我们懂得还原到行业场景里面去，往往就能够从数据分析和挖掘中找到问题的关键所在。一些典型的监控医疗骗保的智能产品就是利用常识和医学知识，结合数据分析和挖掘技术得以实现的。典型骗保行为包括：①性别 - 疾病错配，如男性被诊断为子宫肌瘤；②年龄 - 疾病错配，如中年人患有儿童疾病；③疾病 - 药物错配，如药物和疾病的关联性很弱。

总之，数据分析和挖掘技术只是一种工具，要想最大限度地发挥工具的威力，就需要深入了解行业背景和具体问题场景，掌握足够多的领域知识。

6.3.2 常见的数据分析类型

在掌握领域知识的前提下，数据分析人员或数据产品经理就可以使用相关的数据分析技术对各种属性数据和行为数据进行分析了。常见的数据分析类型包括：用户属性分析、用户点击分析、访问路径分析、用户画像分析等。

1. 用户属性分析

用户属性分析是常见的数据分析类型，主要依据用户属性信息进行统计分析，常见的用户属性信息包括用户姓名、性别、年龄、住址、婚姻状况、教育程度等。通过统计分析用户群体的性别分布、城市分布、年龄分布等，运营人员或产品经理可以对产品用户群体有更清晰的认识。用户属性分析是用户分析中最基础的一个环节，常常是其他数据分析的前提。

2. 用户点击分析

产品经理或运营人员不仅需要知道用户基本属性信息，还需要知道用户的行为信息。其中，用户点击就是一种常见的、典型的用户行为。用户点击分析一般使用特殊高亮颜色的点击图来展示页面区域中不同元素被用户点击的分布情况，包括被点击次数、占比、点击的用户列表等。这种点击图具有分析过程高效、可视化效果直观等优点。用户点击分析结果可用于运营改善和产品优化工作中。例如，网站的文章版块中究竟哪篇或哪些文章受读者欢迎？产品经理或运营人员就可以根据用户点击频率来做出判断，从而优化产品内容。

一些电商平台可以通过用户点击热点分布来优化信息布局。如果用户购买商品前大量点击“商品图片”或“用户评价”，这就说明用户在做购买决策时，特别关注商品的图片信息和过往购买者的评价，那么产品经理可以增加“大图显示”功能，以帮助用户查看更详细的商品信息，也可以设计激励机制来鼓励过往购买者对商品进行评价。

3. 访问路径分析

如果说用户点击分析侧重于分析某个页面用户的点击行为，访问路径分析则侧重于跟踪用户的行为轨迹。用户访问网页或 App 时，他的点击、浏览、筛选的行为轨迹就是他的访问路径。访问路径分析常用来评价网站优化或营销推广的效果。

访问路径分析可以通过可视化方式来全面展示一个事件的上下游关系，产品经理或运营人员可以查看当前节点事件的事件名、属性值、流失情况等信息，也可以查看后续事件的列表信息。同时，分析人员也可以通过访问路径分析用户从登录账号到下单购买整个过程，根据各个环节的转化率，探寻用户行为规律和特点，从而改善产品页面布局和组件功能。

4. 用户画像分析

有了用户的基本属性信息和用户行为信息，产品经理就可以对用户群体做一个较为详细的刻画和描述，也就是用户画像分析。用户画像分析是根据用户属性信息、用户行为信息而抽象出来的标签化用户模型。通过高度概括和易理解的特征描述来表征用户，使得用户的信息更加全面、立体和精练，方便运营人员推广拉新，也方便产品经理进行产品设计和优化。产品经理需要通过用户画像分析，进一步聚焦用户群体，使得产品的针对性和用户黏性不断提升。一般来说，用户画像分析包含的内容（不限于）如表 6-1 所示。

表 6-1 用户画像分析内容

信息维度	内容描述
人口属性	用户性别、年龄、教育年限等基本信息特征
地理信息	用户省份及城市信息、住址信息及移动轨迹信息等数据
行为数据	访问时间、访问路径、点击分布等行为日志数据
设备信息	使用的终端类型、终端信号、终端特征等信息
社交信息	用户社交相关数据

通过上述信息维度的挖掘分析，可以形成一系列用户标签。用户画像本质上是一系列标签的集合，每个标签都界定了一个观察和认识用户的角度，这些标签从各个角度汇聚成一个整体。例如，“他是一位籍贯四川，居住在上海的‘80 后’IT 行业的男士，喜欢读书，喜欢新兴科技产品，刚有小宝宝，关注足球和科技信息……”就是一个用户画像的表述，能够帮助产品经理更加真切地感知到用户信息和特点。

除了用户属性分析、用户行为分析和用户画像分析外，常见的数据分析还有留存分析、漏斗分析等，读者可以自行了解，在此不再赘述。

第7章

产品经理必知的机器学习

通俗讲解机器学习是什么
跟着例子熟悉机器学习
准备数据包括什么
如何选择算法
调参优化怎么处理
如何进行性能评价
通俗讲解算法原理

随着大数据时代的来临和人工智能技术的广泛应用，数据产品正在往智能化方向发展，所以产品经理了解人工智能相关技术，如机器学习技术，无论对于产品设计还是个人职业发展都大有裨益。

7.1 通俗讲解机器学习是什么

7.1.1 究竟什么是机器学习

北宋词人张先在他的《天仙子·水调数声持酒听》中有这样的名句“风不定，人初静，明日落红应满径。”为什么词人会认为“明日落红应满径”呢？这是因为他之前的生活经验告诉他，一旦出现“风不定”的特征，第二天早上起来落花就会铺满小径。

这类问题的实质都是人类根据自身的经验对事物做出预判的过程。那么，如果将这些经验告诉计算机，能否利用计算机来帮助我们处理类似的问题呢？这正是机器学习致力于解决的问题。对于人类来说，“经验”是以“记忆”（图片、声音等形式）存储在我们大脑里面的，对于计算机来说，“经验”是以“数据”形式存储在机器里面的。机器学习**就是研究如何从“数据”产生“模型”，从而利用“模型”来对未来进行预测的学问**。

卡耐基梅隆大学机器学习领域的著名学者 Tom Mitchell（汤姆·米切尔）曾经在 1997 年对机器学习做出过更为严谨和经典的定义。

> A program can be said to learn from experience E with respect to some class of tasks T and performance measure P, if its performance at tasks in T, as measured by P, improves with experience E.

翻译过来就是：假设用 P 来评估计算机程序在某一项任务 T 中的性能表现，如果程序能够利用经验 E 改善在任务 T 中的性能表现，那么我们就说对于任务 T 中的性能 P，这个程序对经验 E 进行了学习。从 Mitchell 的定义中，我们也可以发现机器学习的 3 个重要概念：**任务**（Task）、**经验**（Experience）**和性能**（Performance）。

机器学习有时候又被称为统计学习，它是计算机基于数据来构建概率统计模型并运用模型对数据进行分析和预测的学科。机器学习是基于统计方法，以计算机为工具，对数据进行分析和预测。之所以称为“统计学习”或“机器学习”，是因为统计学习具有“自我改进”的特征。

例如，火车站或机场，检票口的身份识别设备就是通过人脸识别对旅客的身份进行验证从而判定旅客是否能够通行。这里，旅客向身份识别设备输入的数据是身份证件照和身份识别设备识别的人脸照片；身份识别设备的输出是判定人脸照和身份证件照是否一致。身份识别设备的核心和关键就是建立一个算法模型来对人脸照和证件照的一致性进行判别，判别的准确率越高模型就越好，这也是机器学习的关键和核心所在。机器学习绝大部分工作的目的就是建立这样一个性能良好的模型，从而能够对具体事物进行高精度预测，如图 7-1 所示。

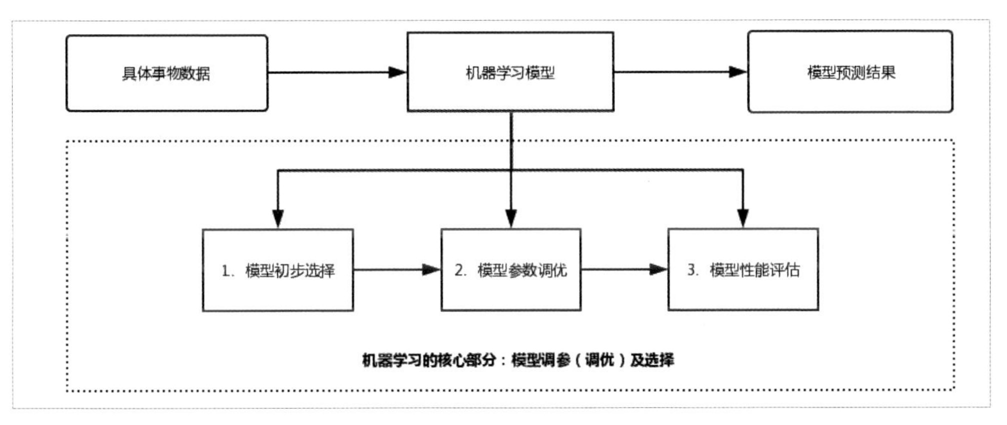

图 7-1　机器学习过程

机器学习已经广泛应用在各种场景之中，包括以下内容。

①营销场景：商品推荐、用户画像系统、广告精准投放。

②文本挖掘场景：新闻分类、关键词提取、文本情感分析。

③社交关系挖掘场景：微博粉丝领袖分析、社交关系链分析。

④金融反欺诈场景：贷款发放、金融风控。

⑤非结构化数据场景：人脸识别、图片分类、OCR（光学字符识别）等。

上述只是机器学习的一部分典型应用场景而已，随着人们需求的丰富化，未来还有更多更丰富的应用场景等待我们去开拓。

7.1.2 机器学习分为几类

机器学习按照不同的分类方式，可以分为多种类别。

①按照是否有监督，可以分为有监督学习和无监督学习。什么是有监督学习和无监督学习呢？例如，小孩在成长过程中，大人们不断教小孩认识各种事物，如什么是房子、什么是小鸡、什么是狗等。当小孩被教导过多次之后，碰到一栋从未见过的房子时，他也知道“这是房子”；碰到一只从未见过的“小鸡”时，他也知道“这是小鸡”。如果把小孩的大脑看作是计算机的话，那么“房子”“小鸡”的各个维度上的特征信息，如“尺寸”“颜色”“是否移动”“能否发出声音”“形状”等，就通过小孩的“眼睛”“耳朵”等这些传感器，输入了小孩的大脑之中；大人教育小孩“这是房子”“那是小鸡”，就相当于告诉了小孩他所看到的数据信息（就是“尺寸”“颜色”“是否移动”“能否发出声音”“形状”等）的“分类结果”。这种既给予“特征信息”又反馈“结果信息”的机器学习类型，就叫作“有监督学习”。形象地讲，就是大人监督着小孩的学习过程和结果。一个典型的有监督学习流程如图 7-2 所示。

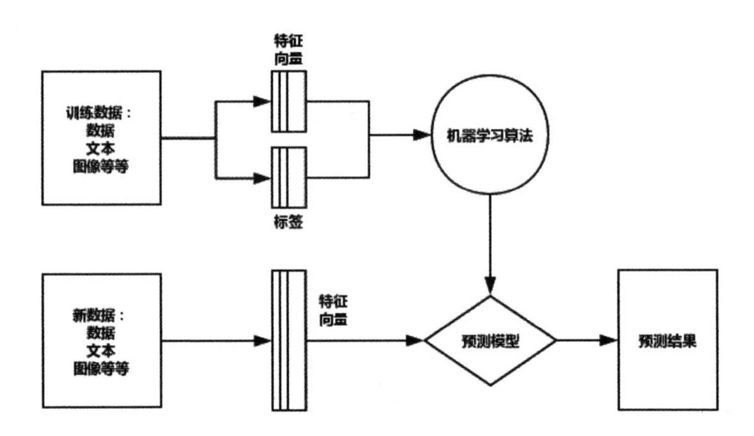

图 7-2 有监督学习流程

那什么又是“无监督学习”呢？无监督学习与监督学习的不同之处在于，无监督学习只给了训练样本的特征信息，但是没有告诉结果。例如，我们去参加画展，有古今中外的各种名画，虽然我们对绘画知之甚少，但是当我们看完了所有画作之后，也能够分出“山水画”“油画”“抽象画”。这是因为我们会发现，有一类画都是用墨水画的山水；有一类画很逼真，就像照相机拍照一样；有一类画有好多稀奇古怪的线条，看都看不懂。虽然不一定能够把每种画的名称对应上，但是我们至少可以在没有人指导和告知结果的情况下，把展示的画大致分为几类。这其实就是无监督学习里面的一种常用算法，叫作“聚类”。

有监督学习与无监督学习的任务目标、含义理解和典型算法示例如图 7-3 所示。

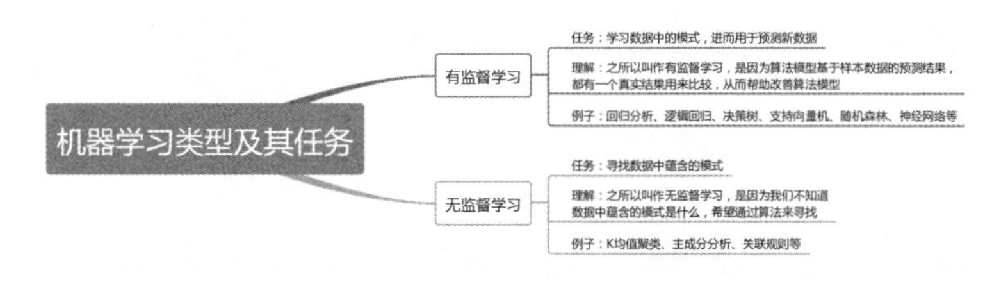

图 7-3　有监督学习与无监督学习

②**按照预测值连续 / 离散分类，机器学习可以分为回归和分类**。例如，预测某个贷款申请人是否合格，这类学习任务就是“分类”，因为结果只有两种可能：“合格”或“不合格”。假设我们需要根据房屋所在地段、面积、朝向、建筑年代、开发商等信息进行销售价格的预测，由于房屋的销售价格是一个连续变量，所以这类学习任务就是一个典型的“回归”任务。总结来说，预测值如果是离散变量，这类学习任务常常是“分类”；如果预测值是连续变量，这类学习任务常常是“回归”。常见的算法分类如表 7-1 所示。

表 7-1　算法分类表

问题分类	有监督学习	无监督学习
连续值预测	回归 决策树 随机森林	奇异值分解 主成分分析 K均值聚类
离散值分类	决策树 逻辑回归 朴素贝叶斯 支持向量机	Apriori算法 FP-growth

在实际应用中，有监督学习相对于无监督学习来说具有更大的影响力，日常所说的机器学习其实更多偏重于有监督学习。接下来以有监督学习为例进行讲解。

7.2 跟着例子熟悉机器学习

前面讲述了机器学习的一些基本常识，本节将通过实践操作来熟悉机器学习的流程。请读者确保安装好了 Anaconda 平台，并跟随本书内容进行实践操作。一个典型的机器学习过程包含以下几个步骤：准备数据、选择算法、调参优化、性能评价，如图 7-4 所示。

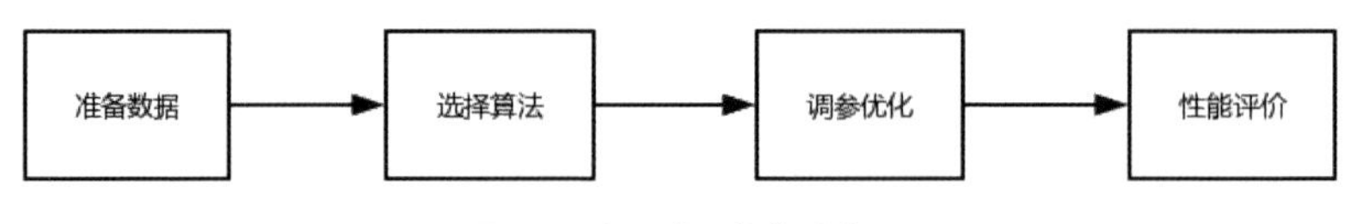

图 7-4 机器学习的典型过程

我们将在以下案例教学中，不断强化这 4 个步骤，使得读者对机器学习的过程有个整体的认识。

7.2.1 一个回归预测的例子

首先通过一个例子来讲解机器学习算法模型构建的整体过程。假设波士顿地区的某个房地产商新修建了一些住宅，现在正在为房屋定价问题发愁：定价太高房屋可能卖不出去，定价太低开发商又要亏本。**假设开发商聘请你帮助他们给每一栋新建房屋定价，使得房屋价格恰好是购房者能够接受的价格。**

你收集了波士顿地区房屋销售的一些历史数据，每条销售记录包括该房屋的房间数量、房屋距离高速公路的便利指数、不动产税率、城镇中教师学生比例、城镇人均犯罪率、环保指标、房屋价格等数据。

你现在的想法是：这些数据中各特征变量（如房间数量、不动产税率等）跟目标变量（房价）之间可能存在某种规律。你希望通过机器学习算法来得到一个具体的算法模型，从而对房价进行预测，帮助开发商对每一栋房屋进行合理定价，代码如下。

>>># 从 sklearn.datasets 中自带的数据中读取波士顿房价数据并存储在变量 bostonHouse 中。

>>> from sklearn.datasets import load_boston

>>>bostonHouse=load_boston()

>>># 明确特征变量与目标变量

>>>x=bostonHouse.data

>>>y=bostonHouse.target

>>># 从 sklearn.model_selection 中导入数据分割器

>>>from sklearn.model_selection import train_test_split

>>># 使用数据分割器将样本数据分割为训练数据和测试数据，其中测试数据占比为 25%。数据分割是为了获得训练集和测试集。训练集用来训练模型，测试集用来评估模型性能。

>>>x_train,x_test,y_train,y_test=train_test_split(x,y,random_state=33,test_size=25%)

>>>#sklearn.linear_model 中选用线性回归模型 LinearRegression 来学习数据。我们认为波士顿房价数据的特征变量与目标变量之间可能存在某种线性关系，这种线性关系可以用线性回归模型 LinearRegression 来表达，所以选择该算法进行学习。

>>>from sklearn.linear_model import LinearRegression

>>># 使用默认配置初始化线性回归器

>>>lr=LinearRegression()

>>># 使用训练数据来参数估计，也就是通过训练数据的学习，为线性回归器找到一组合适的参数，从而获得一个带有参数的具体的线性回归模型。

>>>lr.fit(x_train,y_train)

>>># 对测试数据进行预测。利用上述训练数据学习得到的带有参数的具体的线性回归模型，对测试数据进行预测。这就是将测试数据中每一条记录的特征变量（如房间数、不动产税率等）输入该线性回归模型中，得到一个该条记录的预测值。

>>>lr_y_predict=lr.predict(x_test)

>>># 模型性能评估。上述模型预测能力究竟如何呢？我们可以通过比较测试数据的模型预测值与真实值之间的差距来评估，如使用均方误差 MSE 来评估。

>>>from sklearn.metrics import mean_squared_error

>>> print'MSE:',mean_squared_error(y_test,lr_y_predict)

MSE:22.7604834365

接下来分别论述机器学习的各个环节。

（1）准备数据

为了避免给刚接触机器学习的读者造成过多的困扰，上述处理过程尽可能简化了数据处理环节。代码中准备数据的内容包括数据获取、特征变量与目标变量选取、数据分割。

```
>>># 从 sklearn.datasets 中自带的数据中读取波士顿房价数据并存储在变量 bostonHouse 中。
>>> from sklearn.datasets import load_boston
>>>bostonHouse=load_boston()
>>># 明确特征变量与目标变量
>>>x=bostonHouse.data
>>>y=bostonHouse.target
>>># 从 sklearn.model_selection 中导入数据分割器
>>>from sklearn.model_selection import train_test_split
>>># 使用数据分割器将样本数据分割为训练数据和测试数据，其中测试数据占比为 25%。数据分割是为了获得训练集和测试集。训练集用来训练模型，测试集用来评估模型性能。
>>>x_train,x_test,y_train,y_test=train_test_split(x,y,random_state=33,test_size=25%)
```

其实，算法工程师机器学习实践中绝大部分的时间都花在了“准备数据”这个环节。常见的准备数据环节包括：数据采集、数据清洗、数据标准化、特征工程等。

（2）选择算法

机器学习过程中的一个重要内容就是对各个算法原理的学习，之所以要学习各个算法原理，是为了在机器学习应用过程中正确合理地选择算法。只有对算法原理有个比较深入的理解，才能够知道什么样的问题可以应用什么算法来予以解决。在房价预测案例中，房屋的特征变量（房间数、不动产税率等）与目标变量（房价）之间存在着线性关系，而线性回归算法正好可以用来处理线性相关问题，所以选择了线性回归算法来进行模型训练。代码中选择算法的部分如下。

```
>>>#sklearn.linear_model 中选用线性回归模型 LinearRegression 来学习数据。我们认为波士顿房价数据的特征变量与目标变量之间可能存在某种线性关系，这种线性关系可以用线性回归模型 LinearRegression 来表达，所以选择该算法进行学习。
>>>from sklearn.linear_model import LinearRegression
```

（3）调参优化

该案例采用了模型默认的配置来进行学习训练。实践中，模型的调参优化是算法工程师很重要的一项工作内容，甚至有人戏称算法工程师为“调参工程师”。需要说明的是，这里的“调参”调整的是“超参数”，而调整“超参数”的目的是给算法模型找到最合适的“参数”，从而确定一个具体的算法模型。很多刚接触机器学习的读者，往往会被“参数”“超参数”“算法模型”“带有参数的具体算法模型”等概念搞晕，这里做个详细说明。

选择算法时，例如，选择线性回归算法来进行机器学习，实际上是觉得历史房价数据的特征变量（房间数、不动产税率等，用 x_1、x_2、x_3…表示）跟目标变量（房价，用 $f(x)$表示）之间满足形式如：$f(x)=w_1x_1+w_2x_2+\cdots+w_dx_d+b$ 的关系。但目前为止，还不能够直接使用线性回归算法 $f(x)=w_1x_1+w_2x_2+\cdots+w_dx_d+b$ 来进行预测，因为算法式子中的参数 w 和 b 尚未确定。我们进行机器学习的目的，就是希望通过历史数据的学习，确定线性回归算法的参数 w 和 b，从而找到一个最能够体现历史样本数据规律的、含有确定参数值 w 和 b 的、具体的线性回归算法模型。

在寻找上述线性回归算法参数的过程中（参数估计），往往需要算法工程师通过设定和调整某些额外的“参数值”（如正则化的惩罚系数）来更快更好地找到线性回归算法的参数值 w 和 b。这些为了确定参数值而由算法工程师人为调整的“参数”就是“超参数”，这个调整的过程就是我们日常所说的“调参”。

为了简便起见，代码中调参优化采用的是默认配置，对应的部分如下。

```
>>># 使用默认配置初始化线性回归器
>>>lr=LinearRegression()
>>># 使用训练数据来参数估计，也就是通过训练数据的学习，为线性回归器找到一组合适的参数，从而获得一个带有参数的具体的线性回归模型。
>>>lr.fit(x_train,y_train)
>>># 对测试数据进行预测。利用上述训练数据学习得到的带有参数的具体的线性回归模型，对测试数据进行预测。这就是将测试数据中每一条记录的特征变量（如房间数、不动产税率等）输入该线性回归模型中，得到一个该条记录的预测值。
>>>lr_y_predict=lr.predict(x_test)
```

（4）性能评价

算法工程师经过“调参”（调整超参数），找到了某些确定的参数值，进而获得了参数值确定的具体的算法模型。接下来，就可以使用这些算法模型进行预测了。但是这些算法模型的预测能力究竟好不好呢？这就需要对算法模型（参数值确定的）进行性能评价。简单讲，性能评价主要是用于评价算法模型的预测能力。代码中性能评价的部分如下。

```
>>># 模型性能评估。上述模型预测能力究竟如何呢？我们可以通过比较测试数据的模型预测值与真实值之间的差距来评估，如使用均方误差 MSE 来评估。
>>>from sklearn.metrics import mean_squared_error
>>> print'MSE:',mean_squared_error(y_test,lr_y_predict)
MSE:22.7604834365
```

7.2.2　一个分类预测的例子

通过房价预测的例子熟悉了机器学习中“有监督学习”的一类“连续值预测”算法过程：线性回归算法。接下来将讲解“有监督学习”中另一类问题“分类问题”算法过程：决策树算法。

下面通过一个泰坦尼克例子熟悉整个过程。假设，我们要完成一项预测任务：**对任意一个人在海难中死亡还是生存进行判断。为了数据获取的便利性，假定现在只有**

泰坦尼克号海难死亡生存的数据，我们要做的就是利用泰坦尼克号存活数据来建立模型，对任意一个人进行是死亡还是生存的分类判别。

让我们再次强化一下一个典型的机器学习过程的几个步骤：准备数据、选择算法、调参优化、性能评价，如图 7-5 所示。

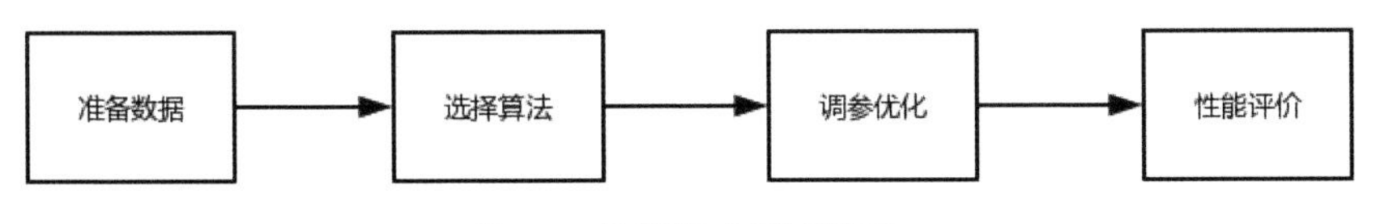

图 7-5　机器学习典型过程示意

（1）准备数据

准备数据实际上包含了许多环节，如数据获取、数据观察、数据清洗（缺失值、错误值处理）、特征工程等。

第一，导入数据。我们需要将数据导入并观察数据的大致特性，获得感性认知。数据可以从互联网获取、也可以从数据库获取，还可以从计算机本地硬盘获取。这里为了便捷考虑，我们使用公开数据集，从网上获取泰坦尼克号的生存死亡数据，使用 pandas 包中的 read_csv() 函数导入数据。pandas（常用 pd 简化代替）中除了 read_csv() 可以导入数据外，还可以通过其他函数读取数据，如表 7-2 所示。

表 7-2　使用 pandas 导入数据

代码	含义
pd.read_csv(filename)	从CSV文件中导入数据
pd.read_json(json_string)	从JSON格式的字符串导入数据
pd.read_table(filename)	从含有限定分隔符的文本文件中导入数据
pd.read_excel(filename)	从Excel文件导入数据
pd.read_sql(query, connection_object)	从SQL表/库导入数据
pd.read_html(url)	解析URL、字符串或HTML文件数据
pd.read_clipboard()	从粘贴板获取数据
pd.DataFrame(dict)	从字典对象导入数据

机器学习中经常会使用数据处理包 pandas 并将其简写为 pd。使用 pandas 包中的各函数对数据进行观察分析和处理，代码如下。

```
>>># 导入 pandas 用于数据处理和分析
>>>import pandas as pd
>>># 使用 pandas 中的 read_csv 模块获取互联网数据，网址为：http://biostat.mc.vanderbilt.edu/wiki/pub/Main/DataSets/titanic.txt
>>>shuju=pd.read_csv("http://biostat.mc.vanderbilt.edu/wiki/pub/Main/DataSets/titanic.txt")
>>># 对数据进行观察，获取感性认知，了解数据的大体分布情况。先查看前 5 行数据信息；
>>>print(shuju.head())
```

```
   row.names pclass  survived  \
0          1    1st         1
1          2    1st         0
2          3    1st         0
3          4    1st         0
4          5    1st         1

                                                name      age     embarked  \
0                       Allen, Miss Elisabeth Walton  29.0000  Southampton
1                        Allison, Miss Helen Loraine   2.0000  Southampton
2                Allison, Mr Hudson Joshua Creighton  30.0000  Southampton
3  Allison, Mrs Hudson J.C. (Bessie Waldo Daniels)  25.0000  Southampton
4                      Allison, Master Hudson Trevor   0.9167  Southampton

                         home.dest room      ticket   boat     sex
0                     St Louis, MO  B-5  24160 L221      2  female
1  Montreal, PQ / Chesterville, ON  C26         NaN    NaN  female
2  Montreal, PQ / Chesterville, ON  C26         NaN  (135)    male
3  Montreal, PQ / Chesterville, ON  C26         NaN    NaN  female
4  Montreal, PQ / Chesterville, ON  C22         NaN     11    male
```

第二，观察数据。我们使用 pandas 导入数据并查看了少量（5 行数据）数据样例，对数据特性有个初步认知。我们发现，在泰坦尼克号的数据中有 row.names、pclass、survived、name、age、embarked、home.dest、room、ticket、boat、sex 等 11 个字段并且有些数据为空值，有些数据是字符型。我们还可以进一步通过 describe() 函数和 info() 函数查看数据字段的统计特性。

```
>>># 使用 describe() 函数查看原始数据的统计结果
>>>print(shuju.describe(include='all'))
```

```
         row.names pclass     survived                      name         age  \
count  1313.000000   1313  1313.000000                      1313  633.000000
unique         NaN      3          NaN                      1310         NaN
top            NaN    3rd          NaN  Carlsson, Mr Frans Olof          NaN
freq           NaN    711          NaN                         2         NaN
mean    657.000000    NaN     0.341965                       NaN   31.194181
std     379.174762    NaN     0.474549                       NaN   14.747525
min       1.000000    NaN     0.000000                       NaN    0.166700
25%     329.000000    NaN     0.000000                       NaN   21.000000
50%     657.000000    NaN     0.000000                       NaN   30.000000
75%     985.000000    NaN     1.000000                       NaN   41.000000
max    1313.000000    NaN     1.000000                       NaN   71.000000

           embarked     home.dest   room             ticket boat   sex
count           821           754     77                 69  347  1313
unique            3           371     53                 41   99     2
top     Southampton  New York, NY   F-33  17608 L262 7s 6d    4  male
freq            573            65      4                  5   27   850
mean            NaN           NaN    NaN                NaN  NaN   NaN
std             NaN           NaN    NaN                NaN  NaN   NaN
min             NaN           NaN    NaN                NaN  NaN   NaN
25%             NaN           NaN    NaN                NaN  NaN   NaN
50%             NaN           NaN    NaN                NaN  NaN   NaN
75%             NaN           NaN    NaN                NaN  NaN   NaN
max             NaN           NaN    NaN                NaN  NaN   NaN
```

```
>>># 使用 info() 函数进一步查看数据各个字段的统计特性
>>>print(shuju.info())
```

```
<class 'pandas.core.frame.DataFrame'>
RangeIndex: 1313 entries, 0 to 1312
Data columns (total 11 columns):
row.names    1313 non-null int64
pclass       1313 non-null object
survived     1313 non-null int64
name         1313 non-null object
age          633 non-null float64
embarked     821 non-null object
home.dest    754 non-null object
room         77 non-null object
ticket       69 non-null object
boat         347 non-null object
sex          1313 non-null object
dtypes: float64(1), int64(2), object(8)
memory usage: 112.9+ KB
None
```

通过上述查询结果，我们发现不同字段的数据类型不同，有些是字符型，有些是数值型，例如 sex、pclass 等是字符型数据，需要通过处理转换为数值型，用 0/1 代替。同时，字段中 age、embarked、home.dest、room、ticket、boat 等都存在空缺值，需要进行填充处理。

第三，特征选择。上述字段是否全部需要处理呢？实际上并不需要。字段中有些变量对于预测生存死亡具有明显意义，有些则不明显。这就是"特征选择"的过程。一般来说，有些特征（如舱位等级或性别）对于海难遇险生存是有较大影响的，有些特征（如姓名）是否对于海难生存概率有影响则很难凭经验知道。特征的选择往往需要相关的领域知识，对背景信息掌握越充分，越可能找到对事件起重大作用的关键因素。在这里，我们初步认为性别、年龄和舱位等级是影响轮船管理人员决定是否给予上求生船的关键因素，所以选择"sex""age"和"pclass"作为特征变量。

```
>>># 特征选择对于算法模型的预测能力有着重要的影响。特征选择往往要求算法工程师具有一定的领域知识，从而才能选择合适的特征变量。
>>>x=shuju[['sex', 'age', 'pclass']]
>>>y=shuju['survived']
```

第四，数据分割。接下来，我们可以将样本数据分割为训练数据和测试数据。这里说明下，样本数据分割处理中有两组内容需要注意区分：特征变量和目标变量的选择、训练数据和测试数据的分割。

特征变量和目标变量指的是数据记录的某些字段，特征变量是预测目标变量的重要影响因素字段，如 age、sex 和 pclass 是预测 survived 分类的重要因素，这里的 age、sex 和 pclass 都是特征变量，survived 则是目标变量。而训练数据和测试数据是全部数据中选择一部分用来训练模型，而另一部分数据用来测试模型的预测能力。上面 1313 条数据中，我们可以选择其中 1000 条作为训练数据用来训练模型，而其他的 313 条数据用来作为测试数据，测试建立的模型预测能力究竟如何。数据分割的主要作用就是将数据划分为训练数据和测试数据。

一般来说，数据分割（训练数据与测试数据）是将样本数据记录分为两个部分，一部分（训练数据）用来训练算法模型（帮助确定算法模型参数），另一部分（测试数据）用来对算法模型（已经确定了参数）的预测能力进行评价。而特征选择（特征变量与目标变量的确定）处理的对象是每一条记录，将一条记录的某些字段确定为特征变量（常用 x 表示），将记录另外的某个字段作为目标变量（常用 y 表示）。因此，训练数据和测试数据也可以分为两部分，一部分是特征变量，另一部分是目标变量。

回到数据分割处理上来。我们采用 sklearn.model_selection 导入数据分割器，代码如下。

```
>>># 从 sklearn.model_selection 中导入数据分割器
>>>from sklearn.model_selection import train_test_split
>>># 使用数据分割器将样本数据分割为训练数据和测试数据，其中测试数据占比为 25%。数据分割是为了获得训练集和测试集。训练集用来训练模型，测试集用来评估模型性能。
>>>x_train,x_test,y_train,y_test=train_test_split(x,y,random_state=33,test_size=25%)
```

第五，数据处理。接下来，只需要对这些特征变量进行处理即可。具体来讲：age 字段存在空值，可以考虑用全体乘客 age 的平均值或中位数进行填充；sex 和 pclass 字段是字符型，可以考虑转换为数值型，代码如下。

```
>>># 我们使用全体乘客年龄的平均值对 age 字段空值进行填充
>>> x['age'].fillna(x['age'].mean(),inplace=True)
>>># 使用 sklearn.feature_extraction 中的特征转换器对类别型特征 sex 和 pclass 进行转换
>>>from sklearn.feature_extraction import DictVectorizer
>>>dvec=DictVectorizer(sparse=False)
>>>x_train=dvec.fit_transform(x_train.to_dict(orient='record'))
>>>x_test=dvec.fit_transform(x_test.to_dict(orient='record'))
```

（2）选择算法

前面房价预测例子中，我们认为特征变量（房间数、不动产税率等）跟目标变量（房价）存在较为明显的线性关系，所以我们选择了线性回归算法来进行机器学习。但是很多情况下，这种线性关系并不存在，而决策树在解决非线性关系问题中有着很大的优势，所以我们考虑使用决策树算法来进行机器学习，代码如下。

```
>>># 使用 sklearn.tree 导入决策树分类器
>>> from sklearn.tree import DecisionTreeClassifier
```

（3）调参优化

调参优化是算法工程师最主要的工作，这里为了简化处理，我们仍然采用默认配置，代码如下。

```
>>># 采用默认配置进行初始化
>>>dtc=DecisionTreeClassifier()
>>># 使用训练集数据来训练算法模型，确定算法模型参数
>>>dtc.fit(x_train,y_train)
>>># 使用算法模型（参数确定的）来对测试数据进行预测
>>>dtc_y_predict=dtc.predict(x_test)
```

（4）性能评价

模型已经训练完成，但是模型的预测能力究竟如何呢？这还需要进行性能评价。用训练好的模型来对测试集数据进行预测，得到的结果与真实的测试集数据结果进行比较，就可以看出训练模型的性能究竟如何了。一般来说，回归问题可以采用衡量预测值和实际值的偏差大小来评价，如均方差等指标；分类问题可以通过预测正确类别的百分比来评价模型的预测能力，也就是采用准确性指标来评价。这里使用 sklearn.metrics 中的 classification_report 来评价，代码如下。

```
>>># 从 sklearn.metrics 中导入 classification_report 来进行评价
>>>from sklearn.metrics import classification_report
>>>print(dec.score(x_test,y_test))
0.781155015198
>>># 查看详细评价结果，包括精确率和召回率及 f1 指标，输出混淆矩阵
>>>print(classification_report(y_test,dtc_y_pre))
```

```
             precision    recall  f1-score   support

          0       0.78      0.91      0.84       202
          1       0.80      0.58      0.67       127

avg / total       0.78      0.78      0.77       329
```

从上面结果可知，该模型的准确性为 78.12% 左右，旅客生存预测的精确率为 80%，召回率（查全率）为 58%，旅客死亡预测的精确率为 78%，召回率（查全率）为 91%。这些指标的意思是，用训练集数据训练的模型对于测试集数据进行预测，预测的结果跟真实测试集结果相比有 78.12% 的数据预测正确了。其中，模型预测为生存的人群中，有 80% 确实是生存的（依据测试集真实结果），测试集中真实生存的人群有 58% 被模型预测出来了；模型预测为死亡的人群中，有 78% 确实是死亡的（依据测试集真是结果），测试集中真正死亡的人群有 91% 被模型预测出来了。所以，如果模型预测你会在海难中生存，那么你最后生存的概率大致就是 80% 左右；如果预测你会在海难中死亡，那么你最后死亡的概率大致为 78% 左右。如果上面模型的预测能力符合要求，接下来就可以部署该模型进行预测了。

7.3 准备数据包括什么

业界广泛流传着这样一句话“数据决定了机器学习的上限，而算法只是尽可能逼近这个上限”。只要数据量足够、数据特征维度足够丰富，即便使用简单的算法也可以达到非常好的效果。实践中，工程师们大约 70% 以上的时间都花费在了准备数据上。准备数据包含了多个环节，如数据采集、数据清洗、不均衡样本处理、特征工程等。

7.3.1 数据采集

现实工作中，公司不会在给定一个预测任务的同时为你准备好数据集，工程师首先要准备数据而准备数据的第一步是数据采集和获取。

假设公司下发了一项任务：给某电商平台的用户推荐商品，从而提高平台的销售业绩。这个时候，首先应该思考 3 个问题，即：①预测任务究竟是什么？②什么样的数据与预测任务密切相关？③这些数据是否可以获取，获取的方式是什么？如图 7-6 所示。

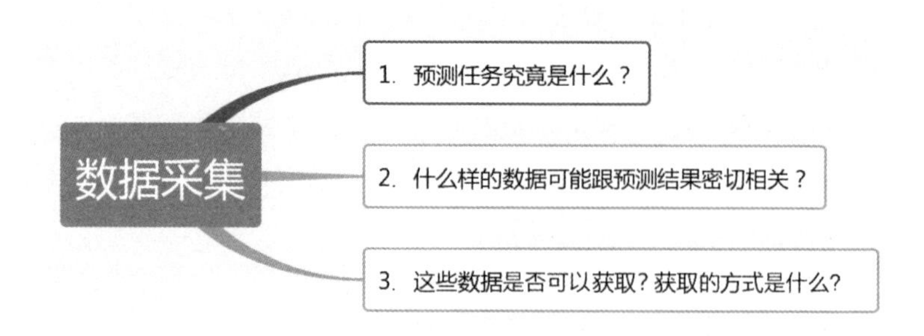

图 7-6 数据采集与获取

在上面例子中，我们的预测任务是：当向消费者推荐一款商品时，如何提高消费者点击购买的成功率？我们认为消费者以前的购物数据跟购物行为有密切关系，这些消费者历史购物数据就是我们所需要的一部分数据；这部分历史购物数据，可以从公司数据仓库中提取，也可以委托数据采集部门同事帮助提取。

数据采集阶段，对算法工程师或数据产品经理来说，重点的工作是真正理解预测任务的本质，明确哪些数据可能会对最后的预测结果造成影响。而对于具体的数据采集工作，算法工程师或数据产品经理可以自己提取数据（如从数仓中提取数据），也可以向数据采集部门同事提出数据采集需求，让他们埋点采集新数据或从数据仓库中提取数据。

7.3.2 数据清洗

采集后的数据，并不一定可以直接使用，可能存在数据缺失或无效的情况，这就需要进行数据清洗。现实中，公司数据仓库中的数据来自各个业务数据库的历史数据，这样就难免会出现数据缺失、数据错误甚至各个数据之间矛盾冲突的情况，产生“脏”数据。业界有句流行语“garbage in,garbage out”，它表达的意思是机器学习算法类似于一个加工机器，最后成品的质量很大程度上受原材料（数据）质量的影响。所以，这些“脏”数据是不能够直接使用的，必须经过处理和清洗。

数据清洗就是把“脏”数据“清洗”干净，使数据能够使用的过程，常包括数据一致性检查、数据缺失值、错误值或无效值的纠正等工作。

7.3.3　数据采样

数据经过清洗后，是不是就可以进入算法模型中进行训练了呢？未必。很多情况下，样本数据的正负样本是不均衡的，而大多数算法模型又是对正负样本比较敏感的，所以还需要进行样本均衡处理。正负样本不平衡一般采取如下处理方法。

①如果正负样本数量较多，且正样本数量远大于负样本数量，则采用下采样方式来处理。例如，样本数据中有 3 亿正样本、1000 万负样本，那么我们可以从 3 亿正样本中抽取 1000 万数据，这样正负样本就达到了均衡。

②如果正样本数量远大于负样本数量，且负样本数量较少，则可以采取上采样方式来处理。例如，样本数据中有 3000 万正样本、10 万负样本。如果继续采用下采样方式处理，即从 3000 万正样本中抽取 10 万正样本，那么正负样本总数才 20 万，可能达不到数据量要求。这个时候，就需要考虑采用上采样方式处理，也就是把 10 万负样本进行扩充，扩充成为 3000 万正样本，从而达到正负样本均衡。

常见的上采样方法有 SMOTE（Synthetic Minority Oversampling Technique，合成少数类过采样技术），对少数类样本进行分析并根据少数类样本人工合成新样本添加到数据集中 。

7.3.4　数据类型转换

如果数据经过了清洗，也符合正负样本均衡要求了，那么就可以正式进行数据特征处理了。数据类型多种多样，既包含数值型，也包含时间型、类别型、文本型、统计型及组合特征等。不同的数据类型，特征处理的方法也各有不同。常见的数据类型转换有以下几种。

（1）连续数据离散化

连续数据离散化是一种常见的数值型数据预处理方法。某些情况下，特征离散化会大大增加模型的稳定性。例如，职工年龄是一个连续值，但如果对职工年龄进行离散化操作，将 35 ~ 40 岁作为一个年龄区间，则会更好地反映出不同年龄阶段对于事业发展程度的影响，而不会仅仅因为职工年龄增长一岁就认为他处于一个完全不同的阶段。另外，某些算法模型本身也对数据有着离散化的要求，例如，现实中很少直接将连续值作为逻辑回归模型的特征输入，往往需要将连续特征离散化为一系列（0,1）特征值再交给逻辑回归模型。

曾经有业界人士这样谈论特征数据离散化问题：模型究竟采用离散特征还是连续特征，这是一个“海量离散特征 + 简单模型”与“少量连续特征 + 复杂模型”的权衡问题。处理同一个问题，可以采取线性模型处理离散化特征的方式，也可以采取深度学习处理连续特征的方式，各有利弊。不过，从实践上来讲，采用离散特征往往更加容易和成熟。

（2）类别数据数值化

计算机能够处理的是数值型数据，但是原始数据集中却常常有类别型数据，例如性别有男和女，颜色有红、橙、黄、绿、青、蓝、紫等，年龄段有儿童、少年、青年、中年、老年等。这些类别型数据需要通过一定的方法转换成数值型数据，才能够被计算机处理，常见的转换方法有 one-hot 编码。one-hot 编码也叫“独热码”，简单地讲就是有多少个状态就有多少比特，其中只有一个比特为 1，其他全为 0 的一种编码机制。假如只有一个特征“性别”是离散值：{sex：{male， female}}，由于性别特征总共有 2 个不同的分类值，采用 one-hot 编码方式，男性可以表示为 {10}，女性可以表示为 {01}。假如多个特征需要独热码编码，则可以依次将每个特征的独热码拼接起来：{sex：{male，female}}，{age：{ 儿童，少年，青年，中年，老年 }}。此时对于输入为 {sex：male；age：中年 } 进行 one-hot 码，首先将性别（sex）进行 one-hot 编码得到 {10}，然后按照年龄段（age）进行编码得到 {00010}，则两者连接起来即可得到最后的独热码 {1000010}。除了 one-hot 编码外，类别型数据也可以采用 hash 方法来处理。

7.3.5 数据标准化

数据标准化是特征处理环节中非常重要的一步，主要是为了消除不同指标量纲之间带来的影响，实现指标之间的可比性。

（1）max–min 标准化

max-min 标准化也称为离差标准化，主要是将原始指标缩放到 [0,1] 的区间内，相当于对原变量做了一次线性变化。具体做法是首先找到样本特征 x 的最大值（max）和最小值（min），然后计算 $(x\text{-min})/(\text{max-min})$ 结果来代替原特征 x 的数值。通过这样的处理，我们就消除了样本特征不同量纲带来的影响，而将不同的特征维度都缩放在 [0,1] 这个区间，实现数据可比性。

实践中，我们常常使用 sklearn 中的 MinMaxScaler 来进行 max-min 标准化操作。不过，如果测试集数据或预测数据中部分样本特征超过了训练集数据的最大值或最小值，会导致 max 和 min 发生变化，需要重新计算极值。

（2）z–score 标准化

这也是一种常见的特征处理方法，几乎所有线性模型进行拟合时都会考虑使用 z-score 标准化。z-score 标准化的做法是，首选找到样本特征的均值（mean）和标准差（std），然后将每个样本特征 x 变换为（x-mean)/std，从而将数据进行转换使其均值为 0、方差为 1 的正态分布。实践中，我们常常使用 sklearn 中的 StandardScaler 来进行 z-score 标准化操作。

7.3.6　特征工程

（1）特征工程概述

在机器学习过程中，很重要的一个环节就是通过训练集数据来对算法模型进行训练，但并不是所有的数据维度都用于训练模型。如果直接使用算法对所有数据维度进行学习，这样不仅会增加计算的复杂性，还会增加“噪声”的影响。

通过特征工程对数据进行预处理之后，能够降低算法模型受到噪声的干扰程度，这样能够更好地找出趋势。所谓特征是指从数据中抽取出来的、对结果预测有用的信息，而特征工程则是指将原始数据转化为模型训练集数据从而使特征能够在机器学习算法中发挥更好的作用，从而提高算法模型的预测能力的过程。特征工程目的是寻找筛选出更好的特征，获取更好的训练数据。因为更好的特征意味着特征具有更强的灵活性，可以使用更简单的算法模型，同时得到更优秀的训练结果。一般来说，特征工程可以分为特征构建、特征提取、特征选择 3 种方式，如图 7-7 所示。

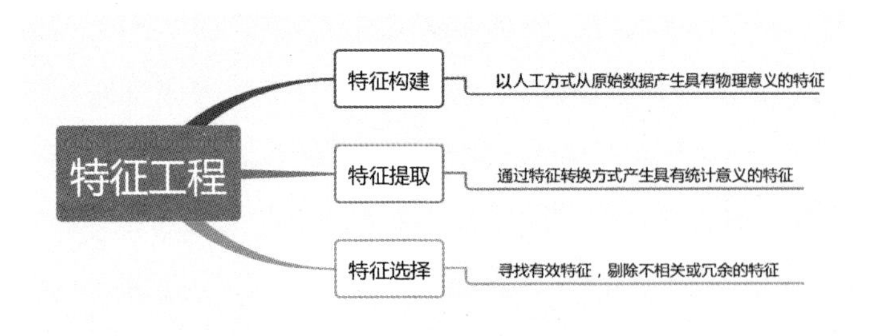

图 7-7　特征工程内容

实践中，特征工程更多是工程上的经验和权衡，同时也是机器学习中最耗时间和精力的一部分工作。好的特征工程需要工程师具有较好的数学基础和丰富的专业领域知识，可以说是技术与艺术的结合。

特征工程在实践中具有非常重要的地位。互联网公司中除了少数数据科学家做着算法改造优化等工作外，其他大部分算法工程师不是数据仓库中搬运数据（各种 map-reduce、hive SQL 等）就是数据清洗，或者根据业务场景和特性在寻找数据特征。例如，某些互联网广告部门的算法工程师要求 2 ～ 3 周就要完成一次特征迭代工作，不断对模型进行优化和改进，从而提升 AUC（Area Under Curve）值。

（2）特征选择

特征工程中使用最广泛的技术就是特征选择，一方面是因为部分特征之间相关度较高导致特征冗余，从而容易造成计算资源浪费，需要进行特征选择来降低计算资源的浪费；另一方面是因为部分特征是“噪音”，会对预测结果存在负面影响，所以要进行特征选择。

这里需要解释一些概念。“特征选择”是从原来的特征集合中剔除部分对于预测结果无效甚至负面的特征，从而提高预测模型的性能；而“降维”是对原来特征集合中的某些特征做计算组合，构建新的特征。

特征选择的技巧和方法较多，总的说来可以分为 3 类。

第一，过滤法。评估某个特征与预测结果之间的相关程度，对相关度进行排序，保留排序靠前的特征维度。经常使用 pearson 相关系数、距离相关度等指标来进行相关度度量。但这种方式只考虑到了单个特征维度，忽略了特征之间的关联关系，可能存在误删的风险，在实践中要谨慎使用。

第二，包装法。常用的包装法是 RFE(Recursive Feature Elimination, 递归消除特

征法）。递归消除特征法将特征选择看作是特征子集搜索过程，首先使用全量特征进行算法模型构建，得到基础模型。然后根据线性模型系数，删除部分弱特征，观察模型预测能力变化情况，当模型预测能力大幅下降时停止删除弱特征。

第三，嵌入法。嵌入法主要是利用正则化方法来做特征选择，使用正则化方法来对特征进行处理，从而剔除弱特征。一般来讲，正则化惩罚项越大，模型的系数就会越小，而当正则化惩罚项大到一定的程度时，部分特征系数会趋于 0，继续增大正则化惩罚项，极端状态下所有特征系数都会趋于 0。在这个过程中，有些特征系数会先趋向于 0，这部分系数就可以首先筛掉，只保留择特征系数较大的特征。例如，一些平台产品使用 LR 模型做 CTR（点击通过率）预估时，会对上亿维度的特征进行 L1 正则化处理，从而将弱特征剔除。

7.4 如何选择算法

7.4.1 单一算法模型

算法工程师很重要的一项工作就是根据问题类型选择合适的算法来进行机器学习。这需要算法工程师对各个算法原理和实现过程有个较为深入的理解，从而明确各个算法的适用场景。典型的算法原理和过程，将在后续章节“7.7 通俗讲解算法原理”有所介绍，此处不做赘述。

7.4.2 集成学习模型

机器学习过程中，除了使用单一算法外，还可以使用集成学习模型。集成学习是通过构建多个学习器并将其结合，从而更好地完成预测任务，也常常被称为模型融合或基于委员会的学习。模型融合的一般步骤是，首先产生一系列“个体学习器”，然后通过某种策略将这些“个体学习器”组合起来使用，从而获得更好的预测效果。这种思想其实不难理解：你把相亲对象介绍给朋友和亲人，他们每个人都会对你们是否合适做出预测。这里的朋友和亲人，每个人做出预测就是一个“个体学习器”，你采用某种策略（如投票）来采纳众人意见，最后采信某个预测结果（合适与否）这就是一个典型的集成学习或模型融合的过程，如图 7-8 所示。

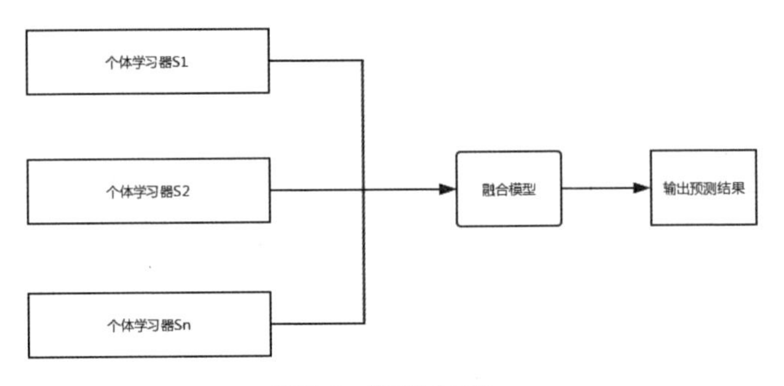

图 7-8　模型融合示意

那么，融合模型是否总能产生更好的预测结果呢？答案是否定的。我们考虑一个例子：假定在前面的人脸照和身份证件照识别判定任务中，我们建立了 3 个个体学习机器，分别是“个体学习器 S1”　“个体学习器 S2”　“个体学习器 S3”，它们在测试集数据上的表现如表 7-3 所示。

表 7-3　融合模型性能变化情况

情形	学习器	测试例1	测试例2	测试例3	正确率	效果
情形1	S1	正确	正确	错误	66.67%	融合提升性能
	S2	正确	错误	正确	66.67%	
	S3	错误	正确	正确	66.67%	
	融合模型	正确	正确	正确	100.00%	
情形2	S1	正确	正确	错误	66.67%	融合不改变性能
	S2	正确	正确	错误	66.67%	
	S3	正确	正确	错误	66.67%	
	融合模型	正确	正确	错误	66.67%	
情形3	S1	错误	错误	正确	33.33%	融合降低性能
	S2	错误	正确	错误	33.33%	
	S3	正确	错误	错误	33.33%	
	融合模型	错误	错误	错误	0.00%	

上述例子中，融合模型采取“少数服从多数”的策略来组合各个学习器得出最终的融合模型预测结果。情形 1，各个学习器测试数据预测准确率为 2/3（66.67%），融合各个不同的学习器，最后提升了融合模型的预测能力（提升至 100%）。情形 2，各个学习器测试数据预测准确率虽然也是 2/3，但是由于各个学习器相同，所以最后的融合模型预测能力并没有得到提升（仍为 2/3）。情形 3，各个学习器测试数据预测准确率只有 1/3（33.3%），融合各个不同的学习器，最后反而降低了融合模型的预测能力（降低为 0）。由此可见，产生并集合“好而不同”的个体学习器，是融合模型的一个关键所在。

目前，融合模型根据个体学习器生成方式的不同，可以分为两大类，一类是个体学习器之间存在强依赖关系、必须串行生成的序列化方法，以 Boosting 方法为代表；另一类是个体学习器间不存在强依赖关系、可同时生成的并行化方法，以 Bagging 和随机森林方法为代表 。

1.Boosting

Boosting 算法的思想是：首先从初始训练集中训练出基学习器，基学习器对不同的样本数据有着不同的预测结果，有些样本基学习器能够进行很好的预测，有些则不能够。对于预测错误的样本，增加其权重后，再次训练下一个基学习器；如此反复进行，直到基学习器数目达到事先指定的数目 T，然后将 T 个基学习器进行加权结合。Boosting 算法实际上是算法族，表示一系列讲弱学习器提升为强学习器的算法，典型的 Boosting 算法有 AdaBoost。AdaBoost 算法也完整体现了上述算法的思想。

首先从训练集用初始权重训练出一个弱学习器 1，如果第一个分类器 1 对样本 m1 和 m2 的分类效果较好，但是对 m3 的分类效果较差，那么接下来就增加 m3 的权重，重新训练一个学习器 2。这里的思想是：既然学习器 1 已经很好地对 m1 和 m2 进行了分类，那么学习器 2 就没有必要把精力消耗在样本 m1 和 m2 上，而是应该集中精力去对 m3 进行分类。也就是说，学习器 2 应该多考虑学习器 1 无法很好进行分类的样本。

不断重复上述过程，直到弱学习器数达到事先指定的数目 T，把这些学习器通过集合策略进行整合，得到最终的强学习器，如图 7 9 所示。

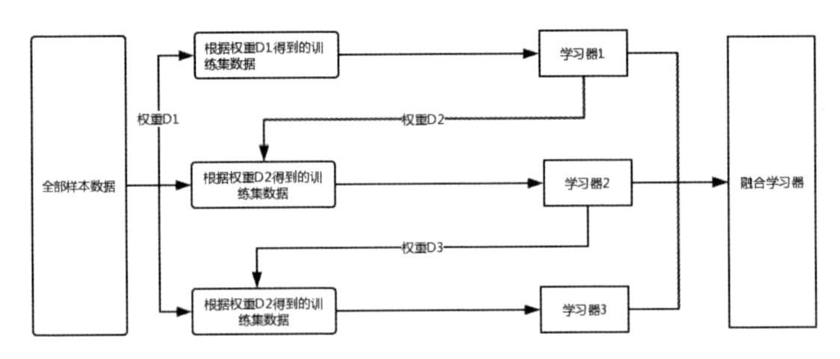

图 7-9　Boosting算法过程

2.Bagging 和随机森林

（1）Bagging 算法

在融合模型中，如果个体学习器之间高度保持一致，那么通过融合的方法并不能够提升最后的预测效果。前面内容讲过，我们需要的个体学习器希望是“好而不同”的。现实中，虽然各个学习器之间没有办法做到“独立”，但可以尽可能增加每个学习器训练集的差异来使得到的学习器之间有较大差异，从而避免各个学习器之间的雷同。这个思想的具体做法就是：第一，从原始样本集中抽取训练集，每次随机抽取 n 个训练样本（训练集中，有些样本可能被多次抽取到，有些样本则可能一次都没有被抽中），抽取 T 次得到 T 个训练集；第二，每次使用一个训练集得到一个模型，T 个训练集共得到 T 个模型；第三，对上述 T 个学习器进行某种策略结合。一般来说，Bagging 对于分类问题通常采用简单投票法，对于回归问题采用简单平均法，如图 7-10 所示。

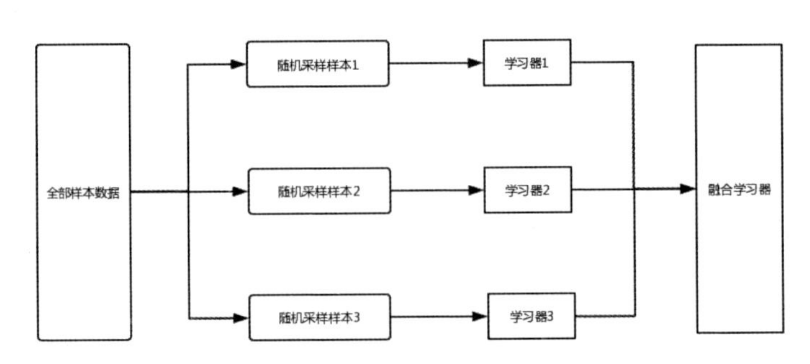

图 7-10　Bagging算法过程示意

Bagging 是并行式集成学习方法的代表，它还有个拓展变体的算法就是随机森林。

（2）随机森林算法

随机森林思想仍然是 Bagging 算法思想，但是进行了部分改进，所以随机森林也被看成是 Bagging 的拓展变体。随机森林使用了 CART 决策树作为弱学习器，并对决策树的建立做了改进，随机选择节点上的一部分样本特征，进一步增强了模型的泛化能力。具体说来，随机森林主要体现在两方面“随机”：数据随机选取、待选特征随机选取。

第一，数据随机选取。随机森林从原始的数据集中采取有放回的抽样方式来构造子数据集，并且子数据集的数据量和原始数据集是相同的，如表 7-4 所示。

表 7-4　构造子数据集

原始数据集	生成数据集 1	生成数据集 2	生成数据集 3
甲	甲	乙	甲
乙	甲	乙	丙
丙	乙	丙	丙

由于是有放回的抽样，所以子数据集中的数据可能重复，也可能与其他子数据集中的相同。

使用每个生成的子数据集数据来构建决策树，会得出一个判别结果。例如，随机森林中有 3 棵子决策树，其中两棵子决策树的分类结果是 B，1 棵子决策树的分类结果是 A，如果采取投票法的结合策略，那么最后的随机森林分类结果就是 B，如图 7-11 所示。

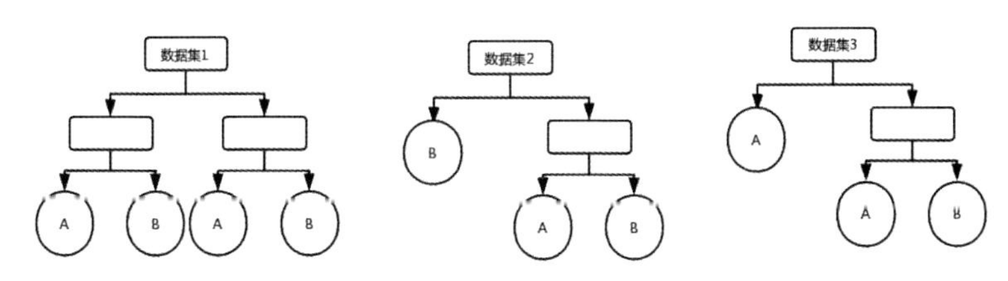

图 7-11　随机样本选择

第二，待选特征随机选取随机森林不仅可以实现数据样本的随机选取，还可以实现待选特征的随机选取。随机森林中子决策树特征的选取步骤是首先从所有待选特征中随机选取一定的特征，再在这些随机选取的特征中选取最优特征。这样能够使随机森林中的决策树彼此不同，提升系统多样性，从而提升分类性能。

总的说来，相对于 Bagging 算法来讲，随机森林算法中的基学习器不仅通过样本数据随机，还通过属性随机实现了多样性，最终使得集成的泛化性能因为个体学习器差异度的提升而提升。

7.4.3 算法选择路径

当然，人们在使用各个算法模型进行机器学习过程中，也总结了一些经验和规则以供大家参考。有人专门总结了各个算法的适用场景，给出了算法选择路径和步骤。

（1）观察数据量大小

如果数据量太小（如小于 50 个样本），那么首先要做的应该是获取更多的数据。或者说，如果数据量较小，未必需要使用机器学习算法来解决问题，可能一个简单的数据统计就能够解决问题。总之，数据量足够大是使用机器学习算法的一个基础前提，从而防止由于数据量太小带来的过拟合问题。

（2）任务问题类型

如果数据量足够大并且特征维度足够多，我们就可以采用机器学习的方法来尝试解决问题。一个首要的问题就是，明确任务类型究竟是连续值预测还是离散值分类。

（3）分类问题解决

分类问题根据是否有标签数据，可以分为有监督分类和无监督分类。如果数据存在标签数据，那么可以采用有监督分类算法来予以解决。当数据量特别巨大，可以采取 SGD（随机梯度下降）算法来处理；如果数据量适中，可以采取 LR、SVM 或者 GBDT 等算法来予以解决。如果数据不存在标签数据，那么会采用一些无监督算法予以解决，如聚类算法。

（4）连续值预测问题解决

如果任务问题类型是连续值预测问题，根据特征维度数量可以采取不同的处理方法。如果特征维度数量不是特别巨大，可以直接采用回归算法来处理；如果特征维度数量巨大，则需要先进行降维处理。

实际中，我们很少只使用一个算法模型来训练学习，而会采用几个适用的算法模型，然后对各个算法模型的预测能力进行评价，“优中选优”，最终确定合适的算法模型。一般来讲，我们对数据有了直观感知后，可以考虑先采用机器学习算法产生一个“基线系统”用来作为算法模型选择的基础，然后后续的算法模型可以跟“基线系统”进行比较，最后选择一个合适的算法模型作为最终模型。

7.5 调参优化怎么处理

7.5.1 关于调参的几个常识

讲述本节内容前，我们需要再次重复几个重要的常识。

机器学习通过训练数据得到一个具体算法模型的过程，就是确定这个算法模型参数的过程。例如，线性回归算法 $f(x)=w_1x_1+w_2x_2+\cdots+w_dx_d+b$ 中，通过对训练数据的学习，我们希望得到一组最好的参数 w 和 b，从而得到一个参数值给定的具体的线性回归算法模型来进行预测。这些参数 (w 和 b) 是在模型训练的过程中，计算机根据训练集数据自动得到的。

超参数是在模型训练前人为手动设定的。超参数设定的目的是更快更好地得到算法模型的参数。而我们一般谈论的“调参”实际上指的是调整超参数。

以线性回归算法为例，回归模型一般表达式里面的系数是参数，而正则项的惩罚系数就是超参数。神经网络算法中，节点的权重是参数，而神经网络的层数和每层节点个数，就是超参数。

其实，有监督学习的核心环节就是选择合适的算法模型和调整超参数，通过损失函数最小化来为算法模型找到合适的参数值，确定一个泛化性能良好的算法模型，如图 7-12 所示。

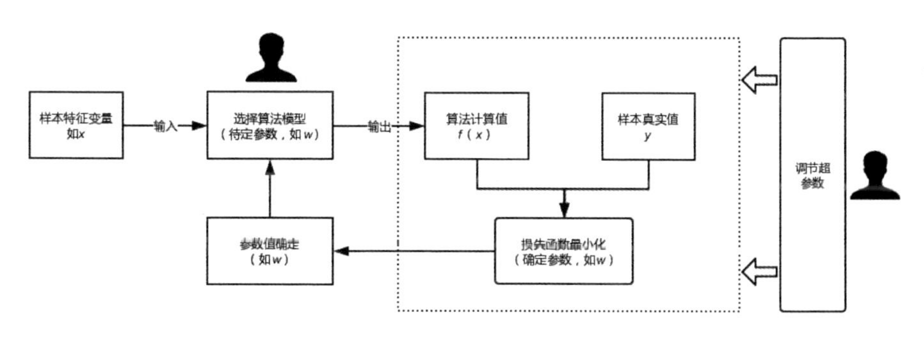

图 7-12　有监督学习过程

7.5.2 模型欠拟合与过拟合

机器学习的实质是利用算法模型对样本数据进行拟合，从而对未知的新数据进行有效预测。一般地，我们把算法模型预测数据与样本真实数据之间的差异称为“误差”，其中算法模型在训练集上的误差为“经验误差”或“训练误差”，而在新样本上的误差为“泛化误差”。算法模型对于训练集以外数据的预测能力就是模型的泛化能力，也是机器学习所追求的目标。

欠拟合和过拟合是导致模型泛化能力不高的两种常见原因。欠拟合是指模型学习能力较弱，无法学习到样本数据中的“一般规律”，因此导致模型泛化能力较弱。而过拟合则恰好相反，是指模型学习能力太强，以至于将样本数据中的“个别特点”也当成了一般规律，因此导致模型泛化能力同样较弱。

我们希望通过机器学习能够得到新样本上表现良好的学习器，这就需要从训练样本中尽量学到适用于所有潜在样本的普遍规律。如果学习器学习能力不足，就会造成欠拟合，就是学习器从训练样本中学到的东西太少；而如果学习器能力过于强大，把训练样本中非常独特的“个性”也当作所有潜在样本的“共性”来处理了，就可能出现过拟合。就像钱钟书《围城》里面描写方鸿渐的一段话：“鸿渐生平最恨小城市的摩登姑娘，落伍的时髦，乡气的都市化，活像那第一套中国裁缝仿制的西装，把做样子的外国人旧衣服上两方补丁，也照式在衣袖和裤子上做了”。“过拟合”就像是仿制西装的时候，把外国人旧衣服上的两方补丁，也照式在衣袖和裤子上做了。

虽然欠拟合与过拟合都说明模型的泛化能力较弱，但是两者还是存在较大差异：欠拟合是在训练集和测试集上的性能都较差，因为它压根儿就没有学到“一般规律”；而过拟合是在训练集上变现优异，但是测试集上表现较差，因为它“生搬硬套”训练集的“规律”，不加区别地把“噪声”和“普遍规律”都学进去了。在这两类问题中，“欠拟合”相对容易解决，通过增加学习能力即可，如决策树中扩展分支数量或神经网络算法中增加训练轮数等；而“过拟合”则是机器学习的重要难题，无法被避免，只能缓解。一般地，各个算法都会有减缓过拟合问题的措施，如线性算法模型中的正则化惩罚项。过拟合产生的原因是模型“过度用力”去学习训练样本的分布情况甚至把噪声特征也学习到了，从而导致模型的普适性不够。常见的解决办法有：①**增大样本量**。增大样本量是解决过拟合问题的根本方法，由于增加了样本量，这样“噪声”数据的比例就相对降低，从而使得算法模型受到“噪声”的影响降低，提高了算法模型的普适性。②**正则化方法**。正则化可以在不损失信息的情况下，缓解过拟合问题。这就是说通过调节正则化系数这个超参数，以部分缓解过拟合现象，提高算法模型的预测能力。总的说来，过拟合问题就是超参数存在的一个重要原因。

7.5.3　常见算法调参的内容

不同的算法由于原理过程不同，各个算法所对应的超参数也是各不相同的，例如，线性算法需要调整的超参数主要是正则化系数，而决策树算法需要调整的超参数主要是决策树最大深度、分裂标准等。算法工程师需要针对不同算法进行超参数的调优工作，汇总各算法对应的超参数，如表 7-5 所示。

表 7-5　算法超参数表

算法	超参数
线性回归	正则化参数（L1正则化、L2正则化）
逻辑回归	正则化参数（L1正则化、L2正则化）
决策树	分裂标准 叶子节点最小尺寸 叶子节点最人数量 决策树最大深度
SVM（支持向量机）	软间隔常数 核参数 不敏感参数
K近邻算法	最近邻数值
随机森林	决策树的所有超参数 决策树个数 拆分的变量数
神经网络	隐藏层数值 每层神经元数量 训练迭代次数 学习速度 初始权重值

7.5.4　算法调参的实践方法

通常情况下，算法模型的超参数可以通过手动设定（如 K- 近邻算法中的 K 值）。

但由于超参数组合空间巨大，会导致手动设定超参数的过程过于繁杂，这个时候我们就可以考虑使用“网格搜索”来寻找合适的超参数。

网格搜索（Grid Search）本质上是穷举所有的超参组合。例如，对决策树进行调参时，如果只对一个超参数进行优化如决策树的最大深度数。可以尝试（1,3,5，7）4个可能性；如果需要调整不止“决策树最大深度”这一个超参数，还包括“决策树的分裂标准”这个超参数。因为“决策树分裂标准”一般包括基尼系数“gini”和信息增益“entropy”两种。如此一来，超参数组合（决策树最大深度，决策树分裂标准）就有了 4 × 2=8 种可能性了。

网格搜索其实就是遍历超参数组合的各种可能性，从而找到一个性能最好的超参数组合，进而确定一个性能最好的算法模型。这看起来是一个“稳妥而可行”的方案，但是它的缺点就是计算资源开支较大。因为如果我们有 m 个超参数，每个超参数有 n 种可能性，那么超参数组合就有 mn 种可能性，所需的计算代价也较大。

7.6 如何进行性能评价

不管是选择算法还是调整超参数都是为了获得更好的算法模型。算法模型究竟如何度量好坏呢？这就需要一把尺子来评价，这把尺子就是性能度量。针对不同的任务需求，这把“尺子”是不同的，也就是说模型的好坏是相对而言的。

根据机器学习问题类型的不同，有着不同的性能度量标准。回归预测问题通常采用平均绝对误差（MAE）、均方误差（MSE）等指标来度量算法模型的预测能力；分类问题则采用精度、错误率、查全率、查准率等指标来度量算法模型的预测能力。

7.6.1 回归预测性能度量

（1）平均绝对误差

平均绝对误差（Mean Absolute Deviation，MAE）也称平均绝对离差，是反映预测值与真实值之间差异程度的一种度量。它是各个预测值偏离真实值的绝对值之和的平均数。平均绝对误差可以避免误差相互抵消的问题，常用于回归预测能力的度量。

（2）均方误差

均方误差（Mean-Square Error, MSE）是反映预测值与真实值之间差异程度的一种度量，是各个预测值与真实值差距的平方和的平均数，也即误差平方和的平均数。

7.6.2　分类任务性能度量

（1）精度与错误率

精度和错误率是分类任务常用的两个指标。其中，精度是分类正确的样本数占样本总数的比例，错误率是分类错误的样本数占样本总数的比例。

（2）查全率与查准率

精度和错误率都是常用的性能度量指标，但是仅有这两个指标是不够的。例如，进行疾病检查的时候，知道医院对于癌症检测正确或错误的比例固然重要，但实际上患者更希望知道的是“诊断为癌症的患者中有多少实际上是正常的？”或者“所有癌症患者有多大比例被正确地检测出来了？”这就需要引入两个常用的概念：查全率和查准率。

查全率，也被称为“召回率”；查准率，也被称为“准确率”。不过，笔者个人还是推荐使用查全率与查准率，因为这两个名字容易理解和记忆其代表的含义，大家可以这样记忆：查全率，表示有多少癌症病人被医院真正检测出来了（比例）；查准率，表示医院检测出来的癌症病人，有多少真的是癌症病人（比例）。

对于二分类问题，可以把样本的真实情况和预测情况做一个组合，进而可以划分为 4 种情形，如表 7-6 所示。

表 7-6　分类结果混淆矩阵

真实情况	预测情况	
	阳性（Positive）	阴性(Negative)
阳性(Positive)	TP（真阳性）	FN（假阴性）
阴性(Negative)	FP（假阳性）	TN（真阴性）

对应地，查全率（Recall）和查准率（Precision）的定义如下。

P=TP/(TP+FP),分母是预测为阳性(TP+FP)的数量,分子是真正阳性(TP)的数量;表示预测是阳性,但究竟有多大比例是真的阳性。

R=TP/(TP+FN),分母是真正阳性(TP+FN)的数量,分子是预测为阳性(TP)的数量;表示所有真正阳性,究竟有多大比例被检测出来为阳性。

查全率与查准率是一对矛盾体,一般来说,如果要求查准率(Precision)比较高,那么查全率(Recall)就会比较低;而如果要求查全率(Recall)比较高,那么查准率(Precision)就会比较低。例如,我们希望癌症检测的查准率(Precision)比较高,也就是说希望癌症检测出来的癌症患者都尽可能真的是患有癌症的人,那么只需要把检测的标准设定得严格一些,只挑选病情特征最明显的病人,查准率自然就高了。但这样的话,一些病情特征不是那么明显的癌症病人(确实患有癌症)就会被遗漏,查全率(Recall)就会变低。

7.7 通俗讲解算法原理

理解算法原理是机器学习中算法选择和调参优化的基础,也是机器学习中的难点所在。本节将选取几个基础但重要的算法,尽可能通俗易懂地讲解算法思想原理和实现过程,从而帮助读者快速深入理解机器学习中算法的实现机理。

7.7.1 线性回归

1. 什么是线性回归

线性回归是一种虽然简单但却应用广泛的一类算法模型。线性回归主要是应用回归分析来确定两种或两种以上变量间相互依赖的定量关系的统计分析方法,其表达形式为 $y=w^{T}x+e$,e为误差服从均值为0的正态分布。

如果回归分析包括一个自变量和一个因变量且二者的关系可用一条直线近似表示,这种回归分析称为一元线性回归分析。如果回归分析中包括两个或两个以上的自变量且因变量和自变量之间是线性关系,则称为多元线性回归分析。

2. 算法解决什么问题

在机器学习过程中，根据对已有数据的初步观察，认为数据样本中的特征变量和目标变量之间可能存在某种规律，希望通过算法找到某个“最佳”的具体算法模型，从而进行预测。接下来，将以房价预测为例进行讲解。假设某个房地产开发商要在某个地铁口附近新建房屋，需要给这些房屋定价，定价太高房屋可能卖不出去，定价太低开发商又要亏本。所以，开发商收集了某个城市历史房屋信息，包括房屋的面积、房间数、朝向、地址、价格等，希望根据这些历史数据来给新建房屋进行定价。

所以，知道了房屋的面积、房间数、朝向、地址、价格等信息的样本，我们希望找到这些样本数据的某种规律来帮助我们预测房价。我们的任务和目标就是：寻找某些“最佳”参数，得到某个具体“最佳”算法模型，实现预测功能。

3. 算法原理步骤过程

我们的任务和目标是寻找“最佳”参数，从而得到某个具体“最佳”算法模型来进行预测。而整个预测任务和目标的求解过程可以分为 3 个步骤：第 1 步，根据专家经验和观察，人为选定某个算法作为尝试；第 2 步，寻找某些“最佳”参数，从而得到某个具体“最佳”算法模型；第 3 步，使用具体算法模型进行预测，如图 7-13 所示。

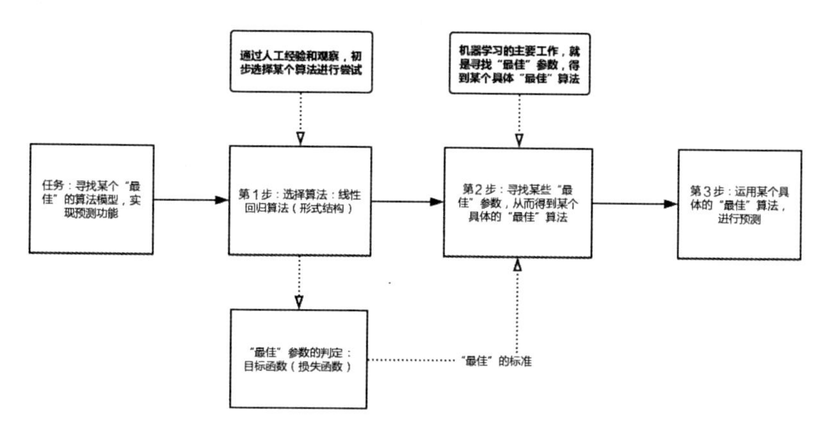

图 7-13　算法实现过程

（1）选择算法

根据观察和经验，我们认为房屋面积、房间数、朝向、地址等特征变量跟目标变量房价之间似乎存在着某种线性关系。于是，我们就希望通过机器学习的方式来找到线性回归算法的某些“最佳”参数，从而得到某个具体的“最佳”线性回归算法模型，实现对于房价的预测。

线性模型基本形式是 $f(x)=w_1x_1+w_2x_2+\cdots+w_dx_d+b$，写成向量形式就是 $f(x)=w^{\mathrm{T}}x+b$，其中 $w=(w_1;w_2;\cdots w_{\mathrm{d}})$。所以，我们的任务和目标就是，寻找具体的“最佳”的 w 和 b，从而得到一个具体线性回归模型来预测房价。

（2）损失函数

线性模型表达式 $f(x)=w^{\mathrm{T}}x+b$ 中，给予不同的参数值 w 和 b，可以得到不同的具体算法模型，对应得出不同的房价预测值。显然，这里面不同参数对应的模型预测能力是不同的，有些模型更贴近实际情况，体现出了历史数据所蕴含的规律，有些模型则不是。那么，如何判断哪个具体的模型是“好模型”呢？评判的标准就在于损失函数。

这里，每给定一组参数 w 和 b，我们得到一个具体的线性回归模型 $f(x)=w^{\mathrm{T}}x+b$。对应每一个 x_i 值，都可以得到一个回归模型计算值 $f(x_i)$，而通过这个线性回归模型计算出来的房价值 $f(x_i)$ 和真实值 y_i 是存在差别的。显然，这种差别越小，说明模型拟合历史数据的情况越好，越能够体现历史数据中蕴含的规律，也就越能够很好地预测房价。这种“差别”如何度量呢？

根据线性回归模型的特点，我们采用最小二乘法，也就是均方误差作为“差别”的度量标准，也就是需要找到一组参数 w 和 b，使得均方误差最小化。即：$(w^*,b^*)=\arg\min\sum_{i=1}^{m}(f(x_i)-y_i)^2$，其中 w^* 和 b^* 表示使得均方误差最小的 w 和 b 的解。

（3）参数估计

我们再来回顾一下整个过程：任务是根据历史样本给出的房价及其相关因素（如房屋面积、房间数、朝向、地址等），建立模型来对新建房屋价格进行预测。通过专家经验和观察，结合预测任务的类型和历史样本数据特点，考虑使用线性回归模型来进行预测。不同的参数（w 和 b）会得到不同的具体线性回归模型，而不同的具体线性回归模型会得出不同的预测值。为了找到“最佳”的线性回归模型，我们需要找到使得损失函数最小的参数值，也就是使得均方误差最小化的参数值 w 和 b。而求解最佳参数 w 和 b 的过程，就叫作参数估计。

对于凸函数而言，一个通用的参数估计方法就是梯度下降法。梯度下降法是一种逐步迭代、逐步缩减损失函数值，从而得到损失函数值最小值的方法。如果把损失函数的值看作是一个山谷，我们刚开始站立的位置可能是在半山腰，甚至可能是在山顶。但是，只要我们“往下”不断迭代、不断前进，总是可以到达山谷，也就是损失函数的最小值处。假设一个高度近视的人在山的某个位置上（起始点），需要从山上下来，也就是走到山的最低点。这个时候，以当前位置点（起始点）为基准，寻找这个位置点附近最陡峭的地方，然后朝着山的高度下降的地方走，如此循环迭代，最后就可以到达山谷位置。具体过程如图 7-14 所示。

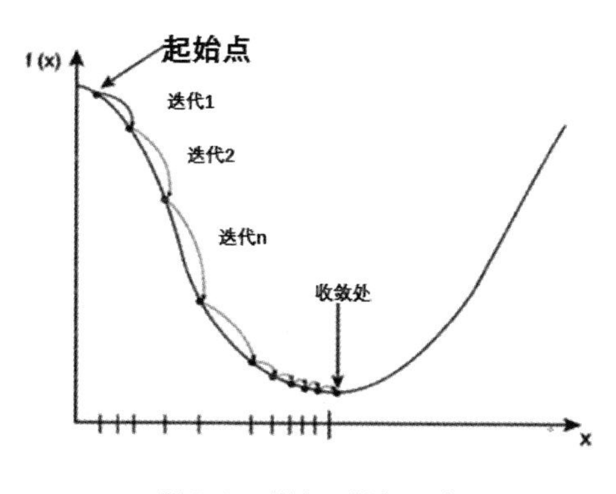

图 7-14　梯度下降过程示意

首先，选取任意参数值（w 和 b）作为起始值。刚开始，我们并不知道使损失函数取得最小值的参数值（w 和 b）究竟是多少。任意选取参数值作为起始参数值，从而得到损失函数的起始值。

其次，明确“迭代方向”，逐步迭代。我们站在山腰或者山顶，环顾四周，找到一个“最陡”的方向下山，也就是直接指向山谷的方向下山，这样的下山速度是最快的。这个“最陡”在数学上的表现就是“梯度”，也就是说沿着负梯度的方向下降是最快到达山谷的。

最后，确定步长。起始点知道了，下降的方向知道了，还需要确定下降的步长。如果步长太大，虽然能够很快逼近山谷，但也可能由于“步子”太大，踩不到谷底点，直接就跨过了谷底，从而造成来回震荡。如果步长太小，则延长了到达山谷的时间。所以，这需要做一个权衡和调试。

上述梯度下降的过程有个问题需要特别注意，那就是当我们沿着梯度方向进行迭代的时候“每次走多大的距离”，也就是“学习率”的大小是需要算法工程师去调试的。或者说，算法工程师的一项工作任务就是要尝试合适的“学习率”从而找到“最佳”参数。

具体到线性回归算法本身，在求解“最佳”参数过程中，除了上面这种针对凸函数的梯度下降方法外，也可以通过损失函数微分的方式，找到使损失函数最小的参数值。不过，在计算机系统里面，像“梯度下降”这样通过迭代方式来求解的方法通用性更广。

（4）正则化

在上面参数估计的步骤中，我们通过对损失函数（凸函数）采取梯度下降的方法，最终找到了一组“最佳”参数，从而得到了一个具体的“最佳”线性回归算法模型。这里的“最佳”是指，对于历史样本中每个特征变量，根据这个具体算法模型计算出的房价数据和真实的历史房价数据之间“差距”最小。这也就是说，我们寻找的这个“最佳”线性回归算法模型充分学习到了历史数据的规律。

但是，这里马上有个问题出现了，我们这个“最佳”的算法模型很可能“学习过度”了，也就是跟历史数据拟合得太好，把很多历史数据中的“噪声”也学习进去了，反而降低了模型的泛化能力。如图 7-16 所示，当模型足够复杂的时候模型可以精确地“穿过”每个历史数据点，对历史数据做出“近乎完美”的拟合。但正是由于这种“过拟合”情况的出现，导致模型学习了历史数据中的很多“噪声”，从而使预测新数据的能力下降，如图 7-15 所示。

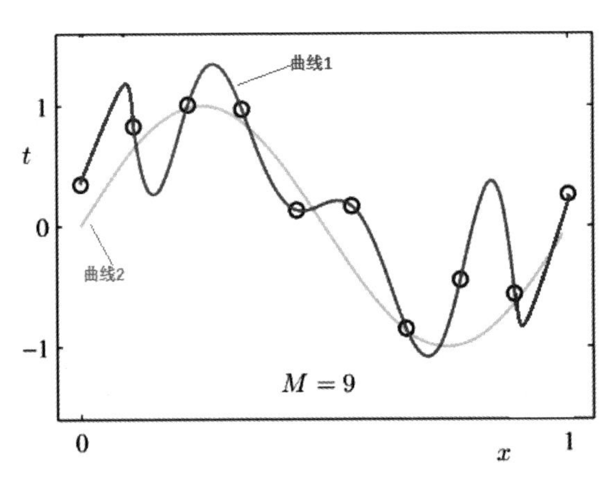

图 7-15　过拟合现象

为了解决这种“过拟合”的问题，算法科学家们发明了正则化的方法。概括来说，就是通过将系数估计（Coefficient Estimates）朝零的方向进行约束、调整或缩小。降低模型在学习过程中的复杂度和不稳定程度，从而避免过拟合的危险。常见的正则化方法有 L1 正则化和 L2 正则化，通过给原来的损失函数（此处为原始的均方误差函数）增加惩罚项，从而建立一个带有惩罚项的损失函数。算法工程师在实践中，往往是选择正则化的方式和调节正则化公式中的惩罚系数（调参优化），来实现正则化的过程。

7.7.2　逻辑回归

1. 如何理解逻辑回归

我们很熟悉前面线性回归的例子，即历史样本数据给出了房屋面积、房间数、朝向、地址等特征变量的数据和房价这个目标变量的数据。我们也很容易理解特征变量和目标变量之间存在的相关性，例如，房屋面积越大、房间数越多、地址离交通站越近，房价就越高。这种特征变量和目标变量之间的内在规律，可以用线性回归算法来表达。

如果现在情况发生变化，历史样本数据中“房价”数据不再给出具体的数值，而是按照某个划分标准分为“高档房”和“普通房”，我们如何利用历史样本数据对新建房屋的房价分类做出预测呢？房价从数值变成分类后，特征变量与目标变量之间的内在规律发生改变了吗？

其实，房价数据虽然从具体数值变化为分类数据了，但是房价这个目标变量和其他特征变量（如房屋面积、房间数等）之间的内在规律并没有改变。

虽然历史数据中的内在规律仍然可以用线性回归算法来表达，但是我们并不能够直接使用线性回归算法模型，因为根据线性回归算法模型如 $f(x)=w_1x_1+w_2x_2+\cdots+w_dx_d+b$ 计算出来的房价 $f(x)$ 是一个实数域上的数值，取值范围为（$-\infty,+\infty$）。而现在给出的房价已经不再是一个取值范围为（$-\infty,+\infty$）的具体数值了，而是一个分类数据，即“普通房”和“高档房”。这个分类数据标准化处理后表达为 0 和 1，其中 0 表示“普通房”，1 表示“高档房”。

总的说来，逻辑回归是一种典型的分类问题处理算法。其中二分类是多分类的基础，或者说多分类可以由多个二分类模拟得到。工程实践中，逻辑回归（LR）输出结果是概率的形式，而不仅仅是简单的 0 和 1 分类判定，同时 LR 具有很高的可解释性，是分类问题的首选算法。

2. 算法解决什么问题

从机器学习解决实际问题的整个过程来看，机器学习过程中使用某个算法的任务和目标是：算法工程师根据对已有数据的初步观察，认为数据样本中的特征变量和目标变量之间可能存在某种规律，希望通过算法找到某个“最佳”的具体（参数确定下来的）算法模型，从而进行预测。接下来以房价类型预测为例进行讲解。

例如，某个房地产开发商要在某个地铁口附近新建房屋，需要给这些房价档次定位，即确定是按照“高档房”还是“普通房”进行售卖。如果定位错误，可能卖不出去或者亏本的情况。所以，开发商收集了某个城市历史房屋信息，包括房屋的面积、房间数、朝向、地址、房价档次等，希望根据这些历史数据来预测新建房屋销售时的房价档次。

所以，知道了房屋的面积、房间数、朝向、地址、房价档次等历史样本信息，我们希望找到这些样本数据的某种规律帮助我们预测房价档次。我们的任务和目标就是：寻找某些“最佳”参数，得到某个具体“最佳”算法模型，实现预测功能。

3. 算法原理步骤过程

整个预测任务和目标的求解过程可以分为 3 个步骤：第 1 步，根据专家经验和观察，人为选定某个算法作为尝试；第 2 步，寻找某些“最佳”参数，从而得到某个具体“最佳”算法模型；第 3 步，使用具体算法模型进行预测。如图 7-16 所示。

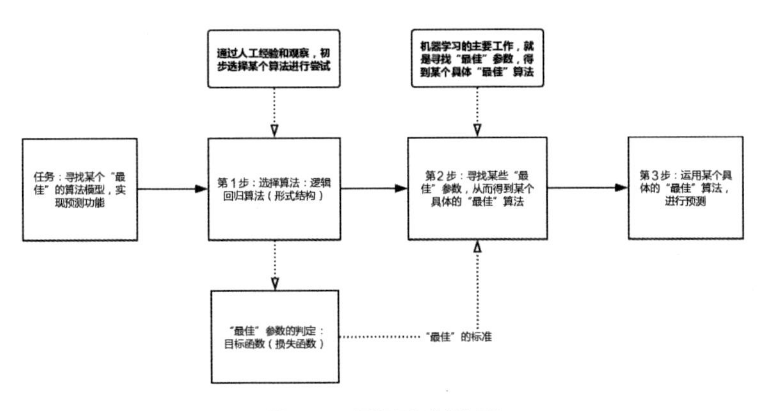

图 7-16　逻辑回归算法过程

（1）选择算法

如何既能够继续使用线性回归算法模型 $f(x)=w_1x_1+w_2x_2+\cdots+w_dx_d+b$ 来表达内在规律，又能够使 $f(x)$ 取值范围从 $(-\infty,+\infty)$ 变为 $(0,1)$ 呢？这需要对线性回归算法进行改造，准确地说需要将其函数值压缩到 0 和 1 之间。而 sigmoid 函数恰好提供了这样的功能。

sigmoid 函数 $f(x)=\frac{1}{1+e^{-x}}$，其定义域是 $(-\infty,+\infty)$，值域是 $(0,1)$。当 $x\to+\infty$ 时，$e^{-x}\to0$，$f(x)\to1$；当 $x\to-\infty$ 时，$e^{-x}\to+\infty$，$f(x)\to0$。这样，通过把原来线性回归算法的函数

值作为 sigmoid 函数的自变量，这个复合函数的函数值 $f(x)$ 的范围就被限制在了 (0,1) 区间，如图 7-17 所示。

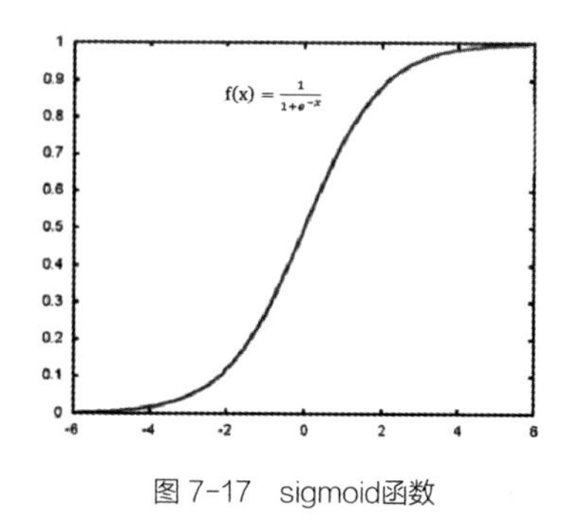

图 7-17　sigmoid函数

因此，将线性回归算法的函数值 $f(x)$ 作为 sigmoid 函数的自变量，那么就可以实现将房价计算值区间转换为 (0,1)。

现在，我们可以这样理解：对于给定参数 w 和 b 的具体线性回归算法模型 $f(x)=w_1x_1+w_2x_2+\cdots+w_dx_d+b$，当输入的特征变量值越大，如房屋面积越大、房间数越多等，对应计算得到的房价数值也越大，这个“越大”的数值作为自变量代入 sigmoid 函数后，对应的函数值也就越接近 1（如 0.9），也就具有越大的概率 (0.9) 是“高档房”。

（2）损失函数

首先，线性模型表达式 $f(x)=w^{\mathrm{T}}x+b$ 中，给予不同的参数值 w 和 b，可以得到不同的具体算法模型，相应地可以得出不同的房价预测值。然后，将 $f(x)=w^{\mathrm{T}}x+b$ 的函数值作为 sigmoid 函数的自变量输入，得到复合函数 $f(x)=\frac{1}{1+e\text{-}(w^{\mathrm{T}}x+b)}$，这就是我们逻辑回归的函数表达式。

对于不同的参数值 w 和 b，对应的逻辑回归（LR）函数表达式具体形式会不同，所对应的具体算法模型也不同。显然，这些模型的预测能力是不同的，有些模型更贴近实际情况，能体现出历史数据所蕴含的规律，有些模型则不行。那么，如何判断哪个 具体的模型是“好模型”呢？评判的标准就在于损失函数。

给定一组参数 w 和 b，得到一个具体的逻辑回归模型 $f(x)=\frac{1}{1+e\text{-}(w^{\mathrm{T}}x+b)}$。对应每一个 x_i 值，都可以得到一个逻辑回归模型计算值 $f(x_i)$，而通过这个逻辑回归模型计算出来的房价档次值 $f(x_i)$ 和真实值 y_i 是存在差别的。显然，这种差别越小，说明模型拟合历史数据的情况越好，越能够体现历史数据中蕴含的规律，也就越能够很好地预测房价档次。这种“差别”如何度量呢？

在线性回归模型中，采用“最小二乘法”，也就是均方误差$\frac{1}{m}\sum[f(x_i)-y_i]^2$作为“差别”的度量标准，也就是需要找到一组参数 w 和 b，使得均方误差最小化。那么，这里是否可以继续采用均方误差作为损失函数呢？答案是否定的。这是因为逻辑回归算法模型表达式是非线性的，造成“均方误差”表达式不是凸函数，无法采用计算机系统中常用的梯度下降方法来求解使得损失函数最小化的参数值。如果采用梯度下降来求解一个非凸函数，求解过程很可能会在一个局部最小值停止，而达不到全局最小值，如图 7-18 所示。

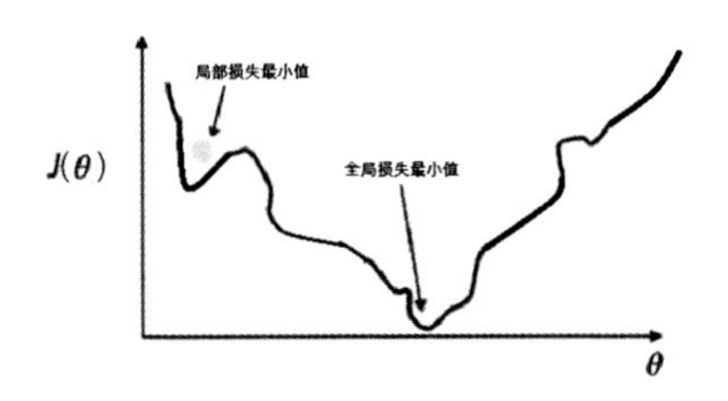

图 7-18　非凸函数求解过程示意图

因此，我们需要重新找一个函数来表达根据算法模型计算出来的房价档次的概率值和历史样本数据中房价档次真实值之间的差距。研究者们最后提出了如下损失函数来表达这种差距。

$$\text{Cost}(f(x),\ y)=\begin{cases}-\log(f(x)), & \text{if}\ y=1\\ -\log(1-f(x)), & \text{if}\ y=0\end{cases}$$

可以这样理解上面的损失函数。

第一，我们之所以寻找、设计或创造损失函数，是为了通过损失函数来表达真实值和计算值之间的差距，并且通过损失函数最小化来确定一组参数，从而确定具体的逻辑回归模型（含参数）。从另一个角度来看，我们需要寻找的损失函数一定要符合这样的特点：如果真实值和计算值差距很大，那么损失函数的值一定很大；如果真实值和计算值差距很小，那么损失函数的值一定很小。

第二，这里的 y 表示房价档次的真实值，可能是 0 或 1。这里的 $f(x)$ 表示把一组特征变量的历史数据（房屋面积数值、房间数等等）作为自变量输入具体逻辑回归算法模型（带有参数）计算出来的数值，这个结果是（0,1）之间的某个实数。

第三，当真实值是“高档房”，也就是 if y=1 所表达的含义。如果某组参数确定的逻辑回归算法模型 $f(x)=\frac{1}{1+e^{-(w^{T}x+b)}}$ 计算出的房价档次数值越接近 1（计算值越接近“高档房”），就说明这组参数是个不错的参数，那么损失函数值就应该越小。当 $f(x)$ 趋近

1 时，损失函数表达式 $-\log(1-f(x))$ 的数值趋近 0，非常符合要求。再考虑另一种情况，如果某组参数确定的逻辑回归算法模型 $f(x)=\frac{1}{1+e^{-(w^{T}x+b)}}$ 计算出的房价档次数值越接近 0（计算值越接近“普通房”），真实值和计算值偏差越大，说明这组参数是组糟糕的参数，那么损失函数值就应该越大。当 $f(x)$ 趋近 0 时，损失函数表达式 $-\log(f(x))$ 的数值趋近 $+\infty$，也非常符合要求。

第四，当真实值是“普通房”，也就是 if $y=0$ 所表达的含义。如果某组参数确定的逻辑回归算法模型 $f(x)=\frac{1}{1+e^{-(w^{T}x+b)}}$ 计算出的房价档次数值越接近 0（计算值越接近“普通房”），就说明这组参数是个不错的参数，那么损失函数值就应该越小。当 $f(x)$ 趋近 0 时，损失函数表达式 $-\log(1-f(x))$ 的数值趋近 0，非常符合要求。再考虑另一种情况，如果某组参数确定的逻辑回归算法模型 $f(x)=\frac{1}{1+e^{-(w^{T}x+b)}}$ 计算出的房价档次数值越接近 1（计算值越接近“高档房”），这个时候真实值和计算值偏差很大，说明这组参数是组糟糕的参数，那么损失函数值就应该越大。这个时候，损失函数是否符合要求呢？当 $f(x)$ 趋近 1 时，损失函数表达式 $-\log(1-f(x))$ 的数值趋近 $+\infty$，也是非常符合要求。

（3）参数估计

上述损失函数，本质上也是一个凸函数。凸函数就可以采用梯度下降的方法来求解损失函数值达到最小值所对应的参数值。具体做法跟线性回归算法类似，在此不再赘述。

（4）正则化

跟线性回归算法一样，逻辑回归算法中得到的最佳算法模型也很可能“学习过度”了，也就是跟历史数据拟合得太好，把很多历史数据中的“噪声”也学习进去了，反而降低了模型的泛化能力。为了解决这种过拟合的问题，也需要采取正则化的方法，将系数估计朝零的方向进行约束、调整或缩小，降低模型在学习过程中的复杂度和不稳定程度，从而尽量避免过拟合情况。

7.7.3　决策树

1. 典型的决策树是什么样

回到源头去思考问题：我们进行机器学习目的是通过对历史样本数据的学习，找到一个具体算法模型（参数确定的）将历史样本数据的规律包含进来，从而对新样本数据进行预测。一种思路就是像前文所述的线性回归算法模型或逻辑回归算法模型一样，通过寻找特征变量和目标变量之间的定量关系表达式，从而将历史样本数据中蕴含的规律体现出来；还有一种思路则是模拟人决策的过程，通过决策树的形式来对问题进行判断。

决策树通过训练数据构建一种类似于流程图的树结构来对问题进行判断，它跟我们日常解决问题的过程也非常类似。例如，一个女生在中间人给她介绍了潜在相亲对象的情况后，她需要做出“是否要去见面相亲”这样的决策。其实这个决策经常会分解成为一系列的子问题：女生先看“这个人学历怎么样”，如果是“学历大专以上”，那女生再看“这个人身高如何”，如果是“身高一米七以上”，那么女生再看“这个人月收入多少”……经过一系列这样的决策，女生最后做出决策：愿意去相亲。决策过程如图 7-19 所示。

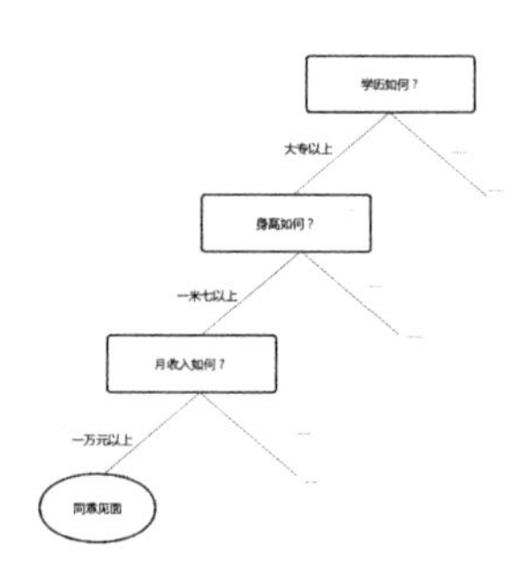

图 7-19　决策树示意

一般地，一棵决策树包含 3 种节点：一个根节点、多个内部节点和叶节点。全部样本从根节点处开始，经过一系列的判断测试序列，最终形成若干个叶节点，也就是决策结果。叶节点对应决策结果，其他节点对应属性测试。决策树学习的目的就是通过对数据集的学习，获得一棵具有较强泛化能力的决策树，从而做出预测。总的说来，决策树算法是依据“分而治之”的思想，每次根据某属性的值对样本进行分类，然后传递给下个属性继续进行分类判断。

2. 决策树算法关键是什么

假设这个女生是一个“优质女生”，之前有多个中间人给她介绍过相亲对象。中间人给她介绍相亲对象的信息包括学历、身高、收入、长相、性格、家庭背景、工作单位等。“优质女生”在听取完中间人介绍相亲对象信息后，同意去见其中的一部分人，拒绝去见另外一部分人。

假如中间人找到你，想把你介绍给“优质女生”，你有点犹豫是否应该告诉中间人你的个人信息，因为你怕告诉中间人你的个人信息后，“优质女生”对你不感兴趣，连面都不见，那样就太丢人了。所以，你收集了“优质女生”之前相亲对象的信息和是否见面的结果数据，希望建立一个算法模型对“优质女生”是否会跟你见面做出预测，从而避免尴尬的局面。

假如通过观察历史数据发现“优质女生”对于所有的潜在相亲对象“都见”（或“都不见”），那么这个时候的决策情况其实是非常简单和清晰的，“优质女生”决策结果的不确定性最小。你自己对应采取的措施也就很清晰了。

但如果“优质女生”见了其中一些人而不见另外一些人，那么“优质女生”决策情况就会复杂一些，决策结果的不确定性较高。如果通过数据观察发现“凡是博士以上都见，博士以下都不见”，那么“优质女生”决策的情况又再次明确和清晰了，决策结果的不确定性又降低了。你自己可以对照看看自己是不是博士，从而采取对应的措施。

如果把“优质女生”是否见面的决策看作一棵“决策树”的话，这棵“决策树”会有多种可能性：根节点可能是“学历”“身高”“收入”“长相”“性格”“家庭背景”“工作单位”，同样内部节点和叶节点也有多种可能性。机器学习决策树建模的目的，就是找到一棵具体的决策树，从而帮助我们快速准确地做出判断。

如何找到这棵具体的决策树，关键在于判断根节点的属性，也就是根节点是选用“学历”还是“收入”来划分，抑或其他属性来划分。实际上，根节点选择哪个特征变量是最为关键的，是整个决策树算法的核心所在。因为一旦选定了根节点，就可以依次类推选择根节点的子节点，直到叶节点。通过递归方法，就得到了一棵决策树。有了一棵决策树，循环调用就可以得到若干个决策树。

选择“根节点”的原则就是“信息增益”的最大化，也就是尽可能消除决策的不确定性。假设我们发现“优质女生都去见了博士及以上学历的人，而不见博士以下学历的人”和“优质女生见了身高较高的人，也见了身高一般的人，还见了身高较矮的人”。这时应该选择“学历”还是“身高”作为根节点呢？显然，选择“学历”作为根节点会更好，因为这样可以帮我们快速降低不确定性，也就是“学历”作为根节点会使得信息增益更大。为了更加透彻地讲解清楚“信息增益”这个关键的概念，下面讲解一下信息论中信息、信息量、信息熵等概念。

3. 信息、信息量与信息熵

（1）信息是什么

我们经常谈论和使用“信息”这个词，但“什么是信息”却是一个既简单又复杂的问题。1928 年哈特莱给出过“信息”的一个定义“信息就是对不确定性的消除”，这个定义后来被科学界广泛引用。举个例子，你问气象局：“明天会下雨吗？”如果气象局回答“明天可能下雨，可能不下雨”。相信这样的回答肯定无法让你满意，因为这是一句废话；如果气象局回答“明天会下雨”，那么这就是一个令人满意的答复，因为它告诉了我们有用的信息。

具体来讲，“明天是否会下雨”只有两种情况：下雨或不下雨。所以，当气象局告诉你“明天可能下雨，也可能不下雨”的时候，并没有消除或降低不确定性，所以并没有给予你信息。而当气象局告诉你“明天会下雨”时，就从两种可能性变成了一种可能性，这就降低了不确定性，所以这种回复就是信息。

（2）信息量是什么

明确了“信息就是不确定性的消除”这个定义以后，我们自然会考虑如何度量信息，也就是信息量如何计算。实际上，信息量的量化计算最早也是由哈特莱提出的，他将消息数的对数值定义为信息量。具体说来，假设信息源有 m 种等概率的消息，那么信息量就是：$I=\log_2 m$。

如何理解哈特莱提出的信息量化方式呢？我们假想两种情况：情况一是有人告诉我们“大威的性别是男性”，情况二是有人告诉我们“大威的年龄是 33 岁”（假设人类最长寿命为 128 岁）。哪一种情况的消息携带的信息量大呢？按照哈特莱的公式来计算，两种情况下的信息量分别是 $I_1=\log_2 m=\log_2 2=1$，$I_2=\log_2 m=\log_2 128=7$。比较上述的信息量 $I_2>I_1$，也就是说情况二传递的信息量更大，这其实也符合我们的直观感受。

哈特莱的公式中有个假设条件，那就是“结果是等概率出现的”。但现实中一个事件的结果往往并不是等概率出现的，例如“大威”这个名字一听就像是个男孩子名字。如何把这种不等概率出现的情况也包含进去呢，信息论给出了更为科学的计算方式。

信息论定义信息量为 $H(X_i)=\log_2 P$。其中，X_i 表示某个发生的事件，P 表示这个事件发生的概率。我们来理解一下这个公式。假如，我们统计历史上所有叫“大威”的人的性别，历史数据如下。

<1> 发现 10 个人中有 9 个都是男性，那么根据信息论的公式，$H=-\log_2 P=-\log_2 0.9=0.152$。

<2> 发现 100 个人中有 99 个都是男性，那么根据信息论的公式，$H=-\log_2 P=-\log_2 0.99=0.0145$。

<3> 发现 1000 个人中有 999 个都是男性，那么根据信息论的公式，$H=-\log_2 P=-\log_2 0.999=0.00144$。

<4> 发现 10000 个人中有 9999 个都是男性，那么根据信息论的公式，$H=-\log_2 P=-\log_2 0.9999=0.000144$。

从上面的计算可以知道，某个事件出现的先验概率越大，那么“告知这个事件即将发生”所携带的信息量越小。

（3）信息熵是什么

信息熵是信息论创立者克劳德·艾尔伍德·香农受到热力学“熵”这个概念的启发而创立的，它度量了信源的不确定程度。如果说，信息量计算公式 $H(X_i)=-\log_2 P$ 度量的是某一个具体事件发生所携带的信息量，那么信息熵就是最终结果出来之前所有可能结果的信息量的期望值。

根据信息论，信息熵的计算公式为：$H(X)=-\sum_{i=1}^{n}P(x_i)\log_2 P(x_i)$。信息熵越大，表示事件结果的不确定性越高；信息熵越小，表示事件结果确定性越高。我们还是以“大威的性别”事件来理解。

<1> 发现 10 个人中有 9 个都是男性，那么根据信息论的公式，信息熵 $H=-\sum_{i=1}^{n}P(x_i)\log_2 P(x_i)=-0.9\times\log_2 0.9-0.1\times\log_2 0.1=0.4688$。

<2> 发现 100 个人中有 99 个都是男性，那么根据信息论的公式，信息熵 $H=-0.99\times\log_2 0.99-0.01\times\log_2 0.01=0.0808$。

<3> 发现 1000 个人中有 999 个都是男性，那么根据信息论的公式，信息熵 $H=-0.999\times\log_2 0.999-0.01\times\log_2 0.001=0.01140$。

<4> 发现 10000 个人中有 9999 个都是男性，那么根据信息论的公式，信息熵 $H=-0.9999\times\log_2 0.9999-0.0001\times\log_2 0.0001=0.001473$。

比较上述各种情况，不难发现对于“大威的性别”这个事件而言，情况 <4> 的信息熵最小。这也就是说，在情况 <4> 下，“大威的性别是什么”的确定性是最高的。

现在，我们已经知道了信息熵表示事件结果的不确定程度，那么事件的不确定性变化也可以进行度量了，这就是“信息增益”。一般来说，信息增益是两个信息熵的差异，表示信息熵的变化程度，在决策树算法中有着重要的应用。

4. 信息增益的计算过程

接下来，用一个例子来具体展示一下信息增益的计算过程。假设我们获取了“优质女生”的历史相亲情况，如表 7-7 所示。

表 7-7　优质女生相亲情况表

序号	学历	长相	身高	收入	见面与否
1	本科以下	帅气	高	高	见
2	本科	帅气	一般	中	见
3	硕士	一般	矮	高	不见
4	博士	一般	一般	高	不见
5	本科	帅气	高	中	见
6	本科	一般	高	高	不见
7	硕士	一般	矮	高	不见
8	硕士	帅气	高	低	见
9	博士	一般	一般	中	不见
10	博士	帅气	矮	低	不见
11	本科以下	一般	矮	低	不见
12	本科以下	帅气	高	低	见
13	本科	帅气	矮	中	见
14	博士	帅气	高	高	见
15	本科	帅气	高	高	见
16	硕士	帅气	高	高	见
17	硕士	一般	高	高	不见
18	硕士	一般	矮	低	不见
19	硕士	一般	一般	中	不见
20	博士	一般	矮	低	不见

现在，我们需要根据表 7-7 中的情况计算各个属性的信息增益值，从而选择根节点。计算过程如下。

（1）计算样本信息熵

根据信息熵的计算公式 $H(X)=-\sum_{i=1}^{n}P(x_i)\log_2P(x_i)$，上述样本的结果分为两种情况：见（9 个）、不见（11 个），所以见面的概率为 9/20, 不见面的概率为 11/20。将上述数值代入信息熵计算公式

$$H(X)=-(11/20)\times\log_2(11/20)-(9-20)\times\log_2(9/20)=0.9928$$

（2）计算各属性信息熵

如果选择“学历”作为根结点，可以把所有样本分为 4 种情况：本科以下、本科、硕士、博士。其中，样本“本科以下”人数为 3 人，其中同意见面 0 人，不同意见面 3 人。计算结果如表 7-8 所示。

表 7-8　计算结果

结果	见	不见
N	0	3
P	0/3=0	3/3=1
Ent(学历=本科以下)	$-0\times\log_2 0-1\times\log_2 1=0$	

样本“本科”人数为 5 人，其中同意见面的有 4 人，不同意见面的有 1 人。计算结果如表 7-9 所示。

表 7-9　计算结果

结果	见	不见
N	4	1
P	4/5=0.8	1/5=0.2
Ent(学历=本科)	$-0.8\times\log_2 0.8-0.2\times\log_2 0.2=0.7219$	

样本“硕士”人数为 7 人，其中同意见面的有 4 人，不同意见面的有 3 人。计算结果如表 7-10 所示。

表 7-10 计算结果

结果	见	不见
N	4	3
P	4/7=0.57	3/7=0.43
Ent(学历=硕士)	$-0.57\times\log_2 0.57-0.43\times\log_2 0.43=0.9858$	

样本“博士”人数为 5 人，其中同意见面的有 1 人，不同意见面的有 4 人。计算结果如表 7-11 所示。

表 7-11 计算结果

结果	见	不见
N	1	4
P	1/5=0.2	4/5=0.8
Ent(学历=硕士)	$-0.2\times\log_2 0.2-0.8\times\log_2 0.8=0.7219$	

综合以上，以“学历”属性进行划分的信息熵如下。

Ent（学历）=(3/20) ×0+(5/20) × 0.7219+(7/20) × 0.9858+(5/20) ×0.7219=0.70598。Ent（学历）表示在给定了“学历”这个条件下，“优质女生”见面与否的不确定性。

（3）计算各属性信息增益熵

由上可知以学历属性划分，对应的信息增益为：Gain（*X*, 学历）=0.9928-0.70598=0.2868。Gain(*X*, 学历)=*H*（*X*）- Ent（学历）表示“学历”这个特征对于是否见面的估计能够提供多少“确定性”的贡献程度。

同样的道理，我们可以计算出其他属性的信息增益。

Gain(*X*, 长相)= 0.9928-0.2345=0.7583

Gain(*X*, 身高)= 0.9928-0.7132=0.2796

Gain(*X*, 收入)= 0.9928-0.9642=0.0286

其中，属性“长相”的信息增益最大，于是它被选择为划分属性。这也就是说，“长相”这个特征对于是否见面的估计能够提供“确定性”的贡献程度最大，侧面印证了“优质女生”是个颜值控。

（4）确定根节点及各个节点

我们画出以“长相”属性为根节点的决策树，如图 7-20 所示。

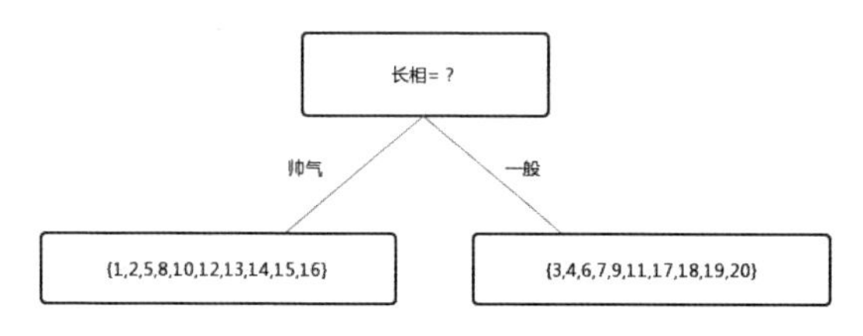

图 7-20　基于“长相”属性对根节点划分

以“长相”为根节点划分，各分支包含的样例子集显示在节点中，以序号代替。例如，第一个分支节点（“长相 = 帅气”）包含样例集合 X^1 中有序号为 {1,2,5,8,10,12,13,14,15,16} 的 10 个样例，可用属性集合为 { 学历，身高，收入 }。我们基于 X^1 计算各属性的信息增益。

Gain(X^1, 学历)=0.4690-0.2=0.2690

Gain(X^1, 身高)=0.4690-0.2=0.2690

Gain(X^1, 收入)=0.4690-0.2755=0.1935

“学历”“身高”都取得了最大的信息增益，可以任选其一作为划分属性。类似地，我们对每个分支都采取上述操作，最终可以得到决策树，如图 7-21 所示。

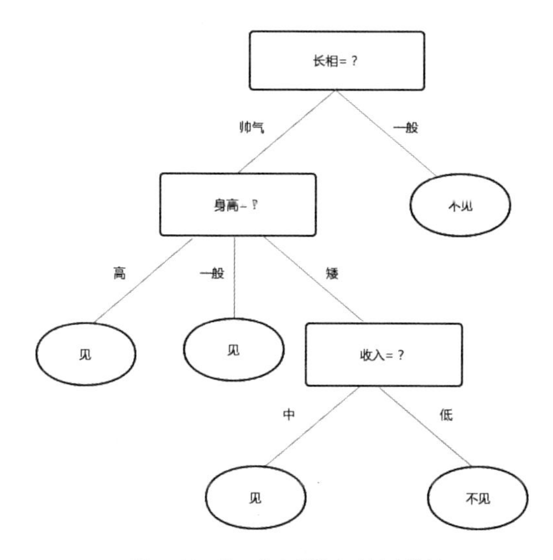

图 7-21　基于信息增益生成的决策树

5. 剪枝处理是怎么回事

过拟合是所有算法模型都会碰到的问题，决策树算法也不例外，剪枝处理就是决策树算法中处理“过拟合”的主要手段。决策树学习过程中，递归生成决策分支，直到不能继续为止。这样可能会造成分支过多，对于训练样本学习的“太好”，以至于把训练样本自身独有的一些特点作为所有数据都具有的一般性质来处理了，也就是把“噪音”也学习进入模型里面了，造成了过拟合现象。所以，可以通过剪枝处理来去掉一些分支，从而降低过拟合风险。

决策树剪枝处理有两种方式：预剪枝和后剪枝。预剪枝是指在决策树生成节点前评估当前节点的划分是否能够带来决策树泛化能力的提升。如果当前节点的划分不能带来泛化能力的提升，则以当前节点为叶节点并停止划分。后剪枝是指先通过训练样本数据生成一棵完整的决策树，然后自下向上对非叶节点进行评估和替换。如果某个节点的子树被替换成叶节点后，决策树泛化能力得到了提升，那么就进行替换。

第8章

产品经理必知的数据可视化

数据可视化原则
数据可视化流程
信息路径设计
信息点可视化设计

8

先来看两家公司的销售增长情况，如图 8-1 所示。

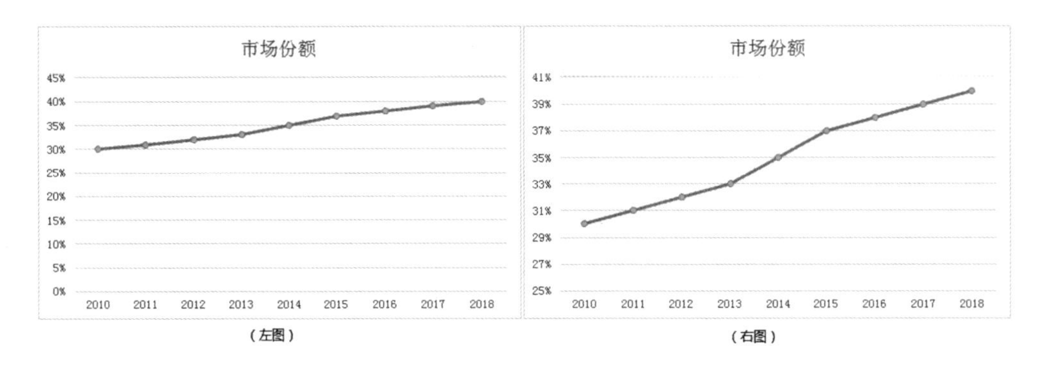

图 8-1　销售情况对比

观察上图很容易发现：左图公司市场增长情况平平，右图公司市场份额增长势头喜人。但仔细一看，就会发现：两家公司的市场份额增长情况完全一样。同样一组数据，有时候只需要通过调整坐标轴的起始位置和间隔距离，就可以通过数据可视化“展示”出不同的效果。

数据经过分析和挖掘之后，计算结果还需要展示给产品用户，这就需要通过数据可视化的方式来实现。对于数据产品经理来说，掌握数据可视化的基本原则和技巧，不仅可以更准确地传达关键信息，也能很好地提升用户体验。

8.1 数据可视化原则

数据可视化就是通过图形化的方式来传递数据中蕴含的信息要点，更直白地说就是通过图形化方式帮助用户理解信息。

数据可视化是数据描述的图形表示，关键在于一目了然地揭示数据中的复杂信息。可视化作为信息与艺术的融合，要同时兼顾信息高效传达和艺术美感这两个方面，是理性与感性的交织。数据产品的可视化虽然也追求“美感”，但是数据产品的“美”和画中的“美”并不完全相同。数据产品的使用目的和使用场景，使得它的“美感”标准有着自己的原则和标准。

（1）一目了然

一目了然的含义是：快速、准确地传递关键信息。这里面有两个要求，第一是时间短，需要“惊鸿一瞥”之间，就能够传递信息；第二是准确，需要准确无误地传递信息。这个标准是数据可视化的首要标准，是可视化成功与否的决定性因素。能否做到、做好“一目了然”，关键在于了解信息使用者的信息需求和使用场景。如果用户是销售人员，那么就要考虑销售人员很可能是在出差旅途中使用手机等终端登录，那么数据可视化的时候就要充分考虑到这一场景的特点。

（2）赏心悦目

图表除了要快速准确地传达信息要点之外，也要尽可能考虑美观。图形和文字的配比、图表样式的选择、色彩心理的影响等，都要予以考虑。例如，红色由于刺激性强经常被用作警戒色，在数据可视化中用于“预警”数据展示就比较合适；深蓝色给人深邃的感觉，并且具有科技感，所以经常被用作各种商务监测展示系统的背景色。色彩的冷暖甚至能给人“轻重”的感受，浅色显得比较轻，深色显得比较重，这些内容数据产品经理在进行数据可视化过程中，都要予以考虑。

8.2 数据可视化流程

数据可视化就是信息要点的图形化表达，因此产品经理既需要考虑向用户传递的信息要点是什么，也需要考虑如何通过合适的图形来表达信息要点，还需要考虑各个信息要点之间如何布局和衔接。因此，数据可视化大致可以划分为：信息要点梳理、信息路径设计、图表样式规划 3 个环节，如图 8-2 所示。

图 8-2　数据可视化流程环节

数据产品的本质是信息传递，而信息传递的核心问题是传递什么信息、如何高效传递信息。数据可视化流程中的“信息要点梳理”就是回答“传递什么信息”的问题，而“信息路径设计”和“图表样式规划”主要是回答“如何高效传递信息”的问题。

（1）信息要点梳理

信息要点梳理其实就是对用户需求的梳理，尤其是对用户信息需求的梳理。在产品设计中，对于用户信息需求不可能一步到位了解彻底，往往会经历一个反复沟通确认的过程。

从数据可视化设计的事前－事中－事后来考虑的话：事前，需要用户需求访谈调研，从而搜集整理出用户需求点；事中，根据用户需求访谈的结果，设计高保真产品原型，提供给部分“天使用户”确认；事后，产品上线，跟踪用户的使用行为，进行用户行为分析与用户调研反馈结合，迭代开发产品。

（2）信息路径设计

信息路径设计可以解决“如何高效传递信息”的问题，主要是根据用户的认知规律和信息接收场景来考虑信息传递的先后、主次等信息路径。一款好的数据产品，要像一部优秀的小说或电影一样吸引人，使用户非常流畅地接收到关键信息点。

（3）图表样式规划

图表样式规划也可以解决“如何高效传递信息”的问题。图样样式规划与信息路径设计稍有不同的是，图表样式规划更多侧重于单个信息点的高效传递，而信息路径设计侧重于一系列信息点之间的呈现次序和逻辑关系。图表样式规划既要考虑图表样式跟信息要点的匹配关系（如对比关系用什么图合适），还要考虑整体搭配、视觉美观的问题。

总的说来，数据可视化主要通过以上 3 个步骤来进行规划设计。虽然在 1.3.1 节中已经讲解过“信息路径设计”相关知识，但为了保证知识的连贯性和阅读体验，本章节将连贯讲述“信息路径设计”和“图表样式规划”。

8.3 信息路径设计

信息路径设计是数据可视化中非常容易忽略的环节，却是非常关键的一个环节，也是本书提出这个概念的重要原因。一般而言，提起数据可视化大家更注重选择什么图表或者如何配色等因素，而忽略了更为重要的因素，就是如何将一系列的信息点有序地呈现。杂乱无章地陈列信息点只会让用户感到混乱，而有序地呈现信息则能够使用户快速高效地接收信息，如图 8-3 所示。

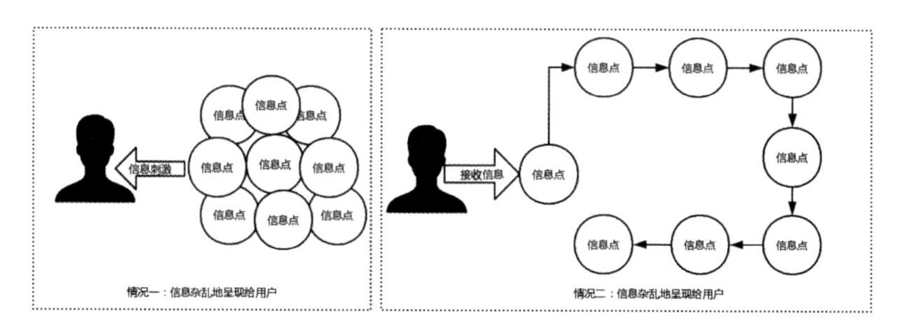

图 8-3　无序和有序信息传递比较示意

信息路径设计能更加准确、快速地传递信息要点，便于用户更高效地接收信息。信息路径设计时，主要考虑两方面因素：第一，人类固有的信息认知规律。例如信息接收的层级与路径（如宏观 - 中观 - 微观）；第二，使用场景对于信息接收的影响。信息路径设计依据如图 8-4 所示。

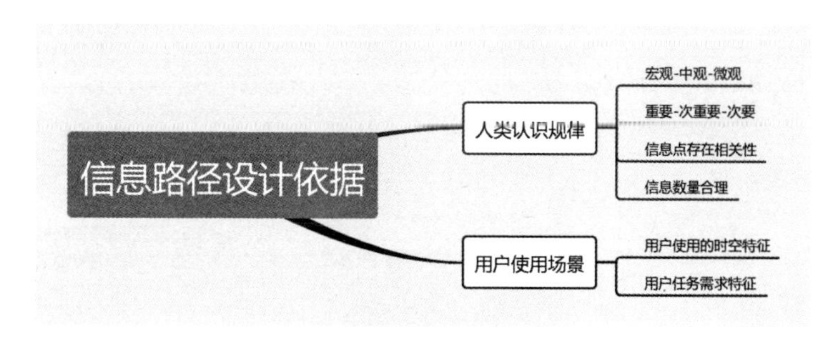

图 8-4　信息路径设计依据

8.3.1　信息接收规律

数据产品从某种意义上来讲，就是将数据中缊含的信息点高效地传递给用户。用户接收产品信息的效率和效果，首先会受到人类固有认知规律的制约，所以了解用户信息接收规律对于产品设计具有重要意义。产品经理需要了解一些基本的认知规律。

（1）短时信息容量

哈佛大学心理学家乔治·米勒发现，普通人的心智不能同时处理 7 个以上的单位。

我们可以随机询问朋友使用的某款产品，询问他是否记得同类产品的其他品牌。大部分情况下，普通人只能记得 1~3 个竞争品牌名字，极少数能够超过 7 个以上。这也佐证了我们大脑短时记忆的规律：不要超过 7 个信息点。

（2）大脑厌恶混乱的信息

心理学中有个著名的“格式塔效应”，揭示了我们大脑倾向于从混乱中寻找模式，极力从不同的信息点中寻找规律和联系，而厌恶混乱的信息。

（3）大脑认知抗拒改变

大脑认知还有一个特征就是，一旦形成了固定认知，改变起来极其困难。例如，由于宝洁公司大量的广告轰炸，人们一想起“去屑”就会想到“海飞丝”；一想到“柔顺”就会想到“飘柔”。再比如，虽然淘宝的物流速度也大大提升了，但是一想起“送货快”，人们还是首先想起“京东”。市场营销里面的“定位”学派，正是利用人类认知的这个特征，通过各种营销手段来抢夺用户“心智”。

8.3.2 用户使用场景

用户接收信息的效率和效果，不仅受人类固有认知规律的约束，也受用户产品使用场景的影响。例如，滴滴司机开车过程中接单页面，就必须简洁清晰，字体尽可能大，字数尽可能少。

产品经理设计产品时考虑用户的产品使用场景，从信息角度来看，就是考虑用户产品使用场景的时空因素对于用户接收信息的影响，也是信息路径设计时需要重点关注的方面。

（1）使用场景时间特征

关注用户产品使用场景的时间特征就是关注用户产品使用的时间长度和时间分布。产品经理需要明确用户主要在什么时间点使用、使用时长为多久，从而考虑信息点呈现的数量和次序。

（2）使用场景的空间特征

关注用户产品使用场景的空间特征就是关注用户产品使用的空间位置和特点。例如，用户是在户外使用还是办公室使用？用户是在静止环境下使用产品还是移动环境下使用？

总的说来，用户使用场景也是影响用户信息接收的一个重要因素，不仅会影响信息路径的设计，也会影响单个信息点的呈现形式。

8.3.3　常见信息路径

产品经理设计数据产品时，尤其是考虑信息路径设计时，既需要考虑用户认知规律，也要考虑用户使用场景，从而清晰地知道用户信息接收的具体特征是怎么样，便于设计对应的信息路径。

人们认识事物总是首先关注宏观和整体概况，从而有个全面的图景和认识，然后再关注细微层面的东西，甚至更加细微层面的东西。例如，人们看到某个地址，习惯的思维是先了解这个地址是哪个国家、哪个省、哪个市、哪个区、哪个街道，呈现一种“宏观－中观－微观”的信息递进路径。同样，产品设计时，一种常见的信息路径设计思路就是：首先向用户传递宏观层面的信息，让用户有个整体的感知；然后进一步递进，传递中观层面的信息，让用户能够聚焦到某个行业或区域；最后递进到微观层面，让用户了解具体的详细信息。这样，用户就像是查看地图一样，从宏观层面到中观层面到微观层面，根据自己需求不断递进，不断细化信息颗粒度。

从“宏观－中观－微观”角度层层递进展示信息，是一种常见且有效的信息路径。不过，有时候用户会对某个或某些“信息点”特别关注，这就需要使用另外一种信息路径“重要－次重要－次要”。

有的时候，信息点的时间维度特征非常明显，例如，设计一款监测系统，那么对于“事前”“事中”和“事后”的监测指标数值的展示，就要考虑从时间维度展开来进行信息路径设计。

总的说来，信息路径设计并没有一成不变的套路，它更为重要的意义在于提醒产品经理重视“信息点”之间呈现的关系。汇总来讲，常见的信息路径设计可以归纳为以下几种。

①按逻辑关系区分：宏观－中观－微观。

②按用户关注度区分：重要－次重要－次要。

③按时间维度区分：事前－事中－事后。

8.4 信息点可视化设计

如果说“信息路径”明确了“信息点”之间呈现次序的问题，那么“信息点可视化设计”则重点解决单个“信息点”呈现的问题。数据可视化某种程度上就是通过视觉形式来呈现数据所包含的信息，从而帮助人们了解数据所蕴含的意义。大脑对视觉信息更加敏感，更容易接收图像信息，因此使用图表、图形和设计元素把数据进行可视化，可以使信息接收者更容易理解数据所蕴含的模式、趋势、规律和相关性特征等，更加高效地接收信息。

不同样式的图表，擅长表达的“数据关系”不同。例如，柱状图可以用来表达基于分类的数据比较，从而展现各种类型数据之间的差异；折线图可以用来表达基于流程的数据，展示数据随时间的变化趋势；散点图能够呈现出错综复杂的变量之间的某种相关关系，便于进一步通过回归分析来寻找其中规律；饼图可以表达数据构成情况，从而描述各变量的占比情况。

8.4.1 信息点可视化流程

信息点可视化设计的根本任务就是综合利用图表、文字、色彩、动画等元素，更高效地向用户传递某个或某些信息要点。首先，我们需要深入分析信息要点，尤其是分析信息要点中的“信息维度”；其次，要根据“信息维度”进行图文配比选择、空间布局设计、图表样式选取、色彩和动画效果设计等工作，完成信息点可视化设计；最后，重新审视信息点可视化设计方案，修改完善方案，如图 8-5 所示。

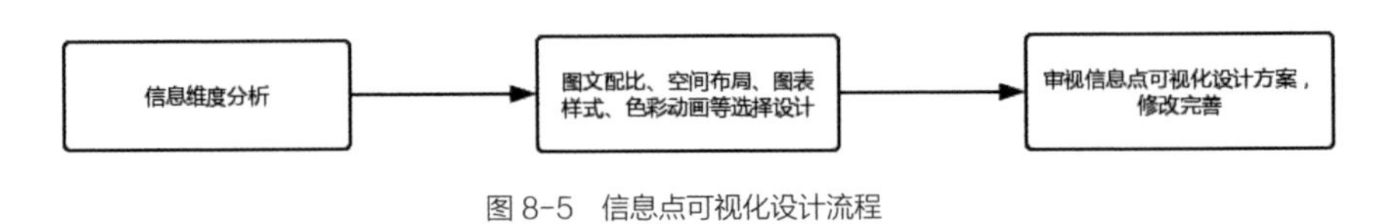

图 8-5　信息点可视化设计流程

例如，我们在数据产品首页希望告诉 X 市管理者“关于某项指数，X 市在全国城市中的大致位置”，就可以按照信息点可视化设计流程的步骤依次执行。

1. 信息维度分析

仔细梳理这个信息要点需要知道：①时间维度，需要展示的是某个时间点的信息还是某个时间段的信息；②空间维度，需要展示的信息点中是否包含空间维度；③对象维度，需要展示的这个信息要点中，包含哪些对象；④属性维度，需要展示的信息点中，包含了对象的哪些属性；⑤关系维度，需要展示的信息点中，对象之间的关系是什么样的。

回到“告诉 X 市管理者关于某项指数，X 市在全国城市中的大致位置”这一信息点上来，通过回答上述信息维度的问题，我们也对本信息点有了更加深入的了解。

①**时间维度**。信息点展示的是截面数据，也就是某个月份的数据。时间长度包括近三年每个月份的数据。

②**空间维度**。信息点展示的是全国范围内重点城市的比较。

③**对象维度**。信息点包含的对象有 X 市和全国其他重点城市。

④**属性维度**。信息点展示的是各对象的 Y 指数的得分情况。

⑤**关系维度**。信息点需要展示 X 市在全国城市中 Y 指数的得分情况，需要展示“比较”关系。

2. 信息组件设计

信息维度分析将信息点从时间维度、空间维度、对象维度、属性维度和关系维度几个方面进行拆解。从这些维度出发，可以得出信息点可视化的一些组件情况。例如，在时间维度上，信息点展示的是截面数据（某个月数据），但是要实现近三年每月份的数据都可展现。这必然要求存在“时间筛选”组件。再例，从空间维度出发，信息点要求进行全国范围内重点城市的比较。这里出现了很强烈的“地理信息”，需要一个“全国地图”组件来更好地呈现信息。此外，从关系维度出发，信息点需要呈现 X 市在全国城市中的 Y 指数的得分情况，需要体现“比较”关系。这里“比较”关系可以选择条形图、柱形图或列表等组件来进行展示。信息组件设计过程如图 8-6 所示。

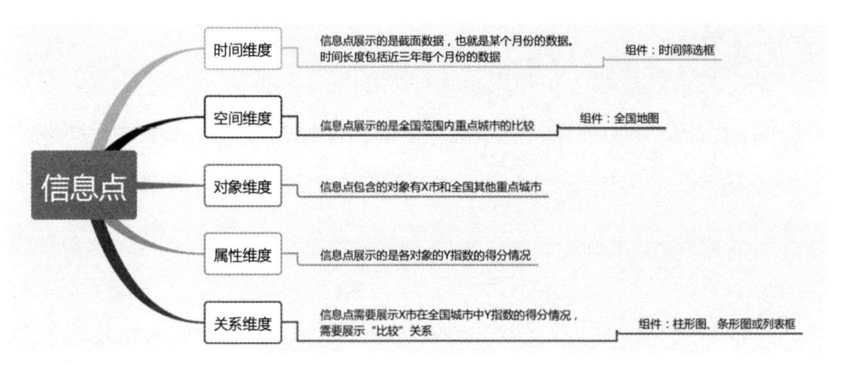

图 8-6　信息组件设计过程

3. 信息组件布局

除了上述组件外，也可以根据产品需求增加组件。例如，根据 X 市管理者时间有限，希望快速获得结论的要求，产品设计时特意为每个信息点增加了“关键结论文字框”组件。

在列示出信息点可视化的各个组件之后，可以进一步为每个组件的必要性和重要性进行排序，从而逐次确定可视化的信息组件及其布局，具体步骤如下。

（1）根据必要性排序

将组件选项中必须要呈现的组件予以列示。例如，上面例子中的“时间筛选”组件就是必须要有的组件，需要将其列示出来。

（2）根据重要性排序

这里的重要性主要是根据产品使用场景和本信息点预期效果来综合评判，从而选定出一个信息点可视化的主要构图，进而确定组件。例如，我们认为首页需要给 X 市管理者一个宏观和整体的认知，同时需要在全国城市范围内进行比较，所以选择地图作为主要构图，那么“全国地图”组件自然就是需要的。

（3）组件布局搭配

选定出作为主要构图的组件之后，其他组件就可以根据主要构图来进行挑选。组件布局搭配的原则就是：简洁、美观。例如，选定全国地图组件作为主要构图后，考虑“全国地图”占据页面空间较大，其他组件必然不能够再选择页面空间较大的组件，同时考虑图文并茂，所以选择了“列表”来展示信息点中的比较关系。

4. 色彩动画完善

完成组件选择和布局之后，还需要考虑色彩搭配和动画效果。例如，为了向产品用户传递出一种“数据不断更新和变化”的感受，可以在地图上增加动态效果，用不同颜色来表示不同城市，同时高亮动态轮播展示每个城市的信息，形成一种“数据不断更新和变化”的动态效果。色彩搭配和动态效果其实是一门艺术，要求产品经理平时就要留心观察各种优秀的色彩搭配和动画效果案例，作为自己产品设计时的参考。

一般来说，经过上述信息维度分析、信息组件设计、信息组件布局和色彩动画完善几个步骤之后，我们就可以设计出信息点的可视化方案了。产品经理可以将该方案交付其他同事或“天使用户”讨论，听取他们的意见后再修改完善。在上述过程中，“信息维度分析”是最基础的一个环节，因为这个环节是对信息点的深入分析和挖掘，是后续步骤开展的前提。但是“信息组件设计”是最需要产品经理平时积累经验的，因为如果产品经理对于各个图表组件的使用场景不熟悉，就不知道哪种“关系”应该选择哪个组件。接下来，重点讲解各个图表的适用场景。

8.4.2　图表适用场景

不同的图表有不同的适用场景，选择图表样式时，需要根据每个图表的适用场景，针对性地选择或设计产品。

①曲线图经常用来反映某个或某些事物随时间的变化趋势。

②柱状图既可以用来反映分类事物之间的比较关系，也可以用来反映时间趋势。

③条形图用来反映事物之间的比较和排序。

④饼图用来反映整体的构成，即部分占总体的比例或部分与部分之间的比较。

⑤散点图用来反映相关性或分布关系，常用于探索性研究。

⑥地图用来反映区域之间的分类比较，突出地理概念。

选择设计合理的图表样式，既需要我们了解基本的图表适用场景知识，也需要深入分析需要表达的关系，从而做出合适的选择。

1. 基本图表适用场景

（1）散点图

散点图是指数据点在直角坐标系平面上的分布图，散点图表示因变量随自变量变化而变化的趋势，常用于在回归分析中对数据点进行拟合。

散点图常用来判断变量之间是否存在数量关联趋势或者如果存在关联趋势，那么这种关联趋势是线性还是非线性的。有时候，散点图还可以帮助我们快速找到奇异值，例如，某一个点或者某几个点偏离大多数点，通过散点图可以一目了然地发现奇异值。散点图对于大量离散数据关联关系的探寻效果较为明显，如果数据集中包含非常多的点（如几千个点），那么散点图就能很好反映出变量之间的关联关系。图 8-7 表示的是自由落体距离和时间的关系图。

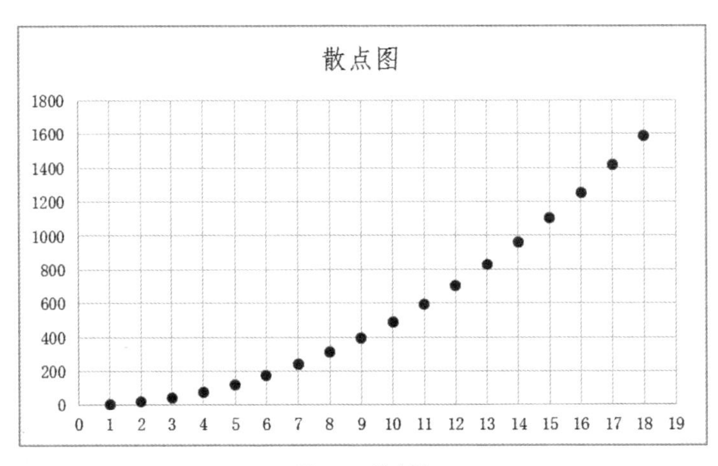

图 8-7　散点图

（2）点线图

点线图是散点图的一种变形，是用线将散点图中的点进行连接，形成一种描述数据趋势的图形。点线图中既保留了“点”的特征，又突出了“线”的趋势。通过点线图对关键数据的描述，可以发现某种趋势，如图 8-8 所示。

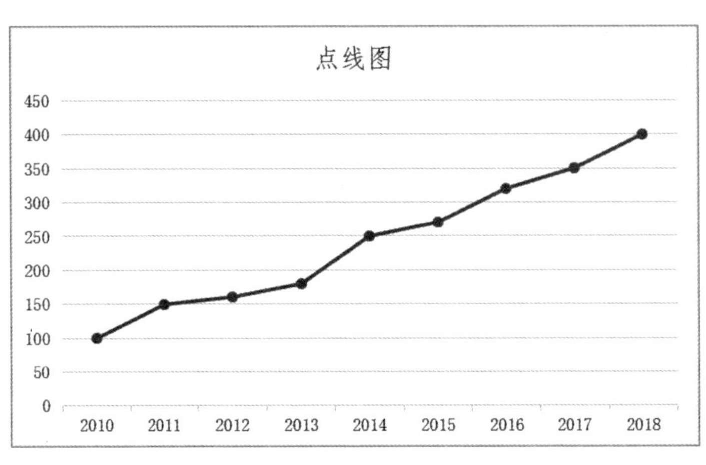

图 8-8　点线图

（3）折线图

折线图可以看作是点线图的变形，主要是忽略掉“点”的特征，强化“线”的特征。折线图常用于显示随时间或有序类别而变化的趋势。如果分类标签是文本并且代表均匀分布的数值（如月、季度或年度），则多采用折线图表示，如图 8-9 所示。

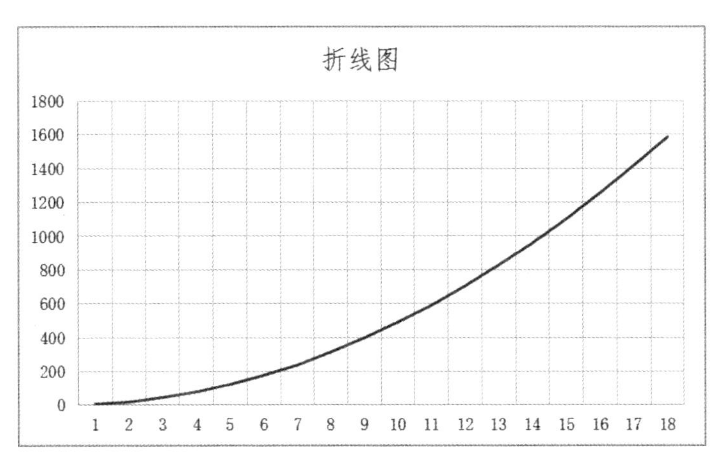

图 8-9　折线图

（4）柱形图

柱形图是一种以柱形的高度为变量的统计图表。柱形图用来比较两个或两个以上组别之间的数据差异，如图 8-10 所示。

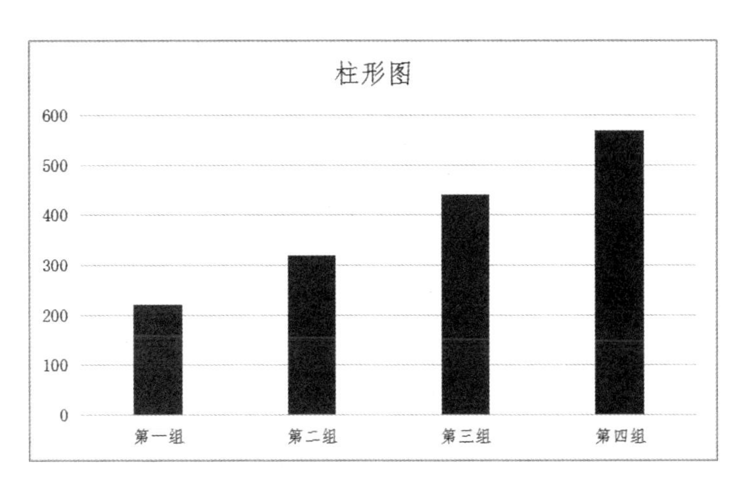

图 8-10　柱形图

（5）条形图

条形图可以说是柱形图的变形，只需要把柱形图的横纵坐标进行调换，就可以得到条形图。条形图也适用于组别之间的比较，但是含有强烈的“排行”意味，所以在进行组别排行时经常使用，如图 8-11 所示。

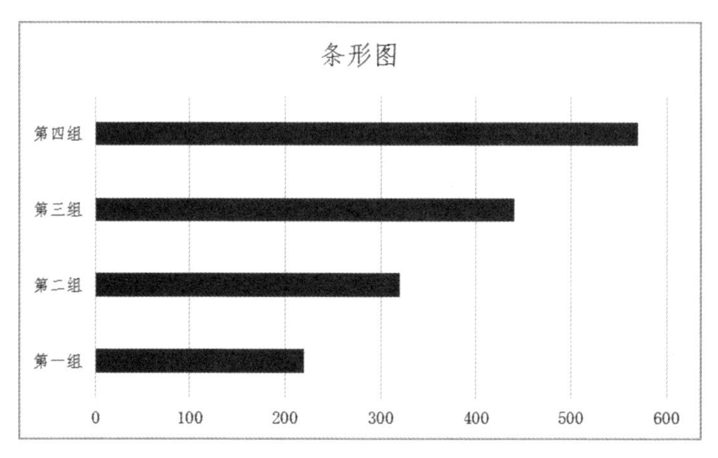

图 8-11　条形图

（6）饼图

饼图是用圆形面积占比来描述数据间关系的图示，经常用来表示部分与整体之间的关系，也用作整体中各部分之间的比较。饼图能够直观显示各项占总体的占比和分布情况，凸显出个体与整体间的比较关系。但是当分类较多时会使饼图显得杂乱，所以并不适用于分类较多的情况，如图 8-12 所示。

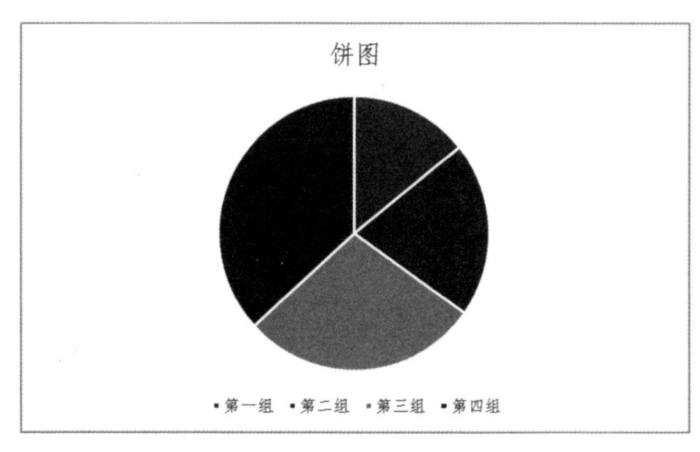

图 8-12　饼图

（7）雷达图

雷达图又称为蜘蛛网图，常用来进行多指标体系比较分析，例如，细分维度得分展示、效果对比量化、多维数据对比等，经常用于财务分析报表之中。从雷达图中可以看出指标的实际值与参照值的偏离程度，从而为分析者提供有益的信息，如图 8-13 所示。

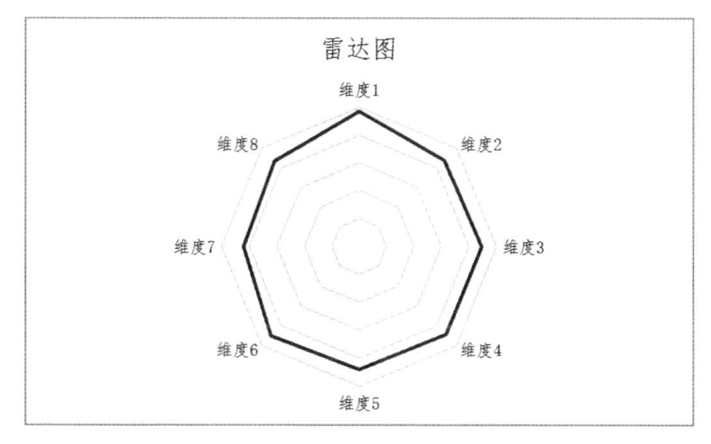

图 8-13　雷达图

（8）**仪表盘**

仪表盘是类似汽车仪表的图示，是商业智能实现数据可视化的常见模块，向用户展示度量信息和关键业务指标现状情况。仪表盘在表达数据实时变动的场景下具有较好的展现效果，如图 8-14 所示。

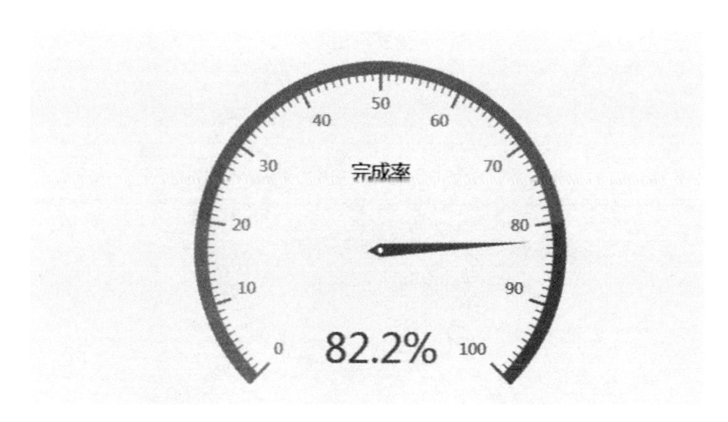

图 8-14　仪表盘

（9）**漏斗图**

漏斗图一般用于描述单个变量的变化情况，因为图形类似一个倒置的漏斗，所以被称为漏斗图。漏斗图常用于业务环节较多的流程分析中，通过漏斗中各环节业务数据的比较，能够直观地发现和说明问题。例如，在网站分析中，漏斗图通常用于转化率的比较，不仅能展示用户从进入网站到实现购买的最终转化率，还可以展示每个步骤的转化率，如图 8-15 所示。

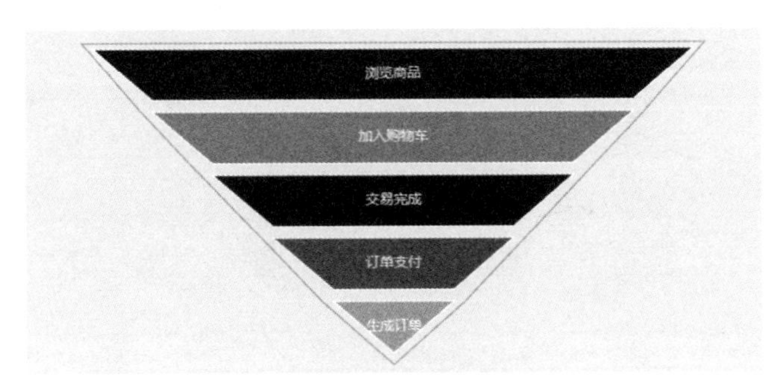

图 8-15　漏斗图

（10）**和弦图**

和弦图通过圆环和弧线来表示数据间的关系。圆环表示数据节点，弧长表示数据量大小。圆环内部用不同颜色的连接带进行连接，代表数据关系流向、数量级和位置信息。和弦图具有表达信息量大和视觉冲击力强的特点，不过，由于该图形比较复杂和新颖，用户解读图像的成本较高，所以不要滥用，如图 8-16 所示。

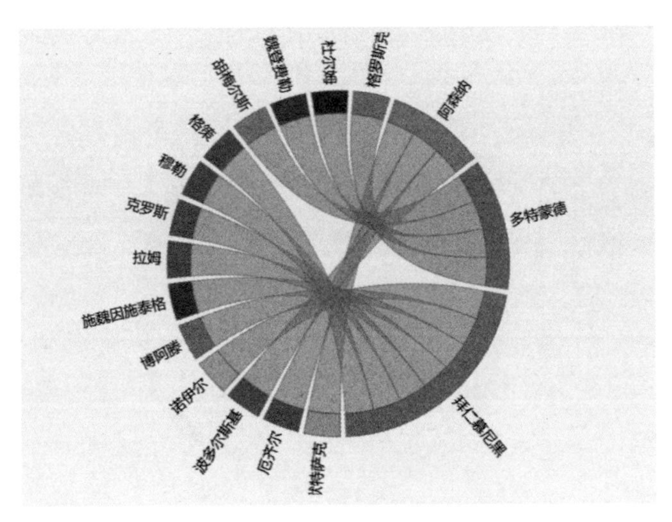

图 8-16　和弦图

（11）**热力图**

热力图是以特殊高亮的形式显示访客热衷的页面区域和访客所在的地理区域的图

示。网站经常使用网页访问热力图来改进产品设计，热力图能告诉我们网页的哪些部分吸引了大多数访客的注意和点击。例如，你会发现访客经常会点击那些不是链接的地方，这其实提醒我们可以考虑在那个地方放置一个资源链接。图 8-17 所示为热力分布图，显示了人口密集程度。

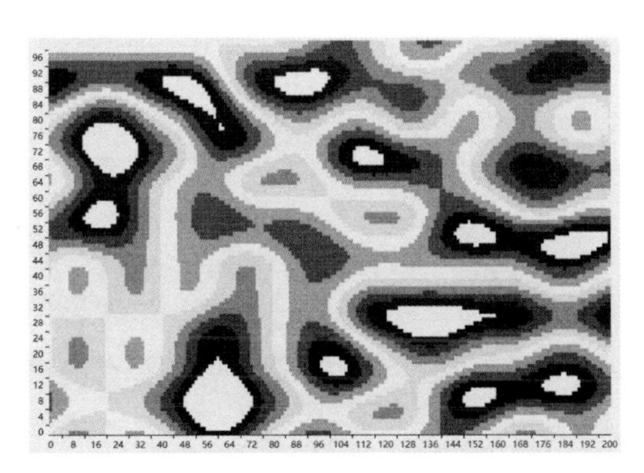

图 8-17　热力分布图

2. 图表样式选择

图表样式选择既要关注信息点的各个信息维度，也要考虑各个图表的使用场景。如果想展示 2018 年度某市新生婴儿男女性别比，由于是静态关系的比较，就可以使用饼图来展示；如果想展示从 2016 年到 2018 年近三年婴儿男女性别比变化，因为时间周期较短，可以考虑用堆积百分比柱形图来展示；如果想展示从 2000 年到 2018 年间该市婴儿男女性别比变化的情况，因为时间周期较长，就可以考虑用堆积面积图来展示。

不同的图表侧重展现的“关系”是不同的，例如，折线图更侧重展现“比较”关系，呈现跟随时间的变化趋势；而饼图更侧重展现“构成”关系，呈现部分与总体的占比情况。因此，我们有必要结合信息维度和图表使用场景进行梳理。

①**从时间维度进行考量**。如果是展示某个“时间点”的情况，那么一般不采用折线图；而如果是展现某个“时间段”的情况，则很可能会采用折线图。

②**从空间维度进行考量**。如果信息点强调“地理信息”，那么可以考虑使用地图。

③**从对象维度进行考量**。如果是单个对象的展示，需要展现某个时间点的数据，那么可以考虑使用仪表盘；需要展现某个时间段的数据，则可以考虑柱形图或折线图。如果少数对象比较（3 个及以下），需要展现某个时间点的数据可以考虑柱形图或饼图；需要展现某个时间段的数据则可以考虑柱形图和折线图；如果多数对象比较，需要展现某个时间点的数据可以考虑条形图、饼图或环形图，需要展现某个时间段的数据则

可以考虑堆积柱形图、折线图、堆积面积图等。

④**从关系维度进行考量**。如果是二维关系展示，可以进一步考察对象之间的关系再确定；如果是三维关系展示，可以考虑气泡图；如果是四维及高维关系展示，可以考虑雷达图。

实践中，我们可以从以上维度出发，根据实际情况进行图表样式的选择和设计，参考如图 8-18 所示。

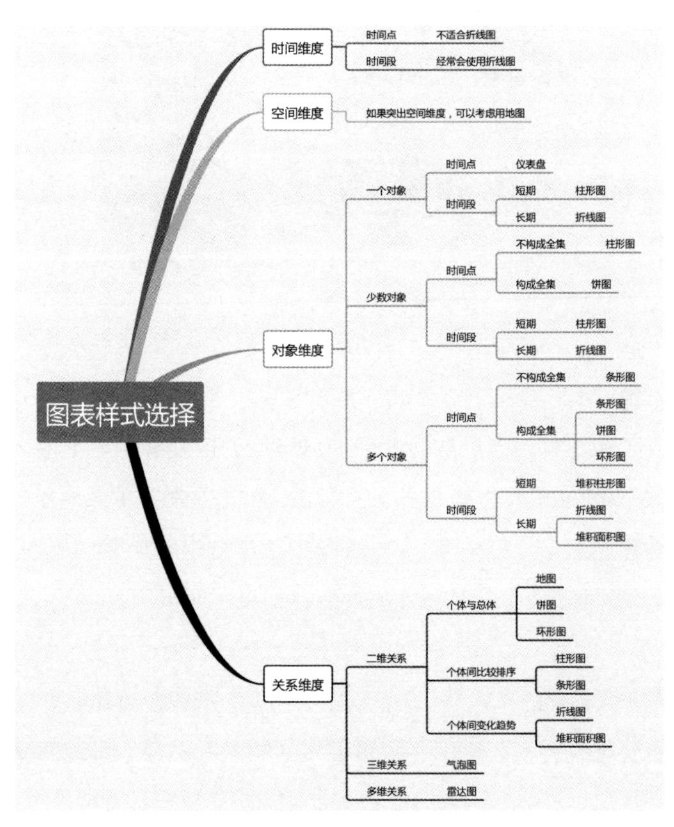

图 8-18 图表样式选择参考

虽然借助图表进行数据可视化，可以提高信息传递的效率和效果。但是过度进行可视化或者“为了可视化而可视化”则会适得其反。总的说来，我们需要注意以下几点。

①**避免信息过载**：不要在一张图中表达太多信息，这样会使信息太多，从而失去重点。

②**慎用动态图**：尽量慎重使用动态图表，尤其在一个页面使用多个动态图表。

③**避免过度设计**：避免使用过多色彩和特效，如 3D、阴影效果等，尽量使图表简洁清晰。

第9章

产品经理必知的后台模块

常见后台产品模块

权限管理模块

订单管理模块

消息管理模块

帮助中心模块

9

9.1 常见后台产品模块

互联网产品从前后台角度区分，还可以分为前台产品设计和后台产品设计。前台产品标准化程度相对较低，往往跟具体业务场景紧密联系，不同的业务场景、用户需求，所需要的前台产品不尽相同。后台产品虽然也和具体业务场景有联系，但相对来说模块化和标准化程度较高。后台产品业务逻辑关系复杂，并且牵涉到数据库模块，门槛相对较高，有必要进行专门讲解。后台产品相对于前端产品来说，具有如下一些明显的特点。

（1）后台用户对产品 UI、UE 容忍度较大

由于后台用户一般没有接触其他公司后台产品的机会，正所谓“没有比较就没有伤害”，有时候即便后台产品设计开发的不够优秀，用户也不敏感。其次，后台用户往往为了完成工作任务，即便后台产品设计有些缺陷，也会努力学习掌握后台产品的使用方法，对其容忍度相对较高。

（2）需求明确和统一

由于后台产品的使用对象往往是企业内部员工，产品需求是由业务流程驱动的，所以是明确的。同时，由于开发人员与后台用户同属一个企业，对于后台用户的调研和理解也更加容易，这使得后台产品需求会比较明确和清晰。另外，后台用户往往是以部门为单位的，一般而言，同部门内部的需求较为统一，这也降低了后台开发的不确定性。

（3）角色权限较为复杂

对于不同部门、不同等级的员工，公司业务信息的授权范围是不同的，这必然会导致后台设计时的权限设计较为复杂。一些较为敏感的数据和操作权限可以对某些部门某些等级的员工开放，而对其他员工则必须予以限制，这是出于对业务安全的考虑。正因如此，在后台功能规划中必须清晰了解各部门各等级员工的业务权限，从而给不同角色设定不同的操作权限和数据权限。

（4）公司发展阶段不同，要求会不同

初创公司最重要的任务是获得客户，在资源有限的条件下首先会把大量的产品设计人员和系统开发人员优先放置在前台产品的设计开发中，对于后台产品的要求是“能用即可”。但是，随着业务量增加、流程日渐规范，以及公司规模扩大，对于后台系统的要求也会越来越高。成熟的大公司会考虑后台产品的合理性和体验感受，要求后台产品更加利于业务人员操作和有助于业务人员提升业绩。这时，后台产品就开始向前端产品的设计要求和设计思路靠近了。

后台产品不仅跟前台产品有着明显差异，不同的产品形态所对应的后台设计系统也会有所差别。但是一般说来都会有子系统，如权限管理系统、订单管理系统、消息管理系统、帮助中心等，如图 9-1 所示。

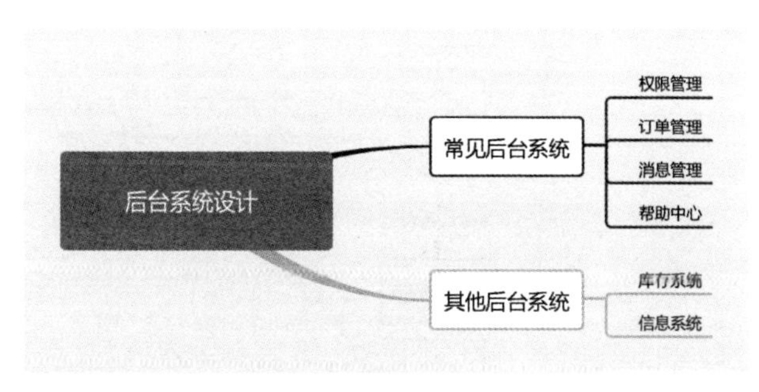

图 9-1　常见后台子系统

9.2 权限管理模块

权限管理是几乎所有后台系统都会涉及的一个重要组成部分，主要对后台管理系统进行权限控制，既涉及前台产品的使用对象权限，也涉及后台运营管理人员的权限。后台产品为了避免公司内部运营人员因权限控制缺失或操作不当（如操作错误，数据泄露等）引发操作风险而做出权限区分。数据产品后台是个庞大的系统集合，有着多个模块和功能，而权限管理保证了不同部门、不同岗位的员工合理使用后台产品。当用户访问产品时，产品后台可以按照权限系统的设置来控制用户的访问功能和数据权限。

RBAC 模型（Role-Based Access Control，基于角色的权限访问控制）就是权限处理的一个典型模型，用户可以通过角色实现灵活且多样的权限操作需求。RBAC 通过权限与角色相关联，而用户则通过角色获得角色所对应的权限。

通过 RBAC 权限管理模型，用户可按照实际业务的需要分配不同的角色和权限，在共享一个软件平台的基础上实现不同用户的不同功能。按照角色赋权的方式划分，权限赋予可以分为自动赋权和手动赋权两种。赋权流程如图 9-2 所示。

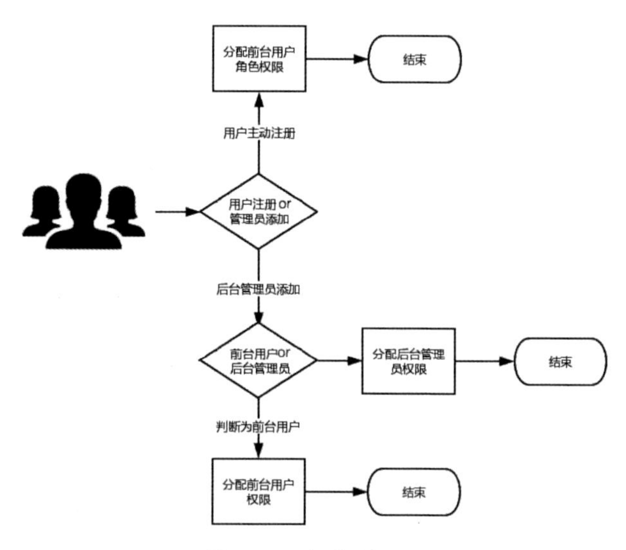

图 9-2 用户赋权过程

①**自动赋权**：外部用户注册成功之后，系统会默认授予对应的基础权限。如果外部用户需要获得更多权限，往往需要购买升级服务，从而提高权限等级和增加享受的服务内容。内部用户的自动赋权是把角色跟对应的行政部门绑定连接，用户进入部门后，账户自动被赋予对应角色并拥有该角色所有权限。

②**手动赋权**：有时候也需要对用户权限进行调整，这就需要手动赋权了。权限依据属性可分为操作权限和数据权限，所以手动赋权的过程就是赋予角色对应的操作权限和数据权限，进而赋予用户账号对应角色的过程。

9.2.1 权限设计内容

权限依据属性可以区分为操作权限和数据权限，这也是权限设计的主要内容，如图 9-3 所示。

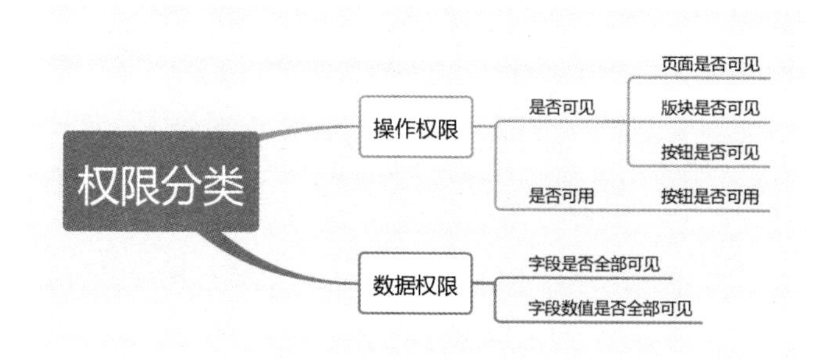

图 9-3　权限分类

①**操作权限**：更多偏重于“交互”功能，可以细分为是否可见、是否可用。某个内容模块是否可见、某个按钮是否可用等，都是常见的操作权限的体现。例如，客服人员无法单击“上架”或“下架”按钮，因此实现商品上下架；运营人员可以查看订单信息，但是看不到“编辑”按钮从而无法编辑订单等，也都是操作权限的体现。

通过操作权限，用户可以按照各自角色权限操作相应的菜单按钮（如增、删、改、查）。典型的操作权限分配页面如图 9-4 所示。

角色权限：

页面类型	页面（全部功能■）	版块	可见（全部☑）	功能点	可见（全部■）	可用（全部■）
前台用户页面	监测环境指数宏观页面	环境指数得分	☑	时间筛选		
				下滑条	☑	
		环境指数排名	☑	翻页	☑	☑
		环境指数挖掘	☑	查询筛选		
				点击跳转		
				翻页		
	监测环境指数中观页面	环境指数对比	☑	查询筛选		
				水平滑动条		
				点击跳转		
				收缩扩展		
	监测环境指数微观页面	环境指数细分页面	☑	水平滑动条		

图 9-4　操作权限分配

②**数据权限**：数据权限更多偏重于“内容”范围，可以细分为字段是否全部可见、字段数值是否全部可见。例如，北京运营人员可以查看北京的订单数据，但是无法查看四川的订单数据。

9.2.2　权限设计核心逻辑

不管是操作权限设计还是数据权限设计，最重要的是针对不同角色和用户赋予不同权限。那么权限设计的核心逻辑是什么呢？其实，权限系统中“用户”和“权限”的对应关系是通过“角色”来完成的。系统首先建立“角色”，给每个“角色”赋予权限（操作权限、数据权限）。当新增用户账号时，系统给“用户”分配“角色”，每个用户可以分配一个角色，也可以分配多个角色。这样，“用户”就通过“角色”这个中间桥梁跟“权限”内容进行了关联，如图 9-5 所示。

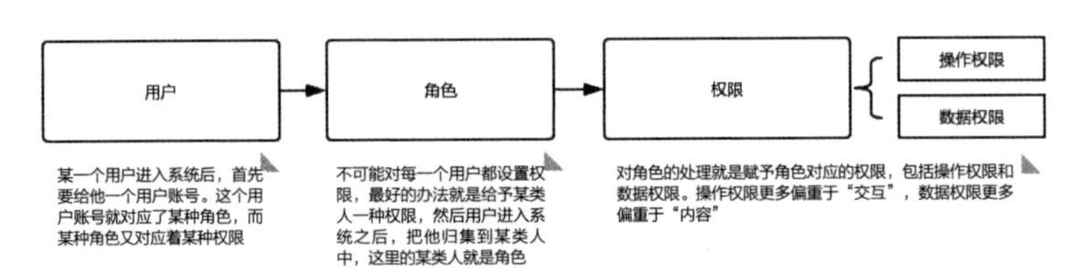

图 9-5　用户权限分配过程

①某一个用户进入系统后，首先要给他一个用户账号。这个用户账号就对应了某种角色，而某种角色又对应着某种权限。

②不可能对每一个用户都设置权限，最好的办法就是给予某类人一种权限，然后用户进入系统之后，把他归集到某类人中，这里的某类人就是角色。

③对角色的处理就是赋予角色对应的权限，包括操作权限和数据权限。操作权限更多偏重于“交互”，数据权限更多偏重于“内容”。

以上就是权限设计最核心逻辑模型：“用户 - 角色 - 权限”授权模型，如图 9-6 所示。

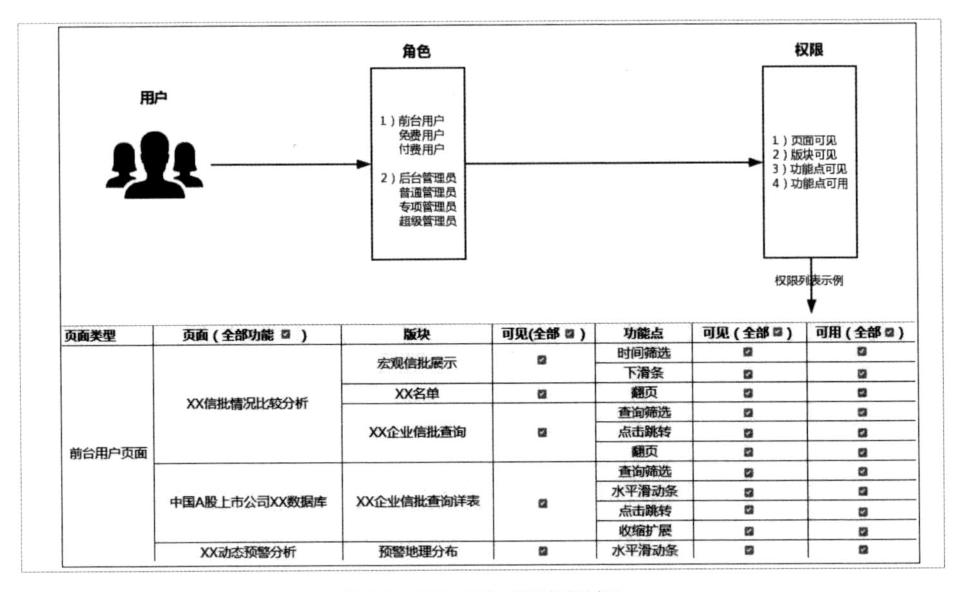

页面类型	页面（全部功能 ☑ ）	版块	可见(全部 ☑)	功能点	可见（全部☑）	可用（全部☑）
前台用户页面	XX信批情况比较分析	宏观信批展示	☑	时间筛选	☑	☑
				下滑条	☑	☑
		XX名单	☑	翻页	☑	☑
		XX企业信批查询	☑	查询筛选	☑	☑
				点击跳转	☑	☑
				翻页	☑	☑
	中国A股上市公司XX数据库	XX企业信批查询详表	☑	查询筛选	☑	☑
				水平滑动条	☑	☑
				点击跳转	☑	☑
				收缩扩展	☑	☑
	XX动态预警分析	预警地理分布	☑	水平滑动条	☑	☑

图 9-6　用户-角色-权限授权过程

9.2.3　权限设计子模块

权限设计的核心逻辑就是“用户 - 角色 - 权限”授权模型，具体到功能子模块包括角色管理和账号管理。

1. 角色管理

为什么在权限设计过程中会有“角色管理”这个子模块呢？试想一下，如果张三来了，要为张三单独设置权限；李四来了，又要为李四单独设置权限。那么一个产品的用户数量经常是上万甚至几十万、几百万，这得招聘多少人员来处理权限设置的事情。更何况用户设置权限之后，后期还会有权限的增添，难道又得一个用户、一个用户地去新增用户权限吗？

解决上面问题的思路就是“批量处理”，而“批量处理”就是通过“角色”来完成的。角色就是对一群用户赋予相同的权限。这样对用户功能权限进行设置时，就可以分为几步：首先，授予不同角色不同的权限；其次，授予不同类型用户不同的角色；最后，不同用户通过“角色”这个中介获得不同权限，形成一个授权体系的闭环。

角色权限如何设置呢？这需要用到一个名为“权限树”的工具。权限树是对每个页面或者功能模块进行权限设置的工具，后台管理人员可以通过权限树设置负面是否可见、版块是否可见、按钮是否可用、数据是否可见等，如图 9-7 所示。

图 9-7　权限树示意

权限树的使用者是后台管理人员，作用是帮助后台管理人员灵活配置角色权限。产品经理在设计权限树的同时，需要把梳理好的权限列表交给开发人员，将统一的权限接口嵌入页面中。

当公司部门岗位较多或岗位之间的分工和职责差别较大时，就需要给不同的岗位分配不同的角色。有时为了方便管理会对角色进行分组，把角色与部门绑定。例如，运营部下有活动运营、商品管理、专场运营等角色，那么其他部门就不能使用这些角色。

2. 账号管理

如果说“角色管理”是把权限赋予某一群用户，那么“账号管理”就是把某一个具体用户归类到某个“角色”中，从而使该用户获得对应角色的权限。账号管理是管理员最常用的功能之一。这一模块常用的功能是“新增”“删除”“编辑”这 3 项基础的操作功能。考虑员工会离职，那么该员工对应的账号就要停用，所以“冻结”“启用”也是常见的功能部分，如图 9-8 所示。

+ 新增　启用　冻结　删除　搜索用户名、姓名、部门、角色、状态

ID	用户名	姓名	部门	角色	账号状态	注册时间	操作选项
1001	春风	大威	产品部	超级管理员	启用	2017-11-5 12：00	编辑 删除
1002	夏日	中威	产品部	普通管理员	冻结	2017-11-5 12：00	编辑 删除
1003	秋叶	小微	产品部	普通管理员	启用	2017-11-5 12：00	编辑 删除
1004	冬阳	威武	产品部	普通管理员	启用	2017-11-5 12：00	编辑 删除
1005	团年	霸气	产品部	普通管理员	启用	2017-11-5 12：00	编辑 删除

图 9-8　账号管理

由于同一个部门的员工往往具有相近的职责权限范围，所以部门各岗位的员工往往也有相似的角色权限。产品经理在设计一些 ToB 的数据产品时，尤其要注意考虑设置“部门”这一级单位，便于统一管理。

（1）部门账号管理

建立“部门账号”的初衷是同一部门的不同岗位往往也具有一定的共同权限，例如，华东区部门的不同岗位，都只能查看华东区的数据，不能查看其他地区的数据。按照部门进行管理主要是为了对员工进行聚类。员工归属于某个部门，分配角色后自动就具有该部门的基础权限。产品经理设计部门账号管理要关注以下几个方面。

第一，部门增删改查。展示部门的基本信息，如部门名称、部门简介、部门岗位、部门员工、部门权限内容等。例如，当公司新增一个部门时就可以同步在后台系统中新增部门名称，并配置部门基础权限，从而使部门的各岗位自动分配对应的部门基础权限。

第二，岗位增删改查。员工跟部门之间的关系是通过“岗位”这个中介来实现的。员工之间不同的权限是因为工作内容差别导致的，也就是员工“岗位”不同导致的。所以，产品经理设计部门账号管理版块时需要设计岗位的增删改查功能。

（2）员工账号管理

员工进入系统后，系统会给每个员工分配一个员工账号。员工账号对应着某个角色类型进而赋予员工账号对应的角色权限。员工账号的“角色类型”往往就是员工的“岗位名称”，系统通过把员工账号对应到某个“岗位名称”，员工账号就自动分配了对应角色的权限。需要说明的是，“岗位”和“角色”本质上是一回事，都是为了对某一类人群赋予相同的权限，从而便于批量操作。

更多时候，数据产品的后台管理不是割裂的，往往会跟企业OA系统进行打通关联。员工入职设定岗位后就自动分配到岗位角色权限，员工离职之后对应的账号权限也自动停止了。

总地说来，权限系统是赋予某一类人群特定的操作权限和数据权限，也就是赋予角色权限；而账号系统是把具体的某一个用户归类到某类人群中去，也就是赋予用户某一个角色，进而就拥有了该角色所具有的权限。通过“用户 - 角色 - 权限”三者的关系，就可以很好地管理好后台用户权限。

9.3 订单管理模块

订单系统几乎是所有互联网产品不可或缺的一部分，不管是财务管理还是货物管理，它们的基础都是“用户下了订单”，所以订单系统是整个后台产品设计的核心之一。

9.3.1 订单系统内容

订单系统中包含着商品信息、用户信息、订单信息、优惠活动信息等一系列订单数据，如图 9-9 所示。

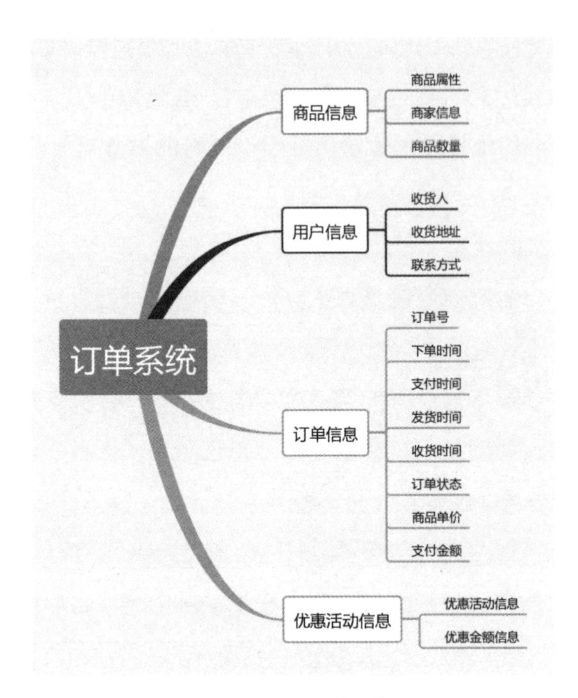

图 9-9　订单系统内容

对于一些复杂的电商平台来说，还可能涉及物流信息、第三方订单接入、订单自动合并和拆分、库存控制等更多更复杂的模块。

不管如何复杂，订单系统的时间起点和逻辑起点都是用户下订单这一行为，根据支付情况、物流情况等可以细分为不同状态，如图 9-10 所示。

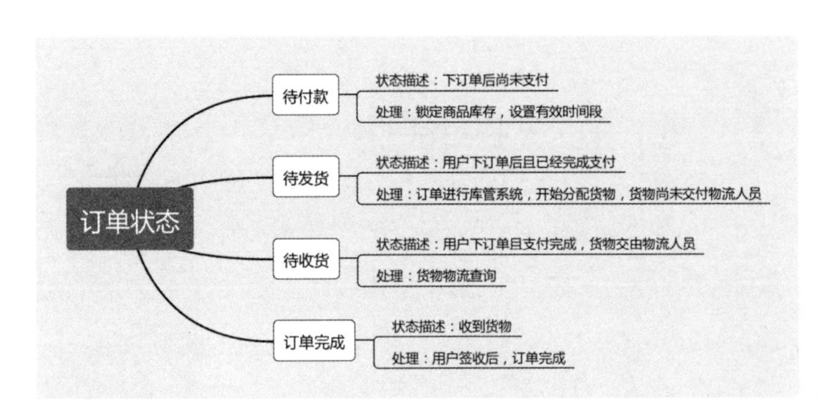

图 9-10　订单状态阶段

①**待付款**。用户已经下订单但尚未支付，自然也不存在物流发货等信息。需要注意的是，对于电商平台等牵涉到实体货物发送的情况，由于“用户下订单”后会锁定

库存商品，所以一般会设置一个有效时间段。这也就是说用户在下订单之后一段时间内（30 分钟或 60 分钟）还未完成支付，系统就会自动取消该订单。

②**待发货**。用户下订单且已经完成支付，订单进入库管系统，开始分配货物，但是货物尚未交付物流人员。

③**待收货**。用户下订单且支付完成后，货物已经出库并交付物流人员。这个时候用户更关心的是实时物流信息，如此刻货物已经到达哪个城市了，产品设计中会有货物物流进度查询。

④**订单完成**。当用户收到货物之后，用户可以点击确认完成此订单，也可以用户签收货物后一段时间系统默认订单完成。

综上，这 4 个阶段是订单系统的主要划分如图 9-11 所示。

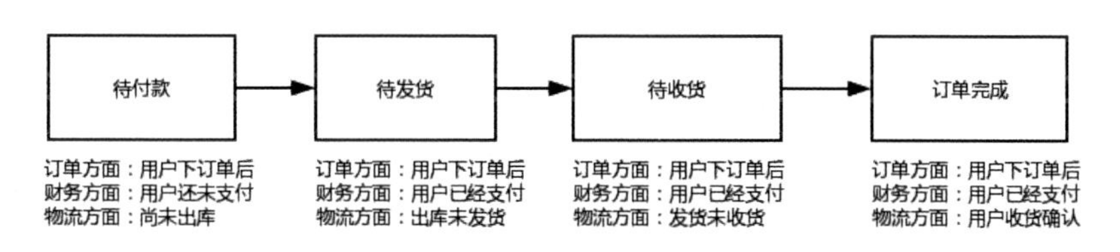

图 9-11　订单系统的阶段

上面 4 个阶段的划分只是正常状态下的划分，但有时会因为“售后问题”产生更为复杂的流程，这会使订单状态增加一个“售后”环节，如图 9-12 所示。

图 9-12　售后环节

具体说来，“售后”主要环节如图 9-13 所示。

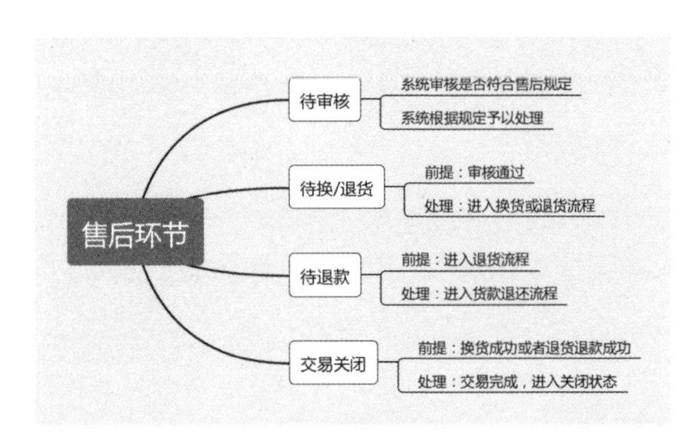

图 9-13　售后主要环节

①**待审核**。用户申请“订单取消”“换 / 退货”时，需要由系统进行审核是否符合“订单取消”或“换 / 退货”的条件。例如，用户收货确认后超过规定时间（如 7 天、15 天或 30 天），用户再申请“换 / 退货”就可能被系统拒绝。再例如，当用户下订单后但货物尚未出库或仓库拦截发货成功，那么用户“取消订单”就可以被系统直接审核通过。

②**待换 / 退货**。换 / 退货申请通过之后，就可以进行换货或退货流程了。

③**待退款**。如果是退货流程会牵涉用户支付的货款退还。

④**交易关闭**。当用户完成了退货退款或换货成功确认之后，整个交易完成，进入“交易关闭”状态。

9.3.2　订单流程引擎

后台系统中为了对海量的订单流程进行统一管理，常常会组建流程引擎模块。订单流程从流向来区分可以分为正向流程和逆向流程。其中，正向流程是指正常状态下用户下订单、订单生成、订单支付等这个过程，后台系统之间的信息流转。逆向流程则是指由于订单修改、取消、退货等导致的后台系统流程。

（1）正向流程

对于用户来说，下订单是很容易的事情，最简单的流程是：选择商品→点击购买→支付货款→购买成功。但即便是对于虚拟产品的购买来说，产品设计的过程也会涉及多个环节。

第一，用户下单：用户下单后，系统生成订单时会自动检查用户信息，并获取订单相关的商品信息、会员信息及促销信息。

第二，安全验证：对于一些大型平台，往往会在用户下单之后，进行安全验证。例如，检测用户是否是黑名单用户或者购买行为是否异常等，如果检测到风险情况，则会终止下单。

第三，商品信息：系统从商品中心调取用户下单商品信息，包括规格、价格等信息。

第四，促销信息：平台为了促进商品销售，往往会进行各种促销活动，如发放优惠券或者打折商品促销。因此，系统在计算商品总金额的时候，就需要知道对应的促销信息。这就是说，系统还需要从营销中心调取订单促销信息（优惠券、打折促销信息等），从而计算出对应的优惠金额。

第五，会员优惠：平台产品为了提高用户黏性，往往会建立自己的会员权益体系。对于高级别会员会提供积分抵扣或者“折上折”之类的特殊权益。这时候，系统就不仅需要商品本身信息和促销信息，还需要知道用户所具有的会员权益，如平台抵扣积分、折扣力度等信息。

第六，订单生成：系统根据用户信息、商品信息、促销信息、会员权益信息等，计算出订单金额，生成用户订单。

订单在多系统之间交互流转的流程示意图如图 9-14 所示。

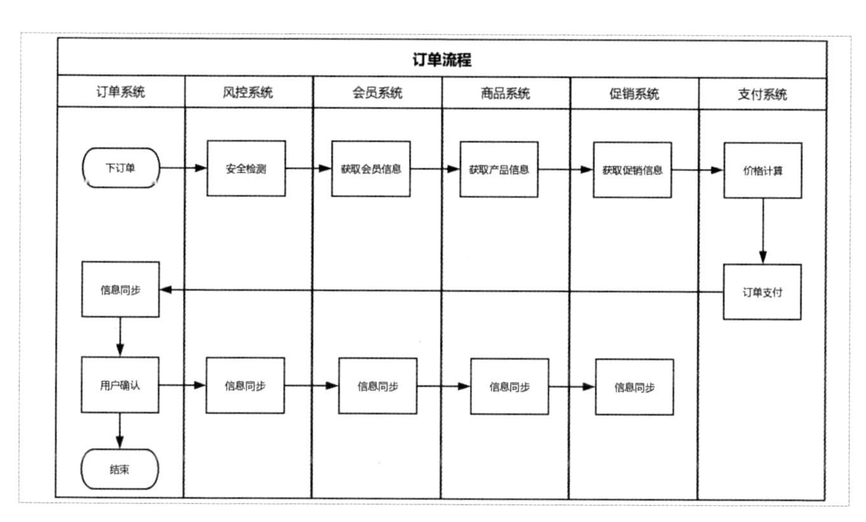

图 9-14　订单流程示意

（2）逆向流程

逆向流程是关于订单修改、取消、商品退还、货款退返的各项操作，跟正向流程存在密切的关系，需要仔细梳理。

第一，订单修改：订单信息既包含商品信息、促销信息，也包含了收货人信息等。其中有些信息是允许修改的，有些则不能够被修改。例如，客户下单后，收货人地址及联系电话一般是可以修改的，那么就可以启动相关订单信息的修改。这个环节的重要工作是对订单信息做出区分，明确哪些信息不能被修改，哪些信息允许被修改。

第二，订单取消：用户提交订单后取消订单有两种情况，一种是支付时限过期后系统自动作为“订单取消”处理，另一种是用户主动进行订单取消操作。

第三，退货：用户支付成功后，符合退货条件情况下，用户也可以提出退货申请。用户提出退货申请后，平台需要对申请进行审核，查看是否符合退货条件。符合退货条件的申请，平台将进入退货退款流程，支付系统、促销系统以退款单形式完成退款。

第四，退款：用户提出退货申请并审核通过后，系统会以退款单的形式实现退款。这个过程主要是涉及促销系统及支付系统，相关数据库表中的数据会发生变化。

9.4 消息管理模块

消息管理也是几乎所有后台系统都会涉及的一个重要组成部分，主要是进行消息的发送和接收管理，例如，用户反馈意见或建议的管理、公告管理或系统向用户发送提醒等。良好的消息推送可以提升用户的活跃度、黏性和参与度，而糟糕的消息推送则容易引起用户反感，增大产品卸载率。

9.4.1 消息管理模块分类

根据不同的分类标准，可以将消息管理模型分为不同类型。

（1）根据场景分类

消息管理是服务于实际的业务场景需要而产生的，根据业务场景需求的不同，可以分为以下几大类。

第一，营销类消息。这类消息多数是产品或平台出于营销目的而向用户推送的，如优惠活动消息、广告消息等。

第二，业务活动消息。这类消息主要牵涉到业务活动，如售后申诉进度消息、评论关注回复消息、订阅更新推送消息等。

（2）推送强度分类

有些消息推送采用“强度”较大的方式如弹窗，有些则采用“强度”较小的方式，如角标提示。所以，根据消息推送对于接收者的“强度”可以进行分类排序。

常见的各种消息推送方式，有手机通知栏、弹窗、角标、红点等。按照消息推送强度级别高低，可以大致划分：手机通知栏 > 弹窗 > 角标 > 红点。各种消息推送场景及对应级别高低，如表 9-1 所示。

表 9-1　消息推送强度级别

形式	场景	级别
手机通知栏	用户未使用App时即可进行提醒，激活用户使用App	推送级别高
弹窗	用户打开App后，进行弹窗消息推送	推送级别较高
角标	用户打开App后，角标位置出现消息提示	推送级别一般
红点	用户打开App后，消息的入口处出现红点提醒	推送级别较低

实践中，不是推送强度越高越好，强度越高往往意味着对于接收者的打扰就越明显。所以，不同的推送内容应该选择不同的推送落地页，从而获得用户不同程度的关注。例如，假设系统每次更新提示信息都作为推送级别高的信息强行推送到用户眼前，那么用户可能很快会反感。

（3）消息推送账号状态分类

如果从消息发送与账户登录状态的关联性来看，有些消息推送必须要用户登录产品后，才能查看详情，如电商会员积分消息。而另一些产品的消息推送与账户登录状态无关，只要用户启动 App 就可随时访问，如新闻类的消息。

（4）消息发出方与接收方分类

任何一条“消息”必然有消息的发送方与接收方，而一个产品的用户角色从消息角度分类可以分为系统、用户。所以，消息可以分为用户与用户、系统与用户两类，如表 9-2 所示。

表 9-2　消息分类

例子	描述	分类
留言（评论）	用户留言评论	用户与用户
消息（私信）	用户发送消息	
请求	请求加好友，如微博	
评论	用户或游客在文章报告类评论留言	系统与用户
产品意见反馈	用户反馈产品体验	
系统通知（提醒）	系统发送通知或提醒给全部或部分用户	

9.4.2　消息管理模块设计

消息管理模块设计时，不同的消息内容需要推送的目的地和推送时间都会有所差异，这需要我们特别重视。

（1）推送到哪里

消息推送目的地：消息中心、消息落地详情页。

第一，消息中心。消息中心是用户消息的“容器”，接收各种类型的消息，是用户查看消息的“集散地”。大多数产品为了优化用户体验，往往会对消息中心进一步分类，将用户消息分为系统消息、活动消息、订单通知等。

第二，消息落地详情页。某些营销类或进度类消息，消息推送往往会直接链接到消息落地详情页，便于用户直接进行后续处理，如产品优惠活动消息、订单物流消息等。

（2）什么时候推送

消息推送的时间按照推送及时性可以分为定时推送与实时推送。其中，定时推送是系统设置某个时间点或时间段进行消息推送；而实时推送则是系统实时将消息推送给用户，一般用于时效性较高的任务。

第一，定时推送。定时推送是通过服务器添加定时发送服务，然后服务器一旦检测到符合触发条件的推送（某个时间点）就会触发消息推送程序，从而将相关消息推送给用户。常见的 App，如饿了么等订餐 App，会在晚餐时刻推送一些用餐信息，这就是根据用户用餐习惯进行的定时推送。

第二，实时推送。实时推送的消息往往时效性要求较高且给用户发送消息内容中涉及差异化的参数。例如，支付成功消息通知、验证码获取消息等。

需要注意的是，消息推送过频繁、消息推送内容价值过低，很容易引起用户反感甚至会导致用户卸载产品，尤其是对于 ToC 用户来说。

9.5 帮助中心模块

“帮助中心”在很多产品中都属于“敲边鼓”的角色，所以会被大部分人忽视或低估。而一个真正设计优秀的“帮助中心”不仅能够帮助用户解答困惑也有利于产品品牌的塑造。一个好的“帮助中心”核心目的主要有两个：第一，帮助用户更好地找到问题；第二，帮助用户解决问题。

9.5.1 帮助中心模块组成

当用户存在某个疑惑时，他可能能够找到某个关键词（如密码找回），也可能没法清晰地意识到关键词。针对这两种可能性，我们需要在“帮助中心”的首页设计搜索框和问题分类。“搜索框”主要是对应用户明确自己所面临的问题，并且能够用关键词描述（如密码找回）的情形，而“问题分类”主要是对应用户无法用准确语言和关键词描述自己的问题情形，帮助用户快速找到自己面临的问题。

9.5.2 帮助中心模块设计

（1）关于“搜索框”设计的几点说明

第一，用户虽然自己能够键入关键词进行搜索，但是未必能够精确地找到合适的关键词。同时由于帮助中心内容不是太多，采用模糊搜索也不至于出现过多的搜索结果，所以，我们可以考虑采用模糊搜索的方式。

第二，为了帮助用户快速判断搜索结果是否可用，可以标题和回答内容中高亮显示搜索关键词。

第三，为了提升用户体验，可以尝试动态搜索结果展示，如百度搜索框一样。

（2）关于“问题分类”设计的注意事项

第一，根据新老用户差别来规划问题分类内容。新用户由于初次接触产品，来到“帮助中心”往往是为了了解产品的特性、使用方法、注意事项等信息；老用户则更多是为了快速解决当前碰到的难题，如密码找回、修改邮箱、修改手机号等，如表 9-3 所示。

表 9-3　新老用户需求差别

用户分类	用户需求
新用户	产品介绍和新手指导
老用户	问题咨询和快速入口

针对老用户的常见需求，可以增加一些快速入口，方便老用户迅速解决问题，如图 9-15 所示。

图 9-15　帮助中心快速入口

第二，按照用户解决问题的场景来分类设计。

首先，现成问题通过问题分类处理。如果“帮助中心”恰好有用户需要咨询的问题，用户可以通过点击相关问题解决自己的问题。

其次，用户搜索找到问题解决答案。如果用户没有直接找到现成问题解答，则可以通过搜索框进行关键词搜索，从而搜索到对应问题及解决方案。

最后，用户联系客服人员。用户无论是寻找现成的问题分类还是搜索问题解决方案，都没法获得满意的答案，则可以求助客服人员或留言说明问题。

综上所述，“帮助中心”的内容，既包括服务于新用户的“新手指导”，也包括服务于不同场景下的老用户的“常规问题”“自助服务”“问题搜索”“联系客服”等。

第10章

产品经理必知的战略知识

波特的战略观

一种崭新的战略观：战略数学式

10.1 波特的战略观

10.1.1 运营效益不是战略

《哈佛商业评论》在 1996 年的 11 月号上刊登了哈佛大学迈克尔·波特教授的一篇《什么是战略》的文章，这是波特继《竞争战略》《竞争优势》《国家竞争优势》三部曲之后的总结性文章。这篇文章创造性地提出了企业绩效的两大来源，即战略与运营效益，廓清了多年来管理学界对于战略的模糊认识。

波特在这篇文章中开宗明义就指出：运营效益不是战略！我们很多人对于战略的认识往往来自一些知名的战略咨询公司。但麦肯锡等战略咨询公司为企业提供咨询服务时，经常会使用“标杆法”即寻找一家行业内的领先企业，然后效仿领先企业的先进做法，从而提高咨询服务企业的绩效。按照波特的观点，这种方法应该被归为“运营效益”的提升，而不是战略咨询。

运营效益是指运营活动过程中的投入产出比的情况，可以理解为投入相同的情况下产出更多，或者产出相同的情况下投入更少。运营效益虽然能够提升企业绩效，但却难以持续超越竞争对手。企业经营中有各项运营活动，如研发、生产、销售、售后服务及员工招聘、员工培训、绩效考核、薪酬激励、文化建设等各项活动，这些活动构成了企业经营的基本单位。执行这些活动就会产生成本，也会产生收益。如果企业采取更加先进的技术、更好地激励员工积极性、更多地培训员工、提升员工能力、更好地梳理工作流程等，就会产生更高的“运营效益”，也就是更好的企业绩效。但是，这种企业绩效却很难长期持续，因为有生产率边界的限制。

10.1.2 生产率边界的限制

生产率边界是指某一时间下企业运营活动最佳实践之和，是企业在既定成本下运用当前最高的科技、管理、流程、工艺等为客户提供的最大价值。企业在既定的运营活动下，改善工作流程、提升员工效能等都可以使企业效益提升，从而靠近生产率边界，但是永远不可能超越生产率边界。随着科技的进步，特别是通信技术与信息技术的发展，企业生产率边界可能外移，但在一定时期内，生产率边界是一个相对固定的数值。

运营效益的提升不应该被看作"战略"的第一个原因在于，运营效益受到生产率边界的限制。一个企业固然可以通过各种管理工具来提升自己的企业绩效，但一定时期内很难突破生产率边界的限制。第二个重要原因在于，提升"运营效益"的"最佳实践"会扩散，这导致企业凭借运营效益很难持续超越竞争对手。例如，竞争对手可以迅速模仿标杆流程、管理技巧、投入资源状况等，从而快速提升自己"运营效益"，这使得任何企业凭借"运营效益"无法持续获得竞争优势。随着信息时代的发展，企业获取各种标杆做法的信息更加便利，再加上大部分咨询公司做了一个项目后，就有了所谓"标杆实践"，然后把这些经验带到下个客户那里，这会导致"最佳实践"的快速扩散。第三个原因在于，"运营效益"提升的各种办法往往会导致企业间竞争趋同。企业虽然可以通过标杆学习，提升自己的运营效益，但与此同时也往往提高了企业之间运营活动的相似性。企业之间互相模仿的做法，使企业之间的竞争通道趋同，对企业利润会造成严重的挤压，甚至产生零和博弈的结果。

10.1.3　战略是独特的配称

波特在他的经典文章《什么是战略》中提到美国西南航空公司的案例。当其他航空公司关心如何为旅客提供全面的服务，如采用大机场为中心的枢纽辐射系统服务于有转机需求的乘客，提供头等舱或商务舱吸引对于舒适有较高要求的乘客或者提供代运和转运行李等服务，西南航空公司则把所有的运营活动都聚焦于提供低成本和便捷的服务。例如，西南航空公司不提供餐饮，不提供跨航线的行李转运服务，飞机停靠登机门的周转时间只有 15 分钟，机队全部采用波音 737 客机，便于统一养护、维修及培训等。虽然这些独特的运营活动把相当一部分乘客排除在外了，但是强烈地吸引了那些价格敏感的乘客和图方便的乘客，为他们提供了低价格的便捷服务。正是这种独特定位的业务活动组合（如统一的机型、很短的停靠时间、不提供餐饮等）为乘客提供了独特的价值（低价票、便捷服务），从而使其他航空公司难以模仿。

有人可能认为模仿别人的独特定位也不是难事，只要完全跟着别人做就行了。但这种想法忽略了以下几点。①定位意味着取舍，需要很大决断力。很多企业虽然羡慕别人的成功，但自己往往也有成熟和稳定的业务，完全放弃稳定的客户而跟随其他的定位和运营是一种极其冒险的行为，所以即便其他公司尝试模仿，往往也会采取骑墙的策略。但骑墙策略会带来运营活动之间的不协调和不匹配。例如，美国大陆航空公司看到西南航空公司的成功后，决定在某些航线上模仿西南航空公司，但是当一部分航线提供餐饮而另外一部分不提供餐饮时，反而增大了内部协调成本，导致失败。②定位意味着在消费者头脑中“心智”认知统一。消费者对于西南航空公司容易形成一致的“心智”，即低价便捷服务；而对于美国大陆航空公司则容易形成混乱的认知，因为美国大陆航空公司既提供全面舒服的服务，又提供低价便捷的服务，这导致消费者对于美国大陆航空公司的认知产生了“混乱”，无法用简单清晰的词语予以描述，不仅不利于新业务开展，原有的业务很可能也会受到影响。③定位会有先发优势。因为消费者认知容易先入为主并且具有顽固性，这导致后期进入者难以在“心智”层面超越先行者。例如，一旦西南航空公司占据了消费者头脑中“低价便捷”这个心智，成为这个词语的代名词后，美国大陆航空公司再想超越西南航空公司，夺取消费者头脑中的“低价便捷”这个代名词的地位就变得难上加难了。

所以，战略就是基于定位的独特运营配称，它意味着所有的运营活动要围绕一个基点（定位）而协调配合，意味着艰难的取舍。

10.1.4 配称的数学原理

配称可以说是企业获得持续竞争优势的来源，因为竞争对手要复制一批环环相扣的运营活动比单独复制某个环节要困难得多。波特《什么是战略》一文中提出了一个数学公式，即假设竞争对手复制某项活动成功的概率是 0.9，如果业务成功的关键环节是 2 项活动，那么业务复制成功的概率是 $0.9 \times 0.9=0.81$；如果业务成功的关键环节是 5 项活动，那么业务复制成功的概率就是 $0.9 \times 0.9 \times 0.9 \times 0.9 \times 0.9 \approx 0.59$ 了。由此可见，随着成功所需的环节越来越多，复制竞争对手成功经验也变得越来越困难。简单来说就是“复合才是竞争力”。

上面只是战略配称的一种简单描述，实际上配称意味着运营活动之间是相互关联的。这意味模仿者即便模仿成功了几个关键环节，但是关键环节之间的协调配合和相互加强的特性未必能够模仿得到，所以，战略配称其实是企业持续竞争力的重要来源。

10.2 一种崭新的战略观：战略数学式

战略管理的流派众多，其中定位学派是影响力较大的一个流派。基于定位的战略理论经过波特的系统梳理和特劳特等人的咨询实践，已经取得了很大影响力。不过，目前为止，战略规划的框架仍然较为混乱和模糊，包括战略规划的哲学基础和逻辑起点也是语焉不详。本节中，笔者基于德鲁克的企业社会价值论，整合了波特和特劳特等人的理论体系和实践经验，提出了新的战略思考框架——战略数学式，供读者鉴别和批判。

10.2.1 战略数学式逻辑起点

1. 社会效率组件

企业生存和发展的本质，就是比竞争对手更好地、更有效率地满足消费者，从而在社会大分工中抢占到相应的位置，成为社会人系统的“高效率”部分或者说成为“社会化效率组件”。战略分析就是思考自己企业如何能比竞争对手更好地、更有效率地满足消费者的某些需求。接下来需要思考的就是：我们将以何种方式、重点满足哪一部分客户的哪些需求。此时，实际上我们是在头脑中做了各种组合（客户群、客户需求、竞争形式、自我能力）的预估。

例如，某一家饮料公司甲，该公司可能会想到针对“大众消费群体”消费可乐这项需求而生产产品。但它马上会打消这个念头，否定这一组合的方案。因为可乐市场已经被可口可乐和百事可乐占据，不管是从品牌、渠道还是产品方面，都很难超越这两家公司。换句话说，它们可能是现有条件下的“最有效率”的存在。当然并不是说这两家公司就不能被颠覆，只是从概率上来讲，其他饮料公司想在可乐品类上超越它们是很困难的。甲公司这时候如果还想在大众消费者的可乐需求上超过这两家，就很困难。那么甲公司就需要重新定义目标客户群体（如女性消费群体），或者原有客户群体的其他需求（如茶饮）。

再如，消费者的飞行服务。消费者选择某一航班其实就是在价格、班次、服务水平之间做综合平衡。一个著名的案例就是美国西南航空公司坚持以“低价快速”取胜，为此该公司砍掉了其他一切多余的服务，如不提供餐饮服务，砍掉了一些飞行路线，只提供自助登机等。至此，可以得出第一条结论：**企业存在的理由是成为社会效率组件**。

2. 商业模式生存率

假设某个企业生产某种产品来满足人们的某类需求，那么这个企业要能够生存或者持续生存的原因是它能够成为社会效率组件。这里面其实暗含着两层含义：第一，这种商业模式本身在现有社会经济技术环境下能够成立；第二，本企业在众多竞争者中具有更高的综合效率。

我们首先做一个思想实验：假设全国只有一个人特别喜欢吃鱼子酱，那么企业贩卖鱼子酱的商业模式能否成立呢？这其实要看这个唯一顾客的出价能力。如果他出价能力足够支撑企业运营，那么这种商业模式就成立，否则不成立。如果顾客人数增加到两人、三人、十人、百人、千人、万人、十万人、百万人、千万人甚至更多，对于产品价格的要求则又会有所不同。另外，不同的企业来组织生产鱼子酱成本会有所不同，有的企业生产成本更高，有的则较低。所以，判断一个商业模式是否能够存在，指的是在生产率边界条件下，该商业模式是否成立。如果在生产率边界条件下，该商业模式都无法成立，那就是说明现有环境下这门生意让谁来做都没法做。

企业经营的第一步就是预判某个商业模式生存的概率。例如，我们现在准备开一家生产鱼子酱的工厂，我们就需要在调研消费者需求、生产成本等因素基础上，预判该商业模式生存的概率。这种预判对于那种新业务尤其重要，而对于市场上已经存在的商业模式，这种预判的概率就是百分之百。所以，关于商业模式生存率有几点需要说明。

①商业模式生存率预判的是生产率边界条件下商业模式生存的概率。也就是预判最理想的情况下（最优秀的企业家来整合资源）该商业模式生存的概率。

②对于市场上已经存在的商业模式，这种预估概率是百分之百。因为该商业模式已经通过了市场验证，证明是可行的。

③对于市场上尚未出现的商业模式，这种预判尤其重要。

3. 配称度与竞争烈度

如果商业模式已经被验证了，那么对于企业来说，剩下的问题就是如何超越竞争对手成为社会效率组件。这主要有两个因素影响：战略配称度和竞争烈度。其中，战略配称度指的是某个企业围绕定位进行战略配称的程度。一般来说，战略配称度越高，说明企业运营活动围绕着定位而构建越合理，企业越靠近生产率边界。竞争烈度指的是行业内企业竞争程度，一般来说竞争烈度越大，行业竞争越惨烈。竞争烈度主要由竞争对手数量、竞争对手战略配称度所影响。竞争对手数量越多，竞争对手战略配称度越高，竞争烈度越大。

①企业竞争获胜受到两个因素影响：企业自身战略配称度和竞争烈度。

②企业战略配称度越大，企业越靠近生产率边界，越可能在竞争中获胜。

③竞争烈度受到两个因素影响：竞争对手数量和竞争对手战略配称度。

④企业自身战略配称度越大，竞争烈度越小，企业竞争获胜的概率越大。

如果用数学方式予以描述，可以表述为：企业竞争胜率 = 企业自身战略配称度 / 竞争烈度。

4. 战略数学式

企业进行战略规划或设计，本质上是寻求一种战略成功的极大概率。企业制定战略，谋求持续竞争优势的时候，大致可以分为两种情况。

①**进入新赛道**。企业进入新赛道的好处是竞争者较少，企业也容易建立先行者优势，但是最大的风险在于商业模式生存率和自身战略配称度。一般而言，进入新赛道意味着企业面对更多的不确定性，对于市场的了解和变化掌握更少的信息，这个时候既容易导致高估了商业模式生存率，也容易导致自身战略配称度不够。

②**旧赛道竞争**。企业进入一个已经被验证过的领域好处是商业模式已经被验证，商业模式生存率的风险降低了，但是由于商业模式被验证，往往竞争者也会较多或者潜在的竞争者会蜂拥而至，这导致竞争烈度较大。

所以，企业进行战略规划和设计，谋求持续竞争优势时，考虑的因素既有商业模式生存率的因素，也有自身战略配称度和竞争烈度的因素，综合来看可以发现如下公式：战略成功率 = 商业模式生存率 × 战略配称度 / 竞争烈度。

10.2.2 战略数学式的应用

1. 提升战略配称度

由战略数学式：战略成功率 = 商业模式生存率 × 战略配称度 / 竞争烈度可知，无论企业参与旧赛道竞争（商业模式生存率 =100%）还是进入新赛道（商业模式生存率介于 0 和 100% 之间），企业要提高战略成功率都需要提升战略配称度。提升战略配称度有两个关键点：定位和配称。

①定位。定位更丰富的含义是指，企业要考虑产品或服务在消费头脑中的“心智”，据此来引领企业内部运营活动，只有这样才能够使企业运营活动的成果被外部消费者接受，转化为企业的绩效。

②配称。配称之所以很重要，是因为运营活动之间是相互关联的。例如，在美国西南航空公司案例中，高效快速的泊机周转系统、精简高效的地勤人员、便捷的自动售票机、灵活的工会合同等需要相互配合才能够把西南航空公司的“便捷”特性展现出来。

2. 抢先定位

由战略数学式：战略成功率 = 商业模式生存率 × 战略配称度 / 竞争烈度。可知，除了提升企业自身的战略配称度外，降低竞争烈度或选择高生存率的商业模式也是提升战略成功率的方法。

当企业准备进入一个新的市场，占据一个新的“心智”定位的时候，虽然面临着商业模式不成熟的风险，但也存在着竞争者稀少的优势，这个时候抢先占领一个市场前景较好的“心智”定位可以帮助企业大获成功。例如，高露洁抢占防止蛀牙的“心智”定位就是一个典型。1992 年，高露洁进入中国市场后就发现虽然中国市场存在着众多牙膏品牌，这些品牌有的强调清新口气，有的强调洁白牙齿，有的强调消炎止痛，但是最大的一块“心智”资源“防止蛀牙”却没有一个牙膏品牌聚焦地去抢占。这显然是一块“处女地”。同时由于美国消费者所处的阶段比中国消费者更为成熟，高露洁也明白随着中国经济的发展，未来消费者会更加关注“防止蛀牙”的需求。这就是说，高露洁预估抢占“防止蛀牙”的商业模式生存率是比较高的，而且这一块市场潜在空间是比较大的，再考虑到竞争烈度较小，于是决定全力抢占“防止蛀牙”这块“心智”资源。从那时起，我们就可以不断看到高露洁“防止蛀牙”的广告，高露洁也成了“防止蛀牙”的代名词，在中国市场大获成功。同样的例子，还可以举出很多。

“加多宝”把自己定位为“预防上火的饮料”，喊出了“怕上火，喝加多宝”的广告语，并明确提示了各种“上火”场景：熬夜加班、熬夜看足球、吃火锅烤肉等；甚至针对北方的消费者喊出了“冬季干燥易上火，喝加多宝”。也就是说，“加多宝”占据了“预防上火的饮料”这一个顾客头脑中的“位置”。

“顺丰快递”在大多数顾客头脑中的位置就是“快”，顾客一旦希望快速邮寄东西的时候，首先就会考虑到“顺丰快递”。

roseonly 公司打出“一生只送一人”，除了推出玫瑰，还推出了珠宝和配饰等。它占据顾客头脑中的位置就是“珍贵”，究竟多珍贵呢？“一生只送一人”。

3. 夺取定位

由战略数学式：战略成功率 = 商业模式生存率 × 战略配称度 / 竞争烈度可知，对于一个已经被验证的商业模式，其生存率为 100%，但是这个时候往往竞争烈度也很大。企业要想战略成功率高，就必须大幅提升自身的战略配称度。而战略配称度的提升，除了运营效益提升外，还可以考虑夺取定位。这就是说，即便市场中已经有某款竞争对手的产品占据了消费者的“心智”，也可以考虑对此“心智”进行夺取。

夺取定位的具体方法就是给竞争对手重新定位，也就是攻击竞争对手的战略性弱点，从而在消费者头脑中完成“心智置换”。例如，以前患者头痛时第一反应的药品就是阿司匹林，但是泰诺林通过攻击阿司匹林会导致胃肠道毛细血管的微量出血这一事实，从而在患者头脑中完成了“心智置换”，成为头痛药的领导品牌。

不过，一般说来，企业要完成消费者头脑中“心智置换”并非易事，因为消费者认识具有顽固性，同时竞争对手也会全力反击，所以必须是企业自身具有足够的实力且完成“心智置换”的信任状是可靠的，是竞争对手无法改变或辩驳的。

第11章

产品经理必知的运营效率知识

企业效率分析框架
单点效率法则
协作效率法则
环境法则

11.1 企业效率分析框架

掌握一门知识最重要的是把握好知识主干和脉络，这样才不会陷入知识的汪洋大海之中。管理学是一门实践的、发展的学科，很多人会认为“虚”和“杂”，所以掌握一个良好的分析框架，有利于我们拨开迷雾，直达本质。

很多时候 B 端产品经理存在的根本意义，就是为了解决企业的效率问题，所以产品经理需要跳出单纯的“用户交互体验”框架，从更宏观的企业效率视角来看待产品设计，才能具有独特的竞争力。而了解企业效率问题最重要的是掌握好一套企业效率的分析框架，也就是弄明白企业或组织的效率究竟从何而来。

一个组织的战斗力和效率并不是一种因素和条件决定的，而是多方面因素共同作用的结果。具体来说，组织的效率主要由 3 方面因素决定：单点效率、协作效率和分工协作所处的环境。一个组织的效率提升可能来自于其中的某些条件的变化，例如，员工干劲变得很足，积极性变得很高；员工之间的配合变得更加融洽；工作环境和组织文化能够更好地激发员工的能力等。根据《管理效率三法则》一书的观点，可以称之为：单点效率法则、协作法则和环境法则。

11.2 单点效率法则

11.2.1 单点效率来源

企业效率可以看作是员工个体效率这个“点效率”和员工协作配合这个“线效率”，以及影响员工个体效率和员工协作效率的环境因素这个“面效率”所构成的“效率体”。而员工单点效率应该如何提升呢？本书提出了“双能模型”，也就是员工的主观能动性和能力，这就是说员工效率高不高，主要是看员工“愿不愿意干”和“有没有能力干”，如图 11-1 所示。

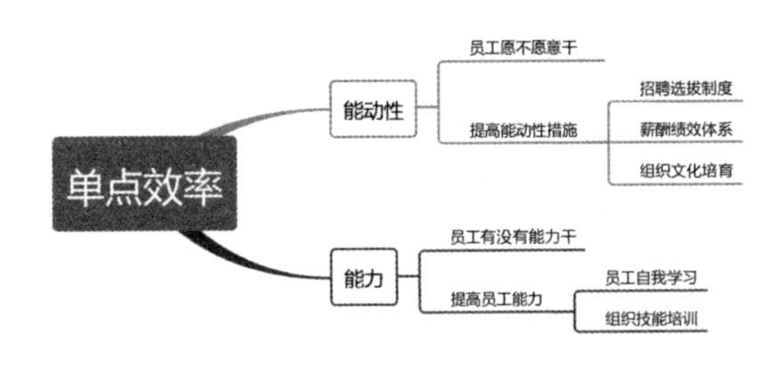

图 11-1　单点效率的双能框架

下面将分别论述员工能动性激发和员工能力培养的方法和措施。

11.2.2　员工能动性激发

美国著名心理学家和行为科学家维克托·弗鲁姆 1964 年在《工作与激励》一书中提出了激励理论，又称作“效价 - 手段 - 期望理论”。这个理论可以用公式表示为：激励力量 = 期望值 × 效价。激励力量是指：调动个人积极性，激发人内部潜力的强度。期望值是指：根据个人的经验判断达到目标的把握程度。效价则是指：所能达到的目标对满足个人需要的价值。

它的核心思想可以表示成激励链条：个人努力→个人成绩 (绩效) →组织奖励 (报酬) →个人需要。简单表述就是，个人的努力能够带来个人的成绩，而个人的成绩能够得到组织的奖励，而组织的奖励是个人非常需要的，这样个人积极性就会被大大激发。例如，家长对孩子说：“好好学习，考到了第一名，我就给你买 iPad。”小孩是否努力学习，取决于“努力之后是否能够考到第一”的判断，也取决于“我老爸上次就说给我买个东西，这次不会又忽悠我吧”的判断，还取决于“iPad 太大了，我不喜欢，我其实更喜欢 iPhone”这一真实需求。

所以激励链条有几个关键：第一，个人努力是否奏效；第二，努力之后是否真的会有奖励；第三，组织奖励是否是我想要的。

所以，要使激励真正能够奏效，需要注意“个人努力→个人成绩 (绩效) →组织奖励 (报酬) →个人需要”全链条的激励。只有让被激励的对象明白：个人努力了会有成效，而个人见了成效之后，组织就会给予奖励，并且组织奖励的恰好是他所需求和渴望的，这样才能够真正有效地激励人。我们以秦国的发展为例，看看秦国是如何通过全链条激励来壮大自身的。

（1）第一链条，个人努力→个人绩效

秦国之所以统一六国，商鞅变法是一个决定性的基础和转折点。商鞅为了激发军队战斗力，采用和修订了一套计件工资制（十七级军爵制度），使士兵和将领能够根据自己作战的表现获得相应的奖励。

制度规定士兵只要能获得敌军的军官首级一个就能升一级爵位（“能得爵（甲）首一者，赏爵一级，益田一顷，益宅九亩”）。如果战争中，将领没有斩杀敌人则要受处罚，完成朝廷规定的数目则可以升爵一级。例如，百将、屯长级别的将领作战至少要杀敌一人，否则会被军法处置；而如果合计斩杀敌军三十三人以上，就算达到了朝廷规定的数目，可以升爵一级。

就是说，这套制度是有梯度的，目标既不是高不可攀，也不是唾手可得。目标定得太高，人们觉得完成目标几乎没有希望，那么也不会把这个制度当回事；目标定得太低，一是没那么多爵位，二是也没有达到激励的效果。所以，一个有梯度的目标体系，才是一个好的激励体系，才能够实现“个人努力→个人绩效”这一链条。

（2）第二链条，个人绩效→组织奖励

如何才能够建立起“个人成绩（绩效）→组织奖励（报酬）”这一链条，使秦国上下确信杀敌便可立功，立功即可封赏呢？如果战士在疆场厮杀换取功名，而有部分人凭借出身或讨好领导就可以获得爵位，那么这套制度的效果就会大打折扣。

商鞅采取的办法就是：唯军功论。不管何人，要想取得爵位，必须要有军功，宗室也不例外（“宗室非有军功论，不得为属籍”）。商鞅变法之前，吴起在楚国变法时提出“贵族如果没有功劳于国家，三代世袭之后就要收回爵位”。而秦国变法则更为坚决，连“三代世袭”这一条都抹掉了，建立了彻底的军爵制度：全国上下不分出身贵贱，要获得爵位只有一个办法——军功。商鞅收回秦国所有贵族的爵秩，按照军功重新分配。

朱绍侯教授在《军功爵制研究》中提到商鞅的这套军爵制度不仅是严格执行的，而且是没有天花板的，是实打实地逐级晋升。根据朱绍侯教授的研究，商鞅变法时秦国实行的早期军功爵制，从一级公士到十七级大良造是可以逐级晋升，畅通无阻的；而汉朝后来实行的二十级爵制则规定“民爵不得过八级”，使得一般士兵想获较高的爵位已经不可能了。从此，军功爵制逐渐失去激励士兵奋勇杀敌的作用，走向衰败和消亡。

所以，制度的关键在于执行，而执行的关键在于公信力。如果制度执行不严，士兵奋勇杀敌也不能获得爵位或者一些人利用旁门左道就很容易获得爵位，那么制度的激励性就会大打折扣。一项制度要真正发挥作用，就必须建立起“个人成绩(绩效)→组织奖励(报酬)”这一激励链条。

（3）第三链条，组织奖励→个人需要

朱绍侯教授认为，当时秦国军爵制度的奖励其实是非常丰厚的。例如，拥有大夫爵位的人当官的话可以担任县尉，并且还要赐给他六名俘虏和五千六百钱（“爵吏而为县尉，则赐虏六，加五千六百”）。

另外，秦国内无爵位的庶民要给有军功爵位的人当庶子。没有战争的时候，庶子每月要给主人服六天劳役；而战事一起，庶子则要跟随主人从军打仗。所以有爵位的人实际上成为了军功“地主”，尤其是达到五大夫爵位的人，拥有“税邑三百家”或“税邑六百家”，算得上是军功“大地主”了。而有爵位的人死后，也会根据军功大小确定丧葬礼仪和墓树数量。在那个时代，大多数士兵的个人需要(家庭命运、个人荣辱)都可以通过组织奖励得以实现，完全打通了“组织奖励→个人需要”的激励链条。

只有打通了从“个人努力→个人成绩(绩效)→组织奖励(报酬)→个人需要”全链条，只有让激励对象的行为、成绩、奖励、需求建立起一个畅通的链接，才能够真正有效地激励人。

企业实践中，要想最大程度发挥激励效果，就是要建立从“个人努力→个人成绩(绩效)→组织奖励(报酬)→个人需要”的激励全链条。这个过程中有几个关键点需要注意。

第一，“个人成绩(绩效)→组织奖励(报酬)”要注意激励的公平性。公平理论又称社会比较理论，最早由美国心理学家约翰·斯塔希·亚当斯于1965年提出。该理论的基本观点是：人的工作积极性不仅与个人实际报酬多少有关，而且与人们对报酬的分配是否感到公平也密切相关。企业实践中“公平”主要可以分为3种类型：外部公平、内部公平和自我公平。简单来说，外部公平就是员工和行业的其他公司员工比较，看看自己拿的报酬是否合理；内部公平就是员工和公司内其他成员比较，看看自己的拿的报酬是否合理。自我公平就是员工和自己付出比较，看看自己拿的报酬是否合理。

第二，“组织奖励(报酬)→个人需要”要注意激励的有效性。美国心理学家弗雷德里克·赫茨伯格调研了匹兹堡地区11个工商业机构的200多位工程师和会计师，询问他们“什么时候你对工作特别满意”“什么时候你对工作特别不满意”等问题。通过统计分析，发现被调查对象对于工作的不满主要来自工作环境或者工作关系，对工作的满意主要来自工作本身或工作内容。于是，他把工作环境或工作关系相关的因素称为“保健因素”，把工作本身或内容相关的因素称为“激励因素”，这就是著名的“激励 - 保健因素理论”，也称为“双因素理论”。

双因素理论的一个重要观点是：不满意的对立面并不是满意。消除了工作中的不满意因素仅仅解除了员工的不满，但并不会带来员工的满意。也就是说，公司注意了员工保健因素的满足，如人际关系、工作条件、工资、福利等，可以降低员工的不满。但是，要想激发员工，还必须提供激励因素，如给予员工更多的晋升机会、更具挑战性的工作内容、更多的认可和赞赏等。

所以，有时候激励员工不一定非要发红包才行，企业领导让员工知道他在领导心目中很重要，也是一种有效的激励方式。例如，一些重要的会议或者决策让核心员工积极参与、明确表达对于核心员工的感谢和重视等，都是有效的激励方式。

只有这样，才能够实现全链条激励，才能够有效提升组织成员的主观能动性，进而提高组织效率。除了激发员工个体的主观能动性，还需要考虑员工能力的培养。

11.2.3 员工能力培养

员工能力培养，除了员工自身有意识地进行学习提升外，组织进行针对性的培训也是必不可少的。传统的培训课程开发模式是先从企业整体战略出发，确定组织需要强化的核心能力，根据企业现状，建立分层分级的培训体系。采用这种开发模式的企业往往是一些大型企业，它们制度比较完善，商业生态环境相对比较稳定。由于传统环境下，企业未来发展方向和能力需求特征容易预测，所以大型企业喜欢先进行培训体系的规划，从而使得培训更加体系化。但这种模式有一个假设和前提，那就是企业经营的环境不会急剧变化，从而可以制定出企业竞争获胜的核心组织能力，进而系统性地对员工能力进行培养。并且，采用这种思路和理念的企业往往是那些已经建立了比较完善的培训体系，只需要在原来培训体系基础上进行修正和完善的大型企业。

经营企业不是建造完美的理论，企业培训的终极目标也不是为了追求完美的体系，衡量培训效果的唯一标准就是：是否帮助企业解决了问题。如果员工参与培训后，工作态度更积极，对企业更忠诚，眼界更开阔，具有了思考问题的系统框架，熟练掌握了相关技能，最重要的是解决了目前重大急迫的问题，那么这样的培训就是好的培训。反之，就不是好的培训。所以，企业开展培训的时候，需要着眼于目前企业业务开展中员工面临的最突出的能力短板，进而解决它。

跟传统模式不同，一种新的课程开发模式是急用先学，逐渐积累。采用这种模式的，常常是一些创业企业、初建培训体系的企业或处于动荡环境中的企业。

企业培训当然应该有系统性，当然应该搭建分类分级的课程体系，满足不同类别、不同级别的公司员工的培训需求，“东一榔头西一棒槌”肯定是不行的。但是企业培训的切入点却可以从解决一个又一个棘手的问题开始，慢慢搭建完整的培训体系。企业刚开始不要急于求成，要切切实实地解决企业当前最紧迫的一些问题，等到几年后回头一看，就会发现课程体系已经有了雏形，这时候梳理原有的课程，补充一些内容，形成分类分级的培训课程体系，就是水到渠成、瓜熟蒂落的事情了。其实这样也容易形成良性循环，树立大家对于培训课程的信心，小步快跑。如果一开始就搭建庞大的分类分级的课程体系，费时费力费钱不说，往往并不能立刻解决员工们认为最迫切的问题，大家参加培训反而感觉是在浪费时间，久而久之，再想获得资源来推进培训体系建设就困难了。

其实，上述两种模式并不是完全割裂的，而是各有侧重。采用规划 - 开发模式也会考虑业务部门的紧急需求而有所侧重，而选择急用先学模式也会对业务部门的需求有所选择，根据环境变化趋势和企业战略重点做出预判。可见，两者只是一个连续过程的两端而已，中间其实有很多模糊地带。不管哪种课程开发模式，都要遵循一个指导理念：匹配。

对于企业来说，培训是希望能够支撑企业战略的实现，达成企业的业务目标、财务指标，为客户提供更具价值的产品和服务，使组织具有不断成长和发展的能力；对于员工来说，培训是要切实提升他们解决问题的能力，提高工作绩效。企业培训的标准是“有效”：对提升员工能力有效果，对企业战略目标实现有效果。员工参加培训的标准是“有用”：员工通过参加培训能够学以致用，真正改善绩效。这就是说，企业培训既要匹配组织发展的需要，也要匹配员工能力的实际情况。

因为现在的商业环境已经变得越来越动荡，要通过预先规划然后实施培训计划变得越来越不奏效。例如，企业人力资源部门花费了大的力气，建立起了一套完美的体系，然后开始按部就班地制作培训课程，但是业务部门已经火烧眉毛了，人力资源部门还在“一步一个脚印地开发课程”，结果大家没了耐心，后期的各种资源支持被取消，培训课程开发半途而废。所以，“急用先学，逐渐积累”的课程开发模式在这个时代能够更加满足环境要求和员工诉求，也是我们可以广泛应用的一种课程开发模式。

11.3 协作效率法则

在我国华南一带的阔叶林中有一种翘尾蚁，它们总是把带有螯针的尾端翘起来，跃跃欲试，随时准备进攻。它们有一种奇怪的习性，喜欢用叼来的腐质物和从树上啃下来的老树皮，再掺杂上从嘴里吐出来的黏性汁液，在树上筑成足球大的巢，建立自己的“王国”。

为了捕捉树上的其他小虫，它们需要在树冠的枝叶上奔跑。如果两树相距较近，为了避免长途奔波，它们会互相咬住后足，垂吊在一起，借风飘荡，摇到另一棵树上去，搭成一条“蚁索桥”。有时候，蚂蚁为了能长久地连接两树，承担搭桥任务的工蚁还会不断替换。

昆虫学家很早就对蚂蚁进行了研究，发现在蚂蚁这种群居性昆虫社会中存在明确细致的分工，并且建立了严密的等级制度来保证协调顺利进行。几乎所有原始人类社会中的活动都能够在蚂蚁社会中找到相应的影子。例如，它们有雌蚁和雄蚁。雌蚁数量极少，专门负责产卵，生活则靠工蚁饲养。雄蚁也不参加任何劳动，专门负责生殖。大多数蚂蚁是工蚁，其中颚齿较大的作为兵蚁，专门负责保卫工作，而颚齿较小的工蚁担任全部劳动，恪尽职守、任劳任怨。

蚂蚁在进行集体劳动时，分工明确，配合默契。英国著名的昆虫学家马斯顿博士曾做过这样一个实验：他把一只死蚱蜢切成重量不同的 3 段。其中，第 2 段是第 1 段重量的 2 倍，第 3 段又是第 2 段重量的 2 倍。然后，将这 3 段蚱蜢尸体分别放在距离蚁穴不同方向的地方。一部分蚂蚁发现了蚱蜢尸体后，分别返回蚁穴中召唤同伴。马斯顿博士发现，大约 40 分钟之后，每段尸体都有蚂蚁，其中第 1 段蚱蜢尸体旁蚂蚁有 28 只，第 2 段蚱蜢尸体旁蚂蚁有 44 只，第 3 段蚱蜢尸体旁蚂蚁有 89 只。这说明，那些回去报信和召唤同伴的工蚁对每段食物的重量和体积都进行了估算，这样它们就能够很好地分配蚂蚁数量来搬运不同重量和体积的食物。蚂蚁分工的精细和协调配合顺畅可见一斑。

不只动物世界如此，人类社会更是如此。纵观整个人类发展史，几乎就是一个分工协作发展的历史。

11.3.1 分工与协作

所有人类组织的活动，不管是街边小餐馆贩卖食物还是科学家实施航天计划，都有两个最基本的活动：分工和协作。组织一方面需要把活动拆分成不同的细小任务，另一方面又需要将这些任务有序地结合起来，从而实现最终目标。

（1）分工能提升效率

分工之所以重要，是因为它能够极大地提升效率。中国古代很早就认识到分工能够提升效率，例如，管仲变法中有一项颇为后世熟知的政策：四民分业，士农工商。这一政策的要点是把国民分成军士、农民、工匠、商贾四个阶层，按各自行业聚居在固定的地区。《国语·齐语》记载，管仲规划士乡十五个，工商之乡六个，每乡有两千户，以此计算，全国有专业军士三万人，职业的工商臣民一万两千人(均以一户一人计算)。此外，在野的农户有四十五万户。

管仲认为，“四民分业”能够提高效率，主要体现在：一是“相语以事，相示以巧”，同一行业的人聚居在一起，易于交流经验，提高技艺；二是“相语以利，相示以时”“相陈以知价”，对促进商品生产和流通有很大作用；三是营造专业氛围，使民众安于本业，不至于“见异物而迁焉”，避免造成职业的不稳定性；四是无形中营造良好的社会教育环境，使子弟从小就耳濡目染，在父兄的熏陶下自然地掌握专业技能（“少而习焉，其心安焉，不见异物而迁焉，是故其父兄之教不肃而成，其子弟之学不劳而能。”）。

经济学鼻祖亚当·斯密在《国富论》中也曾以生产扣针为例来说明分工带来的效率提升：生产扣针需要抽丝、拉直、截丝、打磨、弯曲等18道工序。在传统手工作坊里面是由一个人独自完成所有的环节。如果是老工匠的话，一天最多完成20枚扣针；如果是新手的话，一天能够完成10枚就不错了。但如果把这18道工序分配给18个人，每人负责一道工序，抽取铁丝的只负责抽取铁丝，拉直的只管拉直，截断铁丝的只管截断……一天下来，18个人能够生产86400枚扣针，平均一个人一天生产4800枚，生产效率整整提高了240倍。

为什么通过分工之后效率会提升这么多呢？亚当·斯密对此的解释是：第一，分工之后，每个人专注于某一道工序的生产和研究，这有利于知识的积累和技能的发展；第二，分工后每个人只负责一道工序，不用在十几道工序之间来回转换，节省了时间；

第三，分工使工作简单化、专门化，从而为机械的发明和使用创造了条件。原来生产方式下，我们不可能制造 1 个机器来完成全部 18 道工序。但分工之后，我们可以制造 18 个机器来分别完成 18 道工序。

“分工”可以说是组织效率提升甚至人类财富大爆发的重要原因，但“分工”只是提出了一种财富增加的可能性，要使这种可能性变为现实，还需要“分工”之后的“协作”。如果生产扣针的 18 个人不按照工序互相配合与协作，而是各干各的、不管他人，恐怕最后连一根合格的扣针都生产不出来。而协作往往是组织的一大难题，这又是什么原因呢？

（2）协作是个难题

为了深刻理解协作为什么常常是组织或企业中的一大难题，我们一起来做一个思想对比实验：对比分析一群人完成任务和一个人完成任务这两种情形。

第一，从协同意愿来讲。个人为了完成任务可以充分调动身体各个部位的肌肉，从来没有见过哪块肌肉“具有自己的个性，具有自己的爱憎”，是真正的绝对服从。而在组织中，部门之间、员工之间的协作还要考虑两者协作的意愿，这些问题对于一个人来说是不存在的。另外，人们很难突破的一个限制就是经常会从自己的小团体的利益出发，无法将眼界放宽到组织层面。工作的时候，我们经常会考虑做事是否有利于自己，而不去考虑是否有利于组织。这种看待问题的方式限制了我们的思维，使我们的眼光局限于一种狭窄的范围内，妨碍了相互之间的协作。

第二，从责任承担来讲。一个人做事，责任很清楚，他无法逃避。而一群人做事情，则牵涉到分配任务和责任。一旦分配责任的过程中出现空白，很少有人会主动去弥补空白区域，大多数人的第一反应是避免承担更多的责任，这是协调容易出问题的地方。

第三，从分工清晰化来讲。如果分工是完全清晰的，那样协调会相对容易得多。最清晰的分工就是工厂里面的机械流水线，机器之间完美衔接，不存在任何的权责不清，沟通不畅，下一工作步骤的机器总是能够在恰当的时间按照规定的动作完成任务。工厂的机器流水线能够做到分工清晰是因为它面临的是一个封闭和稳定的环境，工作的内容是明确的，甚至工作的步骤已经通过多次试验找到了最优点，工作的步骤被合理地分解。在企业管理中，分工是因为要去做事情，而做事情是为了满足客户需求，在“社会大分工”中扮演某个特定的角色。在现代社会中，客户需求的变化越来越快，企业所处的环境变化越来越剧烈，企业所做事情的内容和方式也在不断变化，因此，要想静态地、清晰地提前界定分工也就变得越来越难（也就是说，一段时间之后，总会 出现原来分工所不能覆盖的新的任务）。

第四，从知识运用来讲。如果一个人懂得多种知识，那么他调用各种知识是没有障碍的。他脑中的专业知识和商业知识能够很好地结合起来，快速地转化和联系，这一切都快速地发生在大脑中。而在组织中，每一次重大的决定可能都需要几种知识的完美结合，而这种结合恰恰是困难的。因为负责化学产品生产、市场营销、财务分析的人不同，这种结合就变得困难了。具体说来，有三方面的原因：其一，各个专业人员集合起来一起思考问题的机会稀少，也就是说知识联结次数较少；其二，从信息角度来考虑，一个概念在不同专业人员头脑中有着不同的理解。如果要使两个不同专业的人员对于某个概念达成某种相似程度的理解，需要反复地将概念放在语言情景中进行交流，最后才可能取得对于概念的相近认知；其三，信息在头脑中传递的信号可以是图像、情感、语言，而各专业人员之间的交流多是文字、语言，这也降低了信息传递的效果。所以，跟知识放在一个人脑中相比，知识联结效果变差。

人们在长期的生产实践中，摸索出多种协调方式来解决分工之后的难题，例如，员工之间相互沟通，领导统一指挥或者通过制定标准来规范各方行为等。而谈论到“协调”，首先需要明确的就是“谁和谁”协调。

11.3.2 组织协调四群人

因为“协调”这个词本身就包含了超乎一个人的暗喻，牵涉到“谁和谁”协调、“哪些人”和“哪些人”协调。下面将组织中的“哪些人”划分为4个群体：高层管理者、中间层管理者、操作人员、职能辅助人员。

（1）高层管理者

秦始皇、盖茨、任正非、王石、雷军、周鸿祎、面馆陈老板、老李（一家之主）……他们都可以算作是高层管理者，他们的共同特征都是为总体负责。其实，除了这些人外，一部分副职或者辅助人员也可以算作高层管理者，如中车府令赵高、丞相李斯、鲍尔默、领导的秘书或助理、面馆老板的伙计、老李的媳妇等，也都可以看作是高层管理者。

高层管理者承担着制定组织战略的责任，即根据外部环境和组织自身内部资源能力制定出组织前进的方向，并根据实际情况的变化不断修正。高层管理者负有告诉下属“我们要往哪里走”的职责。

高层管理者还要作为组织的代言人处理本组织与外部环境之间的关系。例如，雷军要作为小米的代言人出席各种商业场合、老李要作为家庭的代表去参加亲戚的婚宴等。高层领导者要代表组织营造高层次的关系网络，并以此获得外部信息和资源支持。

高层管理者还要监督和协调内部活动。高层管理者需要考虑内部资源如何分配，例如，雷军要考虑今年是重点支持营销活动还是产品研发活动，老李要考虑是让大儿子还是二女儿出国留学等；领导也需要解决各种冲突，例如，研发部门和销售部门互相指责对方应该为销售下滑负责，领导要出面调节矛盾；领导还需要推动组织变革或者激励员工努力工作。

（2）中层管理者

从高层管理者到基层实际操作人员之间的管理者都可以看作是中层管理者。他们一部分工作内容是“上传下达”，作为信息通道；另一部分工作内容则是作为下属部门的领导，发挥监督协调和指挥调配的作用。例如，他们要及时收集本单元的绩效信息和市场信息，提交给更高一级的管理者作为决策参考的依据，向高层反映本单元的困难，提供对于组织发展的建议等；他们也要将高层的理念和思想向下进行传达和宣贯。另外，他们要监督下属是否很好完成了任务，处理下级部门之间的冲突和矛盾，调配单元内部的资源等。中层管理者涵盖的范围很广，既可能是某公司的大区或者省级经理，也可能是车间的班组长。越往基层走，中层管理者处理的决策越是具体和细致。

（3）操作人员

从事与产品生产或服务提供直接相关的基本工作的人员。他们包括采购、生产、销售等直接相关的人员，如饭店里的采购员、厨师、服务员，大学里的教师和医院里的医生，工厂里的工人和维修师傅，咨询公司的咨询顾问和路边煎饼铺的伙计等。这里需要注意的是，只有跟本组织价值创造直接相关的基层人员才能够算作是操作人员，例如，厨师在饭店里面就是操作人员，但是制鞋厂的食堂师傅就不能算作操作者，而是职能辅助人员。

（4）职能辅助人员

为组织价值创造活动提供间接支持和辅助功能的相关人员，主要包括分析建议人员和辅助支持人员两类，如公司的战略研究部门、制鞋厂的食堂师傅、培训部门等。

上述 4 个组织群体并不是完全独立的，有时候几个角色可能统一出现在一个人身上。例如，煎饼铺的老板既是高层管理者、中层管理者，也是操作者。如果他的店铺人员只有他本人的话，很可能他会把这些角色全部承担下来；连锁理发店的店长平时的角色是中层管理者，但是他有时也会扮演操作者的角色。

这 4 个构成群体中，操作者和高层管理者是必不可少的，也是最早出现的，其他的人员则是随着组织发展壮大逐渐产生的。

11.3.3 组织协调的四种方式

了解了关于组织协调的主体（即高层、中层、操作人员、职能辅助人员）后，我们就可以正式研究组织协调的各种方式。根据前人学者关于组织协调方式的研究成果，我们可以将组织协调方式概括成为两种类型（问题解决型、追求效率型）和四种方式。

“这个事情我想这么干，你觉得应该怎么干？”——相互沟通

“这个事情不要这么干，你要那么干！”——指挥监督

“这个事情，操作手册上说怎么干，就怎么干……”——工作内容标准化

“这个事情，你给我结果就行，爱怎么干怎么干”——工作产生标准化

在这四种协调方式中，按照是“全新的、初次任务的协调方式”还是“例行的、有经验的协调方式”，可以归纳为“解决问题”和“提高效率”两种类型的协调方式。例如，“相互沟通”常常是“解决问题”的协调方式，它常用于那种“从来没有遇见过”的任务的协调；而“工作内容标准化”则是典型的“提高效率”的协调方式，常常用于已经多次碰到甚至已经找到了最佳解决方式的情况下。下面就具体聊一聊各种协调方式。

（1）相互沟通

相互沟通就是通过非正式的简单交流实现对工作的协调，这是最简单的协调机制，

如独木舟中的两名桨手、煎饼摊子上的夫妻俩。这种协调方式有两点需要特别说明：第一，它是人类面对全新任务时常用甚至是必须用的一种协调方式；第二，它是各种类型组织（无论年限、规模、行业、技术特征等）都会采用的一种应用最广泛的协调方式。

人类几乎所有的新任务开展都是从相互沟通开始的，庞大的工程当然需要把工作分解的足够细致，但是开始阶段，谁也不知道怎么样处理，专家们只能通过“相互沟通”的方式来进行协调，随着工作的展开，知识和经验的增长，详细的分工与任务安排才逐渐明朗。

我们再看看报纸上描述硅谷创业家团队是如何沟通的：一群人围着圆桌坐着，一个人站在白板前面写着会议的主题，这里没有森严的等级，大家正针对某一个议题展开激励的讨论，每说一条建议或想法，主持人就记录在白板上……这几乎成了创业公司留给人们的关于他们工作场景的基本印象。这种协调方式和烧饼铺的老王和他媳妇商量“是不是下次往烧饼里多加些葱花使味道更好些”没有本质区别，都是采取“相互沟通”的方式进行。只要人类从事的是一项新的任务，只要这项任务需要各个成员的配合，如需要各自的知识补充、体力的支持或获得一致的认同等，他们都会自然地而然采取“相互沟通”的方式来进行协调，道理也简单：谁也没干过嘛。

另外，不管组织形态如何，一般来说，“相互沟通”都是必备的一种协调方式。小餐馆的服务员需要告诉厨师顾客对于菜品的附加要求是什么，厨师也可能要告知服务员由于食材的限制，可能某个要求无法达到；大型生产制造企业的研发部经理和销售部经理针对销售下滑这个事情，他们也需要相同沟通，商量出一个办法来促进两个部门更好地配合。

总的说来，相互沟通是一种应用最广泛的协调方式，也是人类处理全新任务时自然而然会选择的一种协调方式。

（2）指挥监督

面对销售下滑的情形，销售部的张经理向老总解释：销售下滑的原因在于研发部门没有根据销售部反馈的客户需求来进行产品研发，导致产品在市场上受到了冷遇。而研发部的李经理则向老总辩解：他们已经严格按照销售部反馈的客户需求信息来进行产品研发，市场下滑主要是由于销售部的人员开始变得懒散，习惯于维持老客户而对于新客户开发并不积极。终于有一天，老总把两个部门的经理叫到办公室，让他们当着面把事情一件一件商量出个结果来，明确究竟以后两个部门该建立什么样的联系机制。

上面例子中把两个部门经理叫来商量对策的老总，采取的协调方式就是“指挥监督”。

我们知道，简单的分工只需要一些“相互沟通”就可以进行协调，例如，煎饼铺的夫妻俩，没有必要一人专门负责指挥和监督管理，而另一个人专门干活。但是随着组织规模不断增大，随着分工的细致程度不断加深，分工带来的效率可能会被协调的成本“吃掉”，这个时候协调就成为一个重要课题。由于组织成员增多，靠原来的“相互沟通”来协调全部的组织活动已经变得不可能了，这个时候最自然的一种选择就是设立专门负责指挥监督的职位，也就是一个承担和扮演“大脑”角色的职位，负责协调各个成员间的关系、解决各种组织内的冲突、监督整体的产出情况。例如，足球比赛上，队长就承担着本队“大脑”的角色。虽然经常看到教练在一旁大喊大叫进行指挥，但是在激烈的比赛中，球员们很难听到他究竟在喊叫什么，这个时候队长其实发挥着更具体的指挥功能。队长需要判断敌对双方的攻守策略和双方球员的状态，要考虑领先时如何做好防守，落后时如何采取有效的进攻，还要考虑如何身先士卒，如何鼓舞士气等。单靠球员们自身的相互沟通，显然不足以获取一场比赛的胜利。生活中也不乏这样的例子，如作坊里的小组长、企业部门里面的专业经理……

（3）工作内容标准化

《摩登时代》里面的场景非常生动地展示了工作内容标准化部分的内涵：工厂将生产过程划分为极其细致的步骤，工人被固定在生产线上的某个步骤或环节，重复着固定的工作，标准化的工作模式使工人们毫无自由和生气可言。

这种协调方式主要产生于大工业生产时代的背景下，它是企业或组织不断追求分工效率所产生的一种协调方式，也是争议最大的一种协调方式。

跟这种协调方式紧密相关的一位人物就是科学管理的奠基人弗雷德里克·泰勒。

1898年，泰勒在伯利恒钢铁公司进行了著名的“搬运生铁块试验”和“铁锹试验”。他对这家公司5座高炉产品搬运班组大约75名工人进行了搬运生铁块试验，他通过细致研究改进操作方法，使生铁块的搬运量提高了 3 倍。另外，他在进行铁锹试验时，首先系统地研究了铲上负载，然后研究了各种情形下能够达到标准负载的铁锹形状、规格，以及各种装锹的最好方法，最后泰勒还对每一套动作的精确时间做了界定。这一研究成果非常显著：堆料场的劳动力从 400~600 人减少为 140 人，平均每人每天的操作量从 16 吨提高到 59 吨，每个工人的日工资从 1.15 美元提高到 1.88 美元。

泰勒的研究顺应了工业化大生产对于效率执著追求这一主题。由于分工的不断细化和优化，工人和工人之间不再需要言语沟通，只需要按照标准的工作流程进行操作，设计者在规划生产流程的时候已经使这些被分解的步骤和环节能够“完美”地、机械般地衔接起来。

这种协调方式往往是随着企业规模扩大或企业对生产效率的追求而出现的。当组织规模扩大，开始追求更高的生产效率时，就需要把工作环节进行详细分解，然后每个环节通过标准化的方式来进行衔接，实现流水线式的生产。

但是，这种协调方式有个天然的矛盾，那就是把人假设成为机器部件。要知道人是不愿意成为一颗“螺丝钉”的，这也是机械化组织矛盾的根源所在：对效率的追求迫使人成为“螺丝钉”，而大部分人不愿意成为“螺丝钉”。

（4）工作产出标准化

1982 年，天津收到来自河北蓟县（现为天津蓟州区）的一批废铜烂铁，正准备回炉销熔。天津市文管所的工作人员却在其中找到了一件残破的铜戈，上面铭刻着三行文字，一共十八个字：十七年，丞相启、状；造，颌阳；嘉，丞兼，库 月隼 ，工邪。

专家们进行研究，发现这是一件秦国的兵器。其中，“十七年”是兵器制造的时间，而这个时间是用当时在位国君执政的年头来标记的；“丞相启、状”是指，该件兵器是由当时担任丞相职位的两位名叫“启”“状”的人监制的，他们是监督该项兵器制造的最高责任人；“造，颌阳”是铜戈的制造地址，表明是在一个名叫“颌阳”的地区生产的，据历史学家考证这个地区是当时秦国首都的内史地区，具体在今天陕西省韩城县南部；“嘉，丞兼”是负责铸造这件兵器的两个工师的名字，其中“嘉”是工师、“丞兼”是副工师。“库”是保管的意思，“月隼”是管库负责人的名字。“工”是铸造铜戈的工匠，“邪”是工匠的名字。

就是说，这件兵器描述了：秦国某位君主（据考证为秦王嬴政）当政的十七年，担任丞相的“启”和“状”两人作为这批兵器铸造最高责任人，负责监督该批兵器生产。这件兵器是在“颌阳”这个地方生产的，负责铸造这件兵器的工师是“嘉”和“丞兼”两个人，具体负责铸造的工匠名字叫作“邪”，而负责库管的人员名字叫作“月隼”。这项制度在古代被称为“勒名工官”或者“物勒工名”制度。

这就是说，一旦发现这件兵器存在重大的质量问题，我们可以沿着生产保管链条不断问责，是生产的问题、设计的问题、库管的问题还是总体管理的问题，都可以逆向追踪。这里，军队和兵器制造部门之间、兵器生产和库管之间，采用的就是“工作产出标准化”的协调方式。

例如，你去理发店剪头发，一般要先洗头发后修剪。理发店不会规定服务人员“先从头部左边开始还是从右边开始”，他们享有一定的自由度。但是，当洗发人员把顾客交到理发师手里时，至少要保证顾客头发上没有泡沫，还要保证顾客头发清洗干净了并且不是湿淋淋的。这里，洗发人员和理发师之间如何协调的呢？他们是通过“工作产出标准化”进行协调的。

再如，你不需要告诉出租车司机具体应该走哪条线路，你只需要告诉他你要到哪里去就行了；小孩特别想看电视节目，但是父母担心作业没完成、成绩会下滑，所以一会儿就来催促他一次，苦口婆心劝说他要认真完成作业不要贪玩，最后小孩实在不耐烦了，壮了壮胆子，回了一句“别管那么多，期末给你考个第一名就行了”；集团公司对于各地区事业部给予充分自由权，但是唯一的要求就是年末要向总部上交一份漂亮的业绩清单。

以上种种都是“工作产出标准化”的例子。虽然多数企业都在追求工作内容的标准化，从而期望能够大幅提高生产效率，但是有些工作内容是很难清晰化和程序化的，这个时候就要考虑是否可以实现工作产出标准化。

（5）四种协调方式总结

总结来说，组织中面临的协调任务可以分为两大类：全新任务的协调和常规任务的协调。其中，全新任务协调经常采用的是“相互沟通”和“指挥监督”；而常规任务协调则经常以“工作产出标准化”和“工作内容标准化”为主，“相互沟通”和“指挥监督”为辅。所以，组织中的协调方式有四种：相互沟通、指挥监督、工作内容标准化、工作产出标准化。

一般说来，随着组织变得越来越庞大和复杂（如组织规模越来越大，组织分工越来越细），组织会越来越倾向于从“相互协调”向“指挥监督”过渡，当工作任务已经常规化，那么出于对分工效率的追求，组织倾向于向“标准化”转变。严格说来，这四种协调方式往往是连续变化甚至是同时共存的，并不存在明显的分界线。

对于组织协调方式有了较为深入的了解，但是关于组织协调方式还有两点值得说明。

第一，“工作产出标准化”和“工作内容标准化”其实只是细分程度的区别。例如，洗发人员和理发师之间只需要“工作产出标准化——客户头发洗干净”协调即可，但如果一个店长决心要采取更加标准化的作业方式（先不论其是否能够成功），将洗头过程再进行分解：一人负责打泡沫，一人负责冲泡沫等，那么就可以看作是“工作内容标准化”协调。所以，严格来讲，这两个概念之间没有一个绝对客观的划分界限，往往是大众的经验判断而已。

第二，区别于明茨伯格的看法，《管理效率三法则》一书认为“员工意识和技能培训”不是一种协调方式，而是一种使组织协调更加有效的具体手段或方法。

例如，医院里的手术室护士和外科医生，进行手术时，几乎不用交流手术室护士就知道应该什么时候递什么器械。这就是通过长期的医学训练，也就是通过“员工意识和技能培训”使得技能标准得以内化，从而使手术室护士和外科医生之间能够通过“工作产出标准化”顺畅地协调。

所以，这里不认为“员工意识和技能标准化”是一种协调方式，而认为它只是一种提升协调方式有效程度的技术手段。它让相互配合的员工有共同的意识和技能背景，从而使员工之间的协调更容易开展。除了组织的协调方式，组织的权力分布也是组织管理相关内容中非常重要的一部分。

11.3.4　组织协调的修理工：流程优化

18 世纪英国决定将已经判刑的囚犯运往大洋洲，这样既解决了英国监狱人满为患的问题，又给澳洲送去了丰富的劳动力。

一些私人船主承包从英国往大洋洲大规模地运送犯人的工作。当时支付给船主费用的规则是犯人上船时，按照上船人数支付船主费用。这样的支付程序带来的结果就是船主为获取利润，用一些破旧货船改装成运输犯人的船只，船上设备简陋，没有什么医疗药品，更没有医生。甚至有些船主为了降低费用，故意断水断食。据资料显示，当时的犯人平均死亡率为12%。结果花费了大笔资金，却未达到目的。

为了解决这个问题，一位英国议员提出改变支付规则，即等到犯人在大洋洲上岸时，再按照存活的人数为准计算报酬，不论你在英国上船装多少人，到了大洋洲上岸的时候再清点人数支付报酬。

这一办法实行之后，问题迎刃而解。船主主动请医生跟船，在船上准备药品，改善生活，尽可能地让每一个上船的犯人都健康地到达大洋洲。

从上面例子可以看出，有时候只需要改变一下流程控制节点的顺序可以获得出乎意料的效果，可见流程管理的重要性。流程管理之所以重要，还有一个原因，那就是它广泛存在于各种组织之中。

（1）流程的三种存在形态

不管是否有标准的流程图或流程手册，流程总是存在的，无非是以哪种状态存在而已。企业只要有跨岗位的重复性工作协作，就可以认为是有流程的。现实中，流程在不同发展阶段的企业中呈现三种状态。

第一种，隐性化存在。这个阶段企业往往处于初创期或成长初期，各种流程仅仅存在于员工头脑之中。企业既没有关于流程的完善的规章制度，也没有详细的流程图，流程就在员工相互配合的习惯和约定俗成之中。

第二种，显性化存在。这个阶段企业往往处于成长期或成熟期，形成了有关流程的制度文件，流程开始以书面形式存在。但这个阶段的制度描述过于粗略，岗位之间流转承接关系也不够清晰。

第三种，精细化存在。这个阶段企业往往处于成熟期，企业的各项规章制度都相对完善，流程用跨职能的流程图形式加以清晰描述，流程的长短、大小结构清晰，形成了分层分级的流程管理体系。

（2）组织协调的修理工

流程是企业最基本的内容，企业的绩效可以看作是一系列流程绩效的集合。没有流程各环节的紧密衔接，企业无法产出，客户需求无法满足，正是流程中各个活动过程，才有了企业最后的产出结果。没有过程的有效管理，不可能得到有效的结果。从另一个角度来说，企业的战略目标要实现，需要不断进行分解，最终会落到具体的行为步骤上，而将企业各岗位之间的行动有效衔接起来的就是企业的流程。

流程就像是接力赛。在接力赛跑中，前一个专业运动员准确给棒，后一个专业运动员提前起跑、准确接棒，接棒时不用回头看，动作干净利索，一气呵成。而非专业运动员是如何跑的呢？接棒的人总是回头找棒，结果看到给棒的人已经跑偏了或者是给棒的人虽然准确到位，但是接棒的人没有提前起跑、没有并行加速，还在原地等待，这样当然不可能拿到好成绩。流程的关键就在于岗位之间的协调配合。

因为流程是跨岗位的协作关系，所以流程管理解决的问题在很大程度上就是协作的问题，只是流程管理中的协作更强调整个流程链条的协作。而企业流程的改造或优化，本质上就是对原有企业管理模式的一次修复，就好像机器运行一段时间后，需要修理工对机器检修一样：看看机器“哪个螺丝松动了”或者“哪块零件失效了”。

企业流程的改造或优化就是组织协调的“修理工”。因为外部环境的变化，会出现一些新的任务需要企业完成，但是企业原有分工界面下并没有包含这些新产生的“空白区域”，往往导致部门之间相互推脱和扯皮。同样，由于企业内外部环境的变化，原有的权责划分、应对方法、协调方式可能已经不再适合新的环境了，但是企业并没有及时做出调整，导致企业内耗严重，效率不断下降等。这些情况都需要企业协调的修理工——“流程优化”来帮助处理。其实，在企业实践中或生活中，我们到处都可以看到流程优化相关的例子。

例如，电视上经常报道有人在自助取款机上取钱之后忘记取回银行卡的事情，似乎无论怎么提醒，总是会有人不断犯这个错误。笔者有次去光大银行的自助取款机取钱发现，光大银行的取钱流程是“先出卡，后出钱”，跟一般银行自助取款机“先出钱，后出卡”的流程顺序不一样。笔者当时就感叹，这不就是活生生的流程优化的例子嘛。

为什么“先取卡，后出钱”这个流程顺序能够有效解决问题呢？这是因为无论取钱者出于什么目的，他的目的一定紧密和“拿到钱”这一信号在大脑中联结在一起，如“我要取钱去买某物”或“我要取钱去做某事”等。“拿到钱”这一任务始终享有大脑中运行处理的优先级。正因如此，很难出现储户没拿到钱就离开自助取款机的情况，而通过把“取卡”这一个环节前置，就可以有效解决“忘卡”的事情发生。从这个例子，我们可以发现，流程运行上一些微小的变化，有时就能够产生很大的效果。

再例如，某公司食堂经常发现员工有剩菜剩饭现象，为了厉行节约，公司领导要求食堂师傅打菜时候注意控制菜量，但是这个问题一直没有得到彻底解决。这是因为，食堂师傅既要让大家尽可能快地打上菜（具有时间压力），又要时刻注意每次打菜是否过多，很难两者同时兼顾。后来，员工建议把师傅打菜的勺子缩小一个型号。果然，这样很容易控制菜量（对于吃不饱的员工可以再次加菜），饭菜浪费的情况大大减少，打菜师傅也觉得干起来很轻松。

既然流程管理如此有效，那么我们如何进行流程管理？如何改造和优化企业已经存在的流程？

（3）流程管理的视角

流程管理主要解决的就是“协作效率”的问题。它的视角是“横向”的、“跨部门”的，是从任务的“起点到终点”这个角度去审视企业内部的工作任务完成情况的。这种视角也常常被称作“端到端”的流程管理视角。“端到端”的流程管理是一个形象的说法，描述的其实就是全流程的管理，从“客户需求的获取”这一端到“客户需求的满足”那一端。这实际上是提醒我们一定要有全局观，要有整体意识，要跳出自己的局限来看待问题。正所谓“不谋万世者，不足谋一时；不谋全局者，不足谋一域。”

但是，公司里不是每个人都能够站在公司层面看待流程，其实也不需要每个人站在全公司层面看待问题。企业的高层和流程主要管理者一定要有“大流程、全流程”的视角，而基层员工则不必都达到企业高层的眼界和视角，但是一定要有“跨岗视角”：把视角从自己岗位扩展到相邻岗位。

具体说来，就是需要跨过“下个岗位”去理解它给“再下个岗位”提供的服务和价值，就是站在“下个岗位”的立场去看待问题，去思考它需要再次向它的“下一个岗位”提供什么，反过来帮助理解这个岗位如何更好地提供“下个岗位”所需的服务和价值。如果说“下个岗位”是客户，那其实就是要求员工理解“我的客户如何服务他的客户”，这样就明白了“如何帮助我们的客户”。我们把这个逻辑往下推演，也正好印证了为什么全流程视角是如此重要。实践中如果对于基层员工来说，达成全流程视角实在显得困难，那么至少也要保证“跨岗视角”。

如果每个流程的执行者都知道“我做这个事情是为了什么？”“我的产出如何被下一环节同事所使用？”“我们如何为客户创造价值的？”等。那么，就可以说他就对流程本质有了较为深入的理解，流程的优化就有了基础。

（4）流程优化

企业追求的是“系统最优”，而系统最优是一种最终的状态。要实现系统最优，其路径和办法是：首先，保证核心环节和关键环节达到“局部最优”；其次，尽量尝试对其他环节进行帕累托改进（在没有使得任何环节变坏的前提下，使得至少一个环节变得更好）；最后，从全系统角度进行考虑，实现全系统的契合，可能会牺牲先前的某个局部最优，而寻找次优。

在寻求这种“局部最优”或“全局最优”时，必须要抓住“流程之魂”——流程目标实现的核心原则。例如，同样是审核流程，有的流程事前需要领导审批通过才可以进入下一步，而有的流程是进展之后抄送领导知晓和相关审计部门事后核查。这两个都是审核流程，为什么一个事前需要领导审批才能通过，另一个事后抄送领导知晓和审计部门核查即可呢？这是因为流程的目标往往不是单一的而是复合的，如审核流程既追求快速也追求风险控制。一些重大的关键事项必须要领导审批，因为领导掌握的信息更全面，能够总体把控这一事情的进展；同时一些常规的、不重要的或者不需要领导经验和信息来帮助决策的事情就可以采取事后审查的办法。在企业实践中，常见的流程优化类型及方法主要有以下几种。

第一，减少不必要的流程环节。现实中，有些流程环节的设置只是为了体现领导权威，并没有实际作用，往往还会成为流程快速推进的障碍。例如，有些企业为了体现领导权威，员工正常年休假计划都要通过总经理审批才能通过。而实际中，总经理对每个员工的工作情况和年休假情况并没了解，每次审批都只是走过场（结果也只会是“通过”），但是由于总经理工作繁忙不能及时审批，结果员工怨声载道。我们设置流程环节时，需要问自己几个问题：“设置该环节是想达到什么目的？”“保留该环节真的可以实现这个目的吗？”“实际中，该目的达成了吗？”“删除这个环节，会带来什么风险？这个风险可控吗？”等。

第二，给相应员工授权。现代社会商业环境变化越来越快，客户对于服务响应速度的要求也越来越高，这迫使企业必须增强快速响应的能力。正如任正非所说“要让听得到炮声的人开炮”，企业也要在风险可控的情况下，下放权限给一线员工便于他们快速响应客户需求。例如，一些例行的、风险较低的决策可以下放给一线员工，而风险控制环节可以由前置改为后置，从审批改为稽查。这样既给高层领导减少了工作量，又激发了一线员工的积极性。

第三，串行改造成并行。有些工作存在逻辑上的强依赖关系，例如，建造一座厂房，需要先进行基础施工，然后才能够进行主体施工；但是另外一些工作则不存在这样的强依赖关系。我们在进行流程优化时，可以考虑把一些原来串行的工作流程改为并行工作流程，尤其是现在信息技术不断发展，两个并行的活动可以及时交流信息。

第四，合并压缩相关环节。如果某项工作完全可以由一个人综合处理，那么就没有必要分散到几个环节而人为增加协调成本。国际商用信息公司把信用审核员、核价员职位合并就是一个典型的例子。但是，这里需要注意的是，需要审视一下这些任务合并到一个岗位上之后风险是否可控、人员能力是否符合要求等。

第五，不兼容岗位分离。风险的控制一直是流程优化中比较关注的话题，领导尤其关注“流程变化后是否带来了额外的风险？这些风险是否可控？”等问题。一般来说，控制风险可以采取增加审批环节，不兼容职能分拆等方式。例如，采购流程中要把花钱的职能、记账的职能和库存管理的职能进行分拆，形成多环节的相互制约；又如，金融投资机构，除了放贷人员本身要承担放贷风险外，还要专门设置风控部门来与放贷人员不断“摩擦”。

（5）流程优化的落地执行

具备了流程管理的视角，掌握了流程优化的技巧，并没有大功告成，关键还要落地执行。推动流程管理落地时，一定不能“求全求大”。正如世界上所有困难事情的推进一样，一定要及时形成良性反馈，使得每一次推动的结果都是进一步推进的助力，“积小胜为大胜”。要注意从解决问题出发，解决一个个棘手的流程问题，及时让领导和其他同事见到成效，等到大家对于流程管理的思想和效果都比较认可之后，才谈论体系建设的问题。只有等到那个时候，流程体系的搭建、优化和推行才会“水到渠成、瓜熟蒂落”。例如，可以从解决一些跨部门的协作难题入手。这些问题，各个部门都不愿意牵头去完成，正是流程管理部门大显身手的好机会。也可以找一些有问题解决意愿的部门合作，从帮助他们解决每个实际问题开始，取得成效，让改革的意愿慢慢渗透到组织内。一般来说，企业里面的战略部、IT 部门、质量控制部门、风险控制部门都是流程管理部门的盟友，流程推行的时候可以和这些部门密切配合，树立一两个流程推行的标杆。

流程刚推行时，领导也比较关注，大家刚开始还是严格按照新流程来执行的。但是，一旦领导不再关注和强调，又会“死灰复燃”。例如，“事情很紧急，来不及走流程”“没有必要非得走流程，反正做了就行了”“下不为例，下次一定按照新流程来办”等借口就纷至沓来，相关人员只图自己方便而把流程执行抛之脑后了。那么，我们怎么才能够防止这种现象出现呢？

第一，要有人为流程结果负责。流程是牵涉到多个环节的事情，其中最常见的问题就是没人负责。正因如此，流程管理中要明确谁为流程的结果负责。

第二，要培训相关人员管理流程。很多流程管理不被重视或执行不到位，就是因为相关人员没有理解流程管理的原则、方法、注意事项、技巧等。只有让相关人员充分理解了流程管理，他们才会真正重视流程管理，才会运用方法和技巧来管理流程。

第三，要与 IT 系统结合，将流程固化。实践中流传着这样一句话“凡是不能 IT 固化的流程优化都是白费”，这句话固然讲得有些偏颇，但是它在一定程度上反映了 IT 固化对于流程变革落地的重要性。根据实践的经验，没有固化的流程管理效果非常有限。这是因为人的行为有各种惯性，可能从企业层面来看，新的流程秩序是合理的，但是原有的流程很可能符合操作者的短期利益（方便、省事儿），这就是流程管理往往“三分钟热度”的原因之一。而通过 IT 系统进行流程固化后，操作者很难跳过或者篡改流程环节，这就保证了流程管理的严格执行。

第四，要与绩效管理结合。绩效考核是指挥棒，起着指引员工注意力方向的作用。通过绩效管理，尤其是绩效考核，将员工的流程执行与个人绩效挂钩，在流程出现问题时进行追责，能够将压力进行传递，强化员工流程意识。绩效考核的主体既可以是流程管理人员，也可以是流程中岗位衔接的其他岗位人员。这种流程中相关岗位之间互评，可以防止和减少“只顾自己方便”的岗位狭隘主义倾向。

第五，流程执行要提供方法与工具。例如，食堂打菜的例子中，如果不改用更小的勺子，只是一味要求打菜师傅适量打菜，那样师傅每一次都要去判断菜是否打多了，如果打多了要倒出来部分，这样本身就给打菜师傅凭空增加了很多工作量。而解决的办法就是，给予执行新流程的工具——一个小号的勺子，这样师傅就不用再去做判断和多余的动作了。

11.4 环境法则

11.4.1 组织文化环境

对于组织和企业来说，文化作为一种“软性管理”方式，对于组织的成败也发挥着重要作用。科斯从“交易费用”的概念出发，将交易的视角引入企业内部，说明了企业作为一个制度存在的原因就是“企业”跟“市场机能”相比具有较低的交易成本。而文化的一个重要作用就是降低了企业内部的交易成本（管理成本），促进了企业内部人与人之间的协作。组织或者企业的管理，不能仅仅依靠“制度”这一个“硬性管理”要素，还需要“组织文化”这个“软性管理”要素。

制度虽然是一项重要的管理手段，但并不是完美的，除了制定制度的成本和监督执行的成本外，更重要的是制度并不能够包含所有的情形，它还需要一些“软性管理”来辅助，而文化就具有这样的作用。

新制度经济学的“团队生产”理论认为组织文化作为一种“团队精神”，能够有效制约组织管理中的道德风险，实现组织的高效率。组织文化的塑造和宣贯，能够使组织的理念和指导原则内化成为员工的主体自觉性，从而变被动为主动，提高员工的积极性和创造性，提升员工之间的协作程度。真正做到“内化于心，外化于行”，使组织发展具有持续性的保障。

11.4.2 如何变革组织文化

对于小企业或创业组织来说，组织文化也很重要，但是没有必要刻意进行塑造或变革。首先，这个阶段组织或企业的任务还是生存，而不是解决永续发展问题；其次，这个阶段管理幅度较小，管理者通过“指挥监督”或“相互沟通”就完全应付得过来。管理者或团队成员可以通过言行直接影响文化氛围的形成。所以这阶段的组织文化建设可以采取“顺其自然，适当改善”的方针。

如果说小型组织或企业还可以通过管理者身体力行来影响组织文化的话，那么对于大型组织而言，这种影响力就不可能辐射全体了。这时，除了管理者的言传身教之外，还需要系统地进行文化变革工作。而企业文化变革可以采取“确立新文化——总结现有文化——企业文化重塑”3 个步骤进行。

第一步：确立新文化。

企业文化要和企业的竞争战略相适应，只有这样才能发挥出企业文化的作用，提升企业的整体绩效。企业文化最重要的是明确企业的核心价值观。

企业核心价值观的确立应该是企业整体员工共同参与讨论而确立的，尤其是中高层员工通过战略分析与定位，结合企业历史脉络而确立的。这个过程本身就是确立企业文化的过程，因为企业文化的一个特点就是“信”，而要使员工“信”就必须使员工参与到这个过程中来。人对自己深度参与的东西更容易认可。通过讨论，明确出企业的核心价值观。核心价值观应该具有以下几点。

第一，重点要突出。很多企业在制定核心价值观的时候，唯恐漏下重要的条目，凡是觉得可能对企业发展有作用的形容词都用上了，条目实在太多，员工根本记不住。员工记不住，又如何践行？实践经验表明，一般以 4 ～ 7 条为宜，太少了可能概括不了，太多了员工又记不住。

第二，核心价值观应该和企业核心竞争力匹配，是企业真正受用的价值观，而不是所有美好词语的汇总。如果通过讨论确定企业的竞争战略是快速响应客户，那么企业的核心竞争力就应该是快速响应能力的培养，对应的核心价值观就应该强调客户至上、调查反馈、灵活应对等相关的价值观。

第三，核心价值观应该有具体的行为标准和案例介绍。核心价值观是希望员工身体力行的，但是词语的理解如何一致，如何把价值观的理解与实际工作结合，这其实是企业文化建设的一大难点。这就要求我们不仅仅是堆砌词汇，而是要明确各个价值观的具体标准，使员工明确哪些行为是符合价值观要求的，哪些行为不符合价值观要求。

第二步：总结现有文化。

企业文化的现状是企业文化建设或变革的起点，任何企业文化的建设都不能脱离历史与现实。如何了解企业现有的企业文化？我们可以采取从外到内，从上到下的全面透视的方法。

首先，外部客户调研。采取问卷或焦点访谈的方式，了解客户对于企业产品和服务的评价，从而了解企业的优势与不足，间接勾勒出企业文化的概况。同时，这些来自客户的评价也是后期变革推动的最有利的说服材料。

其次，内部调研。为了全方位了解内部各业务条线、各层级、各区域的员工体现出来的企业文化特征，我们可以采取从上到下的方式进行全面诊断。企业的高层主管一般对企业整体的状况有个较为全面的认识和判断，同时他们应该也比一般员工具备更敏锐的观察力。所以高层主管的感受是我们了解企业文化的一个重要渠道；另外，中低层员工直接面对客户，对于客户需求与公司现状的差距有着切身的体会，也是我们调研的重点对象。

需要注意的是，小组的时候，为了防止“大喇叭”效应，要给予每个人充分发言的机会，防止变成少数人的演讲或诉苦会。

第三步：企业文化重塑。

正如前文所述，企业文化主要是通过“理念”和“行为”来作用于员工，要使企业文化真正得以重塑就要解决“信”和“行”的问题，做到“内化于心、外化于行”。

本书提出两个方法：“从心到行”和“由行而信”。为什么提出这两种方法呢？因为企业文化就是群体成员具有的一致性的理念和行为，也就是说企业文化不仅表现在理念和行为，并且这两者应该是协调一致的。而我们知道，人的想法会影响行为，同时，人的行为也会反过来影响想法。

1. 让员工从思想上认识到文化变革的重要性

人的想法和理念会影响自己的行为，这是容易理解的。企业文化变革首先解决的一个问题就是如何让企业自上而下的员工认识到变革的必要性和紧迫性，并抓住一切机会对员工进行宣传，使企业文化能够在员工心里扎根。

2. 让员工理解变革的必要性和紧迫性

人都是有惯性的，习惯的事物突然之间要改变，阻力自然是有的。但如果员工真正感觉到了企业文化变革的必要性和紧迫性，从心里认同了企业文化变革，就会支持或者不反对变革，这样企业文化变革的胜算才会增大。让员工理解企业文化变革的必要性和紧迫性有以下方法。

（1）倾听客户声音

客户是企业的生命线，当主管和员工直接听到来自客户的声音时，他们才会认识到原来自己公司还有如此多做得不好的地方，给客户造成了这样坏的印象和感知。

企业中一般只有销售人员直接和客户接触，他们最能够感知来自客户的需求和企业变革的压力。而研发人员、采购人员、综合服务人员甚至管理层往往对客户倾听得不够，这个时候就可以让销售人员带领研发、采购、制造等部门员工一起拜访客户，了解客户的产品使用体验和听取客户的产品改进的建议。只有亲耳听到来自客户的声音，他们才会迫切感受到变革的重要性。

（2）剖析企业现状

现实中最先感受到企业问题的往往是直接与客户接触的一线员工，还有就是企业的最高层，而其他中高层和内部服务的员工往往后知后觉。企业要推动文化变革，就必须把危机感传递给整个企业的员工。

管理层可以采取通过“经营业务数据分析”和“一线员工直白”等形式，向全体员工传递变革的紧迫性。这其中，采用“经营业务数据分析”是从理性层面来说明变革的必要性，采用“一线员工直白“则是从感性层面来让全体员工感受到变革的紧迫性。

（3）对标分析找差距

没有比较就没有差距，如果企业只是眼睛往内看，或许能看到不足，但是一定会有遗漏，更多的可能会关注自己已经取得的成功和进步。而了解企业竞争对手的业绩和实践信息，给企业自己提供了一面自我审视的镜子，也建立了一个企业改进的标杆。

比较行业内先进企业在采购效率、生产质量控制、销售渠道建设、客户快速响应等各方面的实践信息，对比企业自身的不足，便于找到差距，也有利于全体员工达成文化变革的共识。

文化宣传中最重要的就是要注意搜集和编制企业的文化案例集，通过案例和故事来生动有趣地进行宣贯。列宁同志早就说过——“榜样的力量是无穷的”。只有故事才具有感染力，才便于流传。中国人忠义文化是哪个老师教的吗？是通过考试考出来的吗？明显不是。中国人对于“忠义”的理解，就是从岳母刺字、精忠报国这类广泛流传的故事中学来的，就是从桃园三结义、过五关斩六将等故事中学来的。企业进行宣贯的时候，也应该及时总结企业的典型故事，编撰成喜闻乐见的故事集合，形成企业的文化案例集。

故事才是最有力量的企业文化，所以企业在塑造企业文化时候，要及时总结企业中先进的案例，编撰成故事。

上述内容基本上都是描述如何通过“占领脑袋”来“占领手脚”，反过来，我们也可以通过“占领手脚”来“占领脑袋”。也就是说，我们不仅要通过宣贯讲解来使组织成员认识到组织文化，也要通过成员行为塑造来加深其对组织文化的理解和认同。

3. 从员工行为塑造来建设组织文化

文化从某种意义上讲就是一种行为惯性。所以，通过行为的逐渐规范和改变，会使新的文化真正得以确立。人们就是通过不断地行为强化，形成了对某种文化的遵从和认可。

2004 年 8 月，张瑞敏在上海举行的哈佛亚洲商业年会上讲到，他在海尔给工厂制定的第一个规章制度，就是“不准在车间里随地大小便”。张瑞敏用他自己独特的理念和方式塑造了今天的海尔文化，但是起点却是从规定“不准随地大小便”这样的行为开始的。

那么如何才能够通过组织成员行为的塑造来使成员对组织文化建立深入的理解和认同呢？在这种“由行而信”的过程中，我们需要注意哪些方面呢？具体说来，主要有以下几个方面。

（1）领导身体力行

组织文化，从某个意义上讲就是“一把手文化”或者叫“旗手文化”。不管是小型组织还是大型组织，领导者的言行都发挥着不可小视的作用，正所谓“兵随将转，身随头动”。

现代组织力量研究也表明，组织成员行为形成是成员之间相互学习和博弈的过程，其中领导者行为起着关键性的作用。下级模仿领导的行为机制，正是文化塑造和传承的关键。

企业管理中也是这样，要建立新的企业文化，那么领导首先就要严格遵守、身体力行。领导牵动着全体员工的注意力，领导的言行才是真正的企业文化。如果企业大谈节约，但是自己花费公司资源时却铺张浪费，那么员工就不会把节约当回事。而如果企业领导能够身先士卒、身体力行，那么文化的建设就有了大大的保障。

例如，在华为的组织文化建设和变革中，我们也能看到领导行为发挥的重要作用。华为创业初期，很多人因为工作繁忙和紧张，就干脆吃住都在公司，几乎每个华为人都有一张床垫。一个流传较为广泛的故事是这样的：一家外协厂商来给正在装修的西城工厂送货，当时正是中午休息时间，送货的业务人员也随便找了张泡沫板睡在了地上。醒来之后，业务人员发现旁边躺着一个人，就顺口打了声招呼，后来回过神一看发现原来是华为的总裁任正非。就是通过领导的表率作用，狼性文化才能够在华为公司生根发芽。

（2）重视行为细节

文化不是“口号墙上飞，行动地上爬”，而是真切地体现在细节中。

亚马逊公司被戏称为“AB 测试公司”，这是什么意思呢？就是他们几乎会用 AB 测试方法来验证所有的事情，如办公室桌子的摆放也要通过 AB 测试。他们会将桌子摆放成不同的形状，预设一个测度的指标，通过比较不同摆放方案的分值来决定最终采取哪一种摆放方式。

桌子摆放真的需要这么科学严谨求真求实吗？桌子摆放方式本身可能并不是那么重要，但是关键在于这个事情背后传递的意义，员工心里会如何看待公司：哦，亚马逊原来是这样一个重视实践和科学精神的公司。这使得员工有了自我定位和文化认同。而客户会如何看待亚马逊：哦，原来亚马逊这么厉害啊。他们什么事情都要做实验，那么我们可以放心了，因为他们提供给我们的服务一定是最好的。

有位在高校工作的朋友曾经讲述过这样一件事情：因为某个校门的校名文字太旧，于是学校物业管理部门将文字从原来的黑色更换成了金色。结果这个事情搞得沸沸扬扬，大家意见很大。本来朋友是抱怨学校工作难处理，但是我却建议朋友可以抓住这次机会，开展文化建设活动。大学整天都在说要有“探索精神”，要建立“求真务实”的组织文化，那么就该从这些小事做起。

试想：每一次涉及公众的决策都通过网站或其他渠道向全校师生公布，征求建议。这一方面锻炼了学生的科研精神，另一方面也全面营造了校园的科研氛围和创新文化。例如，“学校栽种树木，究竟哪个距离是合适的”，可以外包给学生，他们可以建立研究小组，给学校提供决策依据；“自习室的电灯泡用哪个型号，既可以实现阅读便利，又能够节省电能”……通过这样的行为塑造，可以建立内部成员的自我定位和价值认同。例如，一群学生或老师走过花园，发现有人在那里测量树木之间的距离。这群人经过打听知道原来他们是在为研究树木间距的模型寻找数据。这群人会是什么样的感受？他们对自己学校的价值定位和文化精神是否会有更深刻的理解？这才能真正使文化融入所有成员的骨子里和血液里。

（3）找准行为塑造的启动点

宋神宗变法时，询问王安石“以何为先”，王安石回答道：“变风俗，立法度，方今所急也。”这就说明凡是要新建一种文化，要改变许多人的行为习惯，都必须要找到一个启动点。例如，王安石就认为“变风俗，立法度”是变法的启动点。企业文化的改变也是这样，由于牵涉企业所有习惯的重建，一定要深入分析，找准启动点，牵住“牛鼻子”。

中国有句古话“牵一发而动全身”讲的大抵就是这个道理。但是其中一些行为习惯比其他行为习惯在工作方式上更具有影响力，它们是行为改变的“启动点”。人们启动了这些习惯，就好像是启动了链式反应，就牵住了“牛鼻子”。从这个例子中，我们看出企业文化的改变不可能一蹴而就，这是由人本身具有惯性决定的。变革和重塑企业文化必须要找到“牛鼻子”，找准那个能够牵一发而动全身的“发”，也就是找准“启动点”。

除了上述的思想灌输和行为塑造，还需要注意通过机制建设来保障组织文化的长期延续。

4. 通过机制建设来塑造和保障组织文化

经营企业既要重视领导者的表率作用，也要善于从机制上保障组织文化的建立和延续。具体说来，企业应该重视以下方面的机制建设。

首先，薪酬体系要跟企业文化相匹配。例如，传统的薪酬体系主要跟行政级别挂钩，而我们“公平公正、唯能唯才”的企业文化就要求打破这一传统体系。一个技术工人，只要他肯钻研，能够在专业序列上往上走，他的收入不一定低于行政高管。

其次，通过职业晋升通道来体现企业文化。例如，通过建设“H”形的晋升通道，使得技术序列、业务序列的优秀员工也有不断上升的空间，而不是所有的人都挤到管理通道上去。

最后，通过绩效管理来体现企业文化。将企业的核心价值观列入绩效考核中，根据考核结果给予员工对应的奖惩，也是推动企业文化落地的一项有效措施。

数艺社教程分享

本书由数艺社出品，“数艺社”社区平台（www.shuyishe.com）为您提供后续服务。

“数艺社”社区平台，为艺术设计从业者提供专业的教育产品。

与我们联系

我们的联系邮箱是 szys@ptpress.com.cn。如果您对本书有任何疑问或建议，请您发邮件给我们，并请在邮件标题中注明本书书名及ISBN，以便我们更高效地做出反馈。

如果您有兴趣出版图书、录制教学课程，或者参与技术审校等工作，可以发邮件给我们；有意出版图书的作者也可以到“数艺社”社区平台在线投稿（直接访问 www.shuyishe.com 即可），如果学校、培训机构或企业想批量购买本书或数艺社出版的其他图书，也可以发邮件给我们。

如果您在网上发现针对数艺社出品图书的各种形式的盗版行为，包括对图书全部或部分内容的非授权传播，请您将怀疑有侵权行为的链接通过邮件发给我们。您的这一举动是对作者权益的保护，也是我们持续为您提供有价值的内容的动力之源。

关于数艺社

人民邮电出版社有限公司旗下品牌“数艺社”，专注于专业艺术设计类图书出版，为艺术设计从业者提供专业的图书、U书、课程等教育产品。领域涉及平面、三维、影视、摄影与后期等数字艺术门类；字体设计、品牌设计、色彩设计等设计理论与应用门类；UI设计、电商设计、新媒体设计、游戏设计、交互设计、原型设计等互联网设计门类；环艺设计手绘、插画设计手绘、工业设计手绘等设计手绘门类。更多服务请访问“数艺社”社区平台www.shuyishe.com。我们将提供及时、准确、专业的学习服务。